普通高等教育"十三五"规划教材

高等院校大学物理实验立体化教材

大学物理实验

（基础部分）

总主编　朱基珍

主　编　禤汉元

副主编　周　江　莫济成

参　编　黄　刚　肖荣军　方志杰　卢　娟
　　　　莫　曼　杨　浩　张秀彦

U0279049

华中科技大学出版社

中国·武汉

内 容 提 要

本套教材是根据教育部高等学校物理学与天文学教学指导委员会物理基础课程教学指导分委员会制定的《理工科类大学物理实验课程教学基本要求》，借鉴国内外近年来物理实验教学内容和课程体系改革与研究成果，结合广西科技大学大学物理实验教学中心多年来的教改成果、课程建设的实践经验编写而成的。本套书体现分层教学、开放教学、研究性教学、成果导向教学的实验教学新要求，为理工科类大学物理实验教材。全套共分为两册，第一册《大学物理实验（基础部分）》，适用于基础实验教学；第二册《大学物理实验（提高部分）》，适用于提高型、研究型实验教学。

全书通过穿插内容，把物理学的发展简史呈现出来，也反映物理实验在物理学发展中的作用，并对目前先进测量技术作了介绍。

图书在版编目（CIP）数据

大学物理实验. 基础部分/朱基珍总主编；禤汉元主编. —武汉：华中科技大学出版社，2018.1(2024.1 重印)
ISBN 978-7-5680-3679-5

Ⅰ. ①大… Ⅱ. ①朱… ②禤… Ⅲ. ①物理学-实验-高等学校-教材 Ⅳ. ①O4-33

中国版本图书馆 CIP 数据核字(2017)第 325945 号

大学物理实验（基础部分）　　　　　　　　　　　　　　　　朱基珍　总主编
Daxue Wuli Shiyan (Jichu Bufen)　　　　　　　　　　　　禤汉元　主　编

策划编辑：周芬娜　王汉江
责任编辑：周芬娜
封面设计：原色设计
责任校对：李　琴
责任监印：周治超
出版发行：华中科技大学出版社（中国·武汉）　　　电话：(027)81321913
　　　　　武汉市东湖新技术开发区华工科技园　　　邮编：430223
录　　排：华中科技大学惠友文印中心
印　　刷：武汉市籍缘印刷厂
开　　本：787mm×1092mm　1/16
印　　张：14.25
字　　数：373 千字
版　　次：2024 年 1 月第 1 版第 5 次印刷
定　　价：38.00 元

前　言

　　《大学物理实验》分基础和提高两册,配合使用,实现物理实验的分层教学。本册为基础部分,用于分层教学的基础教学,适用于高等院校理工科类专业的本科学生使用,也可作为实验技术人员和有关教师的参考用书。本册全书分为6章,第1章介绍物理实验基础知识与基本训练,第2章介绍测量误差和实验数据处理,第3章为力学和热学实验,第4章为电磁学实验,第5章为光学实验,第6章为综合性及近代物理实验。

　　教材体现"成果为本"的新教学理念,每个实验都进行了"成果导向教学设计",从"知识"和"能力"两个方面设计教学目标,引导学生的学习,以达到预期学习效果。书中的穿插内容——历史的回顾,使读者能快捷地了解物理学的发展简史,也能从一些典型的实验例子中体会出物理实验在物理学发展中的作用。

　　针对重点实验,教材中还提供了相应的微课视频,学生可以通过扫描二维码观看相应微课内容,加深对知识的理解和掌握。

　　以教材为基础,利用与教学模式相配套的大批微课教学资源,以及云技术下的信息化教学管理平台,能对整个教学过程进行信息化管理。采用翻转课堂等新教学理念,实施线上、线下学习相结合的混合式教学,既充分保留传统教学中教师的主导作用,又能发挥线上学习的灵活自主的优势,达到最佳的学习效果。

　　本套教材图、表、公式的编号为便于查阅分两种编号方式:一为以实验为主的编号方式,其图、表、公式编号采用"×-×-×",如实验3-1,其图、表、公式采用"3-1-×",其中"3-1"表示实验3-1,"×"表示图、表、公式的顺序号。二为除实验以外其他章节的图、表、公式编号方式采用"×.×.×",如第2章2.1节中图、表、公式采用"2.1.×",其中"2.1"表示节,"×"表示顺序号。

　　朱基珍教授负责全套教材的审定,褟汉元主持本书的编写和统稿工作。朱基珍负责绪论、第1章、第2章、附录及拓展阅读内容的编写;周江负责第3章及实验5-3的编写;莫济成负责第4章的编写;黄刚负责第5章(实验5-3除外)的编写;褟汉元负责第6章的编写。其他参编人员均参与了本书的编写与修订工作。

　　本书编写过程中得到了广西教育厅、广西科技大学的大力支持及经费的资助,在此表示感谢。

　　由于我们的水平和条件有限,书中一定存在着不完善和不妥之处,真诚地希望各位读者提出建议并指正。

编　者

2019 年 1 月

目　　录

大学物理实验二维码

实验 3-2　刚体转动惯量的测量

实验 3-3　用拉伸法测量金属丝的杨氏弹性模量

实验 3-5　固体线热膨胀系数的测定

实验 4-2　用直流电桥测电阻

实验 4-3　示波器的使用

实验 5-2　等厚干涉及其应用—牛顿环

实验 5-3　用分光计测定三棱镜折射率

实验 6-1　用迈克尔逊干涉仪测激光波长

实验 6-2　夫兰克-赫兹实验

实验 6-5　霍尔效应

绪　　论

0.1　物理学与物理实验

科学实验是理论的源泉,是自然科学的根本,是工程技术的基础,同时科学理论对实验起着指导作用。因此,我们要处理好实验和理论的关系,在学好理论知识的同时,也要重视科学实验,重视进行科学实验训练的实验课程的学习。

物理实验是科学实验的重要组成部分之一,物理实验在科学、技术的发展中有着独特的作用。历史上每次重大的技术革命都源于物理学的发展。热力学、分子物理学的发展,使人类进入热机、蒸汽机时代;电磁学的发展使人类跨入了电气时代;原子物理学、量子力学的发展,促进了半导体、原子核、激光、计算机技术的迅猛发展。然而,物理学本质上是一门实验科学。三四百年前,伽利略和牛顿等人以科学实验方法研究自然规律,逐渐形成了一门物理科学,从此,一切物理概念的确立、物理规律的发展、物理理论的建立都依赖于实验,并受实验的检验。

翻开物理学史,我们可以看到,如果没有法拉第等实验科学家通过对电磁学实验的研究,发现了电磁感应定律等一系列实验规律,麦克斯韦就不可能建立麦克斯韦方程组;在确定了经典电磁学理论后,麦克斯韦预言了电磁波的存在,经过赫兹的实验研究,证实了电磁波的存在,从而使经典电磁学理论更为人们所信服;被称为"牛顿以来最伟大的发现之一"的能量量子化概念,就是在人们面对黑体辐射实验,遇到了运用经典理论无法克服的困难时,普朗克紧紧抓住了德国物理学家康尔鲍姆和鲁本斯对热辐射光谱所得出的新的精确测量结果,大胆地提出了能量量子化的假设,并运用合理的数学方法,从理论上建立符合实验结果的黑体辐射公式,为量子力学的发展开辟了道路。这样的例子还有很多,物理实验在物理学发展过程中起着关键的作用。

事实上,物理实验不仅在物理学自身的发展中发挥着重要的作用,而且在推动其他科学及工程技术的发展中也起着重要的作用,特别是近代各学科相互渗透,发展了许多交叉学科,如爆炸力学、工程力学、生物力学、材料力学、海洋光学、空间光学、金属物理学、建筑声学等,物理实验的构思、方法和技术与化学、生物学等学科相互结合已经取得丰硕的成果。

0.2　物理实验课程的教学目的与要求

一、物理实验课程的地位与作用

物理学是研究物质的基本结构、基本运动形式、相互作用及其转化规律的学科。物理学的基本理论渗透在自然科学的各个领域,应用于生产技术的许多部门,是自然科学和工程技术的基础。

在人类追求真理、探索未知世界的过程中,物理学展现了一系列科学的世界观和方法论,深刻影响着人类对物质世界的基本认识、人类的思维方式和社会生活,是人类文明的基石,在人才的科学素质培养中具有重要的地位。

物理学本质上是一门实验科学,物理实验是科学实验的先驱,体现了大多数科学实验的共性,在实验思想、实验方法以及实验手段等方面是各学科科学实验的基础。

物理实验课是高等院校对理工科学生进行科学实验基本训练的必修基础课程,是本科生接受系统实验方法和实验技能训练的开端。物理实验课覆盖面广,具有丰富的实验思想、方法、手段,同时能提供综合性很强的基本实验技能训练,是培养学生科学实验能力、提高科学素质的重要基础。它在培养学生严谨的治学态度、活跃的创新意识、理论联系实际和适应科技发展的综合应用能力等方面具有其他实践类课程不可替代的作用。

二、物理实验课程的具体任务

(1)培养学生的基本科学实验技能,提高学生的科学实验基本素质,使学生初步掌握实验科学的思想和方法。培养学生的科学思维和创新意识,使学生掌握实验研究的基本方法,提高学生的分析能力和创新能力。

(2)提高学生的科学素养,培养学生理论联系实际和实事求是的科学作风,认真严谨的科学态度,积极主动的探索精神,遵守纪律、团结协作、爱护公共财产的优良品德。

三、物理实验课程教学内容的基本要求

根据《理工科类大学物理实验课程教学基本要求》,大学物理实验包括普通物理实验(力学、热学、电学、光学实验)和近代物理实验,具体的教学内容基本要求如下:

(1)掌握测量误差的基本知识,具有正确处理实验数据的基本能力。

① 掌握测量误差与不确定度的基本概念,能逐步学会用不确定度对直接测量和间接测量的结果进行评估。

② 掌握处理实验数据的一些常用方法,包括列表法、作图法、逐差法和最小二乘法等。随着计算机及其应用技术的普及,应包括用计算机通用软件处理实验数据的基本方法。

(2)掌握基本物理量的测量方法。

例如:长度、质量、时间、热量、温度、湿度、压强、压力、电流、电压、电阻、磁感应强度、光强度、折射率、电子电荷、普朗克常量、里德堡常量等常用物理量及物性参数的测量,注意加强数字化测量技术和计算技术在物理实验教学中的应用。

(3)了解常用的物理实验方法,并逐步学会使用。

例如:比较法、转换法、放大法、模拟法、补偿法、平衡法和干涉法、衍射法,以及在近代科学研究和工程技术中的广泛应用的其他方法。

(4)掌握实验室常用仪器的性能,并能够正确使用。

例如:长度测量仪器、计时仪器、测温仪器、变阻器、电表、交/直流电桥、通用示波器、低频信号发生器、分光计、光谱仪、常用电源和光源等常用仪器。

各校应根据条件,在物理实验课中逐步引进在当代科学研究与工程技术中广泛应用的现

代物理技术,例如:激光技术、传感器技术、微弱信号检测技术、光电子技术、结构分析波谱技术等。

(5) 掌握常用的实验操作技术。

例如:零位调整、水平/铅直调整、光路的共轴调整、消视差调整、逐次逼近调整、根据给定的电路图正确接线、简单的电路故障检查与排除,以及在近代科学研究与工程技术中广泛应用的仪器的正确调节。

(6) 适当了解物理实验史料和物理实验在现代科学技术中的应用知识。

四、物理实验课程能力培养基本要求

(1) 独立实验的能力:能够通过阅读实验教材,查询有关资料和思考问题,掌握实验原理及方法,做好实验前的准备;正确使用仪器及辅助设备,独立完成实验内容,撰写合格的实验报告;培养学生独立实验的能力,逐步形成自主实验的基本能力。

(2) 分析与研究的能力:能够融合实验原理、设计思想、实验方法及相关的理论知识对实验结果进行分析、判断、归纳与综合。掌握通过实验进行物理现象和物理规律研究的基本方法,具有初步的分析与研究的能力。

(3) 理论联系实际的能力:能够在实验中发现问题、分析问题并学习解决问题的科学方法,逐步提高学生综合运用所学知识和技能解决实际问题的能力。

(4) 创新能力:能够完成符合规范要求的设计性、综合性内容的实验,进行初步的具有研究性或创意性内容的实验,激发学生的学习主动性,逐步培养学生的创新能力。

五、物理实验课程分层次教学基本要求

上述教学要求,应通过开设一定数量的基础性实验、综合性实验、设计性或研究性实验来实现。

(1) 基础性实验:主要学习基本物理量的测量、基本实验仪器的使用、基本实验技能和基本测量方法、误差与不确定度及数据处理的理论与方法等,可涉及力、热、电、光、近代物理等各个领域的内容。此类实验为适应各专业的普及性实验。

(2) 综合性实验:指在同一个实验中涉及力学、热学、电磁学、光学、近代物理等多个知识领域,综合应用多种方法和技术的实验。此类实验的目的是为了巩固学生在基础性实验阶段的学习成果,开阔学生的眼界和思路,提高学生对实验方法和实验技术的综合运用能力。各校应根据本校的实际情况设置该部分实验内容(综合的程度、综合的范围、实验仪器、教学要求等)。

(3) 设计性实验:根据给定的实验题目、要求和实验条件,由学生自己设计方案并基本独立完成全过程的实验。各校也应根据本校的实际情况设置该部分实验内容(实验选题、教学要求、实验条件、独立的程度等)。

(4) 研究性实验:组织若干个围绕基础物理实验的课题,由学生以个体或团队的形式,以科研方式进行的实验。

设计性或研究性实验的目的是使学生了解科学实验的全过程,逐步掌握科学思想和科学方法,培养学生独立实验的能力和运用所学知识解决给定问题的能力。各校应根据本校的实际情况设置该类型的实验内容(选题的难易,涉及的领域等)。

六、物理实验课程教学模式、教学方法的基本要求

（1）学校应积极创造条件建设开放性物理实验室，在教学时间、空间和内容上给学生较大的选择自由。为一些实验基础较为薄弱的学生开设预备性实验以保证实验课的教学质量；为学有余力的学生开设提高性实验，提供延伸课内实验内容的条件，以尽可能满足各层次学生求知的需要，适应学生的个性发展。

（2）创造条件，建设大批微课教学资源，充分利用云技术下的信息化教学管理平台，对整个教学过程进行信息化管理。采用翻转课堂等新教学理念，进行线上、线下学习相结合的混合式教学设计，为学生提供"口袋型"实验室，平时通过手机在线上进行灵活的学习，带着问题再到实验课堂与老师作深度互动学习。既充分保留传统教学中教师的主导作用，又能发挥线上学习的灵活自主的优势，达到最佳的学习效果。

（3）体现"成果为本"的新教学理念，进行"成果导向教学设计"，从"知识"和"能力"两个方面设计教学目标，引导学生的学习，以达到预期学习效果。

0.3　实验报告书写格式

实验报告是实验工作的全面总结，在实验课程中占有重要的地位。根据分层实验教学的要求，相应的实验报告也分基础（必做）实验报告和提高（必做）实验报告两种形式。实验报告书写要求如下：

一、基础（必做）实验报告

通过基础性实验，主要学习基本物理量的测量、基本实验仪器的使用、基本实验技能和基本测量方法、误差与不确定度、数据处理的理论与方法，并掌握实验报告的书写规范。所以，对于基础实验，实验报告的书写有明确的规范要求，要用简明的形式将实验过程完整而又认真地表达出来，要用简练的语言撰写，要求字迹清楚、图表规范、结果正确。

1. 物理实验预习报告要求

物理实验预习报告

实验项目名称：_____

_____系，_____班，姓名_____，组别_____

学号（序号）_____（　　），仪器编号_____，_____年_____月_____日

指导教师签字：

　　　　　　　　　　　　　　　　　　　　　　　　　　　　　　年　　　月　　　日

实验目的：

实验仪器（名称、型号、精度等）：

实验简要原理：

　　本实验最终测量量：　　　　　　　　其国际单位：

　　测量公式：

　　其中已知量（含单位）：　　　　　　待测量（含单位）：

疑难问题及其他：

2. 物理实验报告要求

物理实验报告(基础)

实验项目名称：＿＿＿＿＿＿＿＿＿＿＿＿＿＿＿＿＿＿＿＿＿＿＿＿＿＿＿＿＿＿＿

＿＿＿＿＿＿＿＿＿＿＿系，＿＿＿＿＿＿＿＿＿班，姓名＿＿＿＿＿＿＿＿，组别＿＿＿＿＿＿＿

学号(序号)＿＿＿＿＿＿＿＿＿＿＿＿＿＿（　　），仪器编号＿＿＿＿＿＿，＿＿＿＿年＿＿＿＿月＿＿＿＿日

指导教师意见：	实验报告质量(A、B、C、D、E)
1. 是否填表头：是　否	
2. 原始数据(经教师签字)：有　无	
3. 实验报告完整性(完整、缺目的、缺仪器、缺原理、缺步骤、缺数据处理、缺误差分析、缺做思考题)	实验报告成绩：
4. 数据处理存在问题(公式错、有效数字错、单位无或错、未掌握结果的规范表示、数据处理不完整)	指导教师签字：
5. 原理、步骤叙述不到位	年　月　日

实验目的：

实验仪器(名称、型号、精度等)：

实验原理：

实验内容及步骤：

实验记录(课堂上完成)：

测 量 工 具	测量范围	最小分度值

自拟表格记录原始数据(用钢笔或圆珠笔记录,涂改无效)

指导教师签字：

日期：

数据处理及结果：
误差分析：
思考题：
创新能力培养（对实验的建议、改进意见或学习收获）：

二、提高（选做）实验报告

　　提高实验的实验目的是为了巩固学生在基础性实验阶段的学习成果，开阔学生的眼界和思路，提高学生利用资料的能力及对实验方法和实验技术的综合运用能力。为了培养学生的创新意识，对选做实验报告，不拘格式，可以按以下要求书写，也可写成总结报告或论文形式。

物理实验报告（提高）

实验项目名称：_____

_____系，_____班，姓名_____，组别_____

学号（序号）_____（　　），仪器编号_____，_____年_____月_____日

从预习、设计到位程度、实验操作完成效果、数据处理及创新意识培养等几个环节进行综合评分。 　　成绩：   　　　　　　　　　　　　　　　　　　　　指导教师签字： 　　　　　　　　　　　　　　　　　　　　　年　　月　　日

以下栏目实验前完成
实验任务:
查阅资料:
选用仪器(名称、型号、精度等):
实验原理设计:
实验步骤设计:
拟采用的数据处理方法(作图法、计算法或只对现象进行分析等):
实验记录(课堂完成):

指导教师签字：
年　　月　　日

以下项目实验后继续完成
实验数据处理或现象分析：
创新意识培养(实验分析、应用现状或前景分析、收获体会、改进意见)：

0.4　物理实验课程的基本程序

一、基础实验(必做)教学的基本程序

1. 实验前的预习

课堂上进行实验的时间有限,充分了解实验内容、理解实验原理、熟悉实验仪器,对在课堂上完成实验教学任务、提高课堂教学质量是至关重要的。为了有效地利用课堂上的时间,高质量地完成实验教学任务,要求课前对所要进行的实验内容进行充分的预习,实验预习可按以下步骤进行:

(从课程网站上或实验分组表上)了解实验项目→理论预习(阅读教材内容、参考资料、网站上相关内容),熟悉实验目的、内容、原理、步骤等→了解实验仪器(来自网站或通过课外开放的预约到实验室熟悉)→完成简要的预习报告→记录疑难问题。

总之,在课前对所要进行的实验,要做到心中有数,以便在课堂上能够抓住实验的关键,提高实验课堂的学习效率。

2. 进行实验

教师统一做必要的讲解→学生动手进行实验操作,教师巡堂指导→记录实验条件、现象和原始数据→教师检查与签字→整理仪器→离开实验室。

3. 撰写实验报告

按照上述必做实验报告的格式及各实验教师的具体要求,认真地撰写实验报告。

二、提高实验(选做)教学的基本程序

浏览课程网站提供的开放实验项目及教材→预约实验项目或自带实验课题、预约实验时间→进行充分的实验课前学习和实验设计(资料来源:网站内容、教材内容、图书馆参考书等)→课堂实验(学生为主体,教师起辅助作用)→按上述开放实验报告的要求完成实验报告或根据具体情况完成实验总结报告或小论文。

第1章　物理实验基础知识与基本训练

1.1　物理实验基础知识

一、基本单位与导出单位、基本物理量与导出物理量

物理量的大小是由数值和单位结合在一起表示的,每一个物理量都必须规定出它们的单位。因为各个物理量之间并不是相互独立的,而是由许多物理定义和物理规律联系起来的,所以,只要规定了少数几个物理量的单位,其他物理量的单位就可以根据定义或物理规律推导出来。独立定义的单位叫做基本单位,所对应的物理量叫做基本量。由基本单位导出的单位叫做导出单位,对应的物理量叫做导出量。物理量的单位均以国际单位制(SI)为基础。在国际单位制中,米(长度)、千克(质量)、秒(时间)、安培(电流强度)、开尔文(热力学温度)、摩尔(物质的量)和坎德拉(发光强度)为基本单位,其他单位均为导出单位。各基本单位对应的物理量、单位符号、定义等见表1.1.1。

表 1.1.1　基本单位、符号、定义

国际单位制基本单位			
基本物理量	单位名称	单位符号	定　　义
长度	米	m	1983 年 10 月,巴黎召开的第 17 届国际计量大会决定,米是 1/299792458 秒的时间间隔内光在真空中行程的长度
质量	千克(公斤)	kg	1889 年第 1 届国际计量大会选定,1901 年第 3 届国际计量大会上被正式定义:千克等于国际千克原器的质量。国际千克原器是保存在法国巴黎国际计量局中的一个特制的、直径为 39 mm 的铂圆柱体
时间	秒	s	1967 年第 13 届国际计量大会通过了目前新的时间定义:秒是铯-133 原子基态的两个超精细能级之间跃迁所对应的辐射的 9192631770 个周期的持续时间
电流强度	安培(安)	A	1948 年第 9 届国际计量大会上批准,1960 年第 11 届国际计量大会上,安培被正式采用为国际单位制的基本单位之一。安培的定义:在真空中,横截面积可忽略的两根相距 1 m 的无限长平行圆直导线内通以等量恒定电流时,若导线间相互作用力在每米长度上为 2×10^{-7} N,则每根导线中的电流为 1 A。安培是为纪念法国物理学家安培而命名的

续表

国际单位制基本单位

基本物理量	单位名称	单位符号	定　义
热力学温度	开尔文(开)	K	1954 年第 10 届国际计量大会上正式定义:以绝对零度(0 K)为最低温度,规定水的三相点的温度为 273.16 K,1 K 等于水三相点温度的 1/273.16。1960 年第 11 届国际计量大会规定热力学温度以开尔文为单位,简称"开",用 K 表示。开尔文是为了纪念英国物理学家 Lord Kelvin 而命名的
物质的量	摩尔(摩)	mol	1971 年第 14 届国际计量大会决定: ① 摩尔是一系统的物质的量,该系统中所包含的基本单元数与 0.012 kg 碳-12 的原子数目相等 ② 在使用摩尔时,基本单元应予指明,可以是原子、分子、离子、电子及其他粒子,或是这些粒子的特定组合
发光强度	坎德拉(坎)	cd	1979 年第 16 届国际计量大会上决定:坎德拉是一光源在给定方向上的发光强度,该光源发出频率为 540×10^{12} Hz 的单色辐射,且在此方向上的辐射强度为 1/683 W 每球面度

二、基本量的测量

1. 长度测量

长度量范围很广,包括位移、距离及长度等,有天文尺度量、常规尺度量和微观尺度量。对于天文尺度量,常用的测量方法有:三角视差法、激光测距法(如对地球和月球的距离测量);根据开普勒第三定律,通过间接方法进行(如对地球和太阳之间的距离测量);分光视差法、哈勃红移法(如对恒星距离的测量)。常规尺度通常指千米级到毫米级的几何尺度,对于常规尺度量的测量,常用的方法有普通测量、超声波测量和激光测量等。对于微观尺度量,主要有电学测量、光学测量和显微镜测量。物理实验中,主要对常规尺度量和微观尺度量进行测量,测量的常用工具有:钢直尺、钢卷尺、游标卡尺、千分尺、千分表、测微目镜、读数显微镜、电涡流传感器、电容传感器、电感传感器、光栅传感器、激光干涉仪等。

2. 质量测量

质量的范围很广,小到微观粒子,大到宇宙天体,大约横跨 72 个数量级,如电子质量数量级约为 10^{-30} kg,地球质量的数量级约为 10^{24} kg,太阳、银河系等天体的质量则更大。我们日常常用的测量方法和手段,一般不超出 $10^{-7} \sim 10^{6}$ kg 的范围。质量测量最常用的仪器有各种磅(如地磅、吊磅等)、各种秤(如电子秤、弹簧秤等)和各种天平(如物理天平、分析天平等)。

3. 时间测量

时间的测量范围很广,从天文学的宏观领域到物理学的微观领域,数量级在 $10^{-24} \sim 10^{38}$ s 的范围内。时间测量的基准经历了世界时、历书时,现在已进入到原子时。自从 1955 年英国皇家物理实验室成功研制出世界上第一台铯原子频率标准以来,每隔五年左右,时标的精确度就提高一个数量级(见表 1.1.2)。

表 1.1.2 时标精确度的提高

年　　份	1955 年	1960 年	1965 年	1970 年	1975 年
时标精确度/s	10^{-9}	10^{-10}	10^{-11}	10^{-12}	10^{-13}

时间测量包含两个最基本的内容:一是时间间隔的测量,它是指测量客观物理运动(或变化)的两个不同状态之间所经历的时间历程;二是时刻的测量,它是指测量客观物质在某一运动(或变化)状态的瞬间。由于时间的测量范围太广,因此人们不可能用单一的物质运动过程来测量时间,而必须根据所要研究问题的实际情况,选用不同的时间测量仪器和方法来对时间进行测量。

迄今为止,时间标准及其派生物——频率标准(频标)是一个被最精密定义和测量的量,近三四十年来,高精度时间或频率的测量方法和技术研究显得十分活跃,众多的专门测量仪表不断涌现,实用频标有铯原子钟、氢原子钟、铷原子钟等,光学频标、离子阱原子频标和铯原子喷泉频标等更是成为时间测量研究的新热点。

物理实验中常用的时间测量仪器有秒表(停表)、指针式机械表、数字显示式电子表、数字毫秒计等。

4. 温度测量

温度是表征物体冷热程度的物理量,温标是用以确定温度数值的规定。建立温标三步曲:选择某种物质(称为测温物质)的某一随温度变化的属性(称为测温属性)以标志温度;选择参考点并赋予它指定的测试值;规定测温属性与温度的关系。

按照国际规定,热力学温标是最基本的温标,它只是一种理想温标,所测数值与测温物质无关。理想气体温标由于在它所能确定的温度范围内等于热力学温标,所以往往用同一符号 T 代表这两种温标的温度。在理想气体温标可以实现的范围内,热力学温标可通过理想气体温标来实现。生活中常用的温标是摄氏温标,温度符号为 t,单位为摄氏度(℃)。摄氏温标与热力学温标之间的关系为

$$t(℃) = T - 273.15(K)$$

实验中常用的温度测量仪器有温度计、热电偶和光测温度计。常用的温度计有水银温度计和酒精温度计,水银温度计热惯性较大,但精度较高,应用广泛。热电偶有多种,测量范围从零下至 1300 ℃。光测温度计的测温范围更大。

5. 电流测量

电流是电学基本物理量,1960 年第 11 届国际计量大会上,安培被正式采用作为国际单位制。安培的定义详见表 1.1.1 中的叙述。电流单位的复现可用电流天平法等方法进行。所谓电流天平法,是利用电流通过标准尺寸线圈时所产生的力作用于天平的一端,以标准砝码作用于天平的另一端,求得线圈间作用力的大小,从而复现电流单位。由于安培单位难以长期保持,用电流天平法等方法复现准确度不高,所以实验上使用复现准确度较高的电压单位(伏特)和电阻单位(欧姆),再根据欧姆定律来保持电流单位。在实验室中常用标准电池组和标准电阻组来保持伏特和欧姆,作为体现电流单位的实物基础。

电流测量的常用仪器有安培表、检流计、表头、灵敏电流计、万用电表、钳表等。

6. 发光强度测量

发光强度是光度学中的基本物理量。发光强度单位最初是用蜡烛来定义的,单位为烛光。1948 年第 9 届国际计量大会上决定采用处于铂凝固点温度的黑体作为发光强度的基准,同时

定名为坎德拉,曾一度称为新烛光。1967 年第 13 届国际计量大会又对坎德拉作了更加严密的定义。由于用该定义复现的坎德拉误差较大,1979 年第 16 届国际计量大会决定采用表 1.1.1中的叙述的现行的新定义。

发光强度测量的常用仪器有光度计(如陆末-布洛洪光度计、本生油斑光度计、浦耳弗里许光度计等)、照度计。

7. 物质的量的测量

在国际单位制中,物质的量的基本单位是摩尔。由于技术原因,目前,物质的量的基本单位还无法得到准确复现,但是与化学成分量测量直接相关的基本量和基本单位能够与其他的基本量和基本单位建立起定量比例关系。通过对其他基本量的测量,实现对物质的量的测量。此类测量可以溯源到很好复现的其他 SI 基本单位。

1.2　实验操作的基本要求

一、力学、热学实验操作要求

(1) 掌握常用的长度、质量、时间、温度测量器具的基本原理和使用方法是力学、热学实验的基本要求,应熟练掌握钢卷尺、游标卡尺、螺旋测微器、千分表、测微目镜、温度计、多种计时器和物理天平的使用方法。

(2) 仪器的零位校准、水平和铅直调整等调节是力学实验的基本功,应熟练掌握。

(3) 在使用各种器具前,必须认真阅读教材,了解仪器的结构和工作原理以及各种量具和仪器的精度等级。

(4) 使用天平时,要缓慢转动手轮,加减砝码和移动游码前必须将横梁放下。不能用天平去称衡超过天平量程的物体。天平用完后,必须放下横梁,取下物体和砝码。砝码应立即放回砝码盒中。取放砝码时必须使用镊子,严禁手拿。

(5) 实验完毕,应把仪器整理好放回原处,并用布盖好。

二、电磁学实验操作要求

电磁学实验操作规程概括为"注意安全,布局合理,操作方便;初态安全,回路法接线;认真复查,瞬态试验;断电整理,仪器还原。"

(1) 注意安全。电磁学实验使用的电源通常是 220 V 的交流电和 0~24 V 的直流电,但有的实验电压高达万伏以上。一般人体接触 36 V 以上的电压时就有危险,所以在实验中要特别注意人身安全,严防触电事故的发生。为此,实验者要做到:

① 接、拆线路必须在断电状态下进行;

② 操作时,人体不能触摸仪器的高压带电部位;

③ 高压部分的接线柱或导线,一般要有特殊标志,以示危险。

(2) 布局合理,操作方便。根据电路图,精心安排仪器布局,做到走线合理,操作安全方便。一般应将经常操作的仪器放在近处,读数仪表放在便于观察的位置,开关尽量放在最易操作的地方。

（3）初态安全,回路法接线。正式接线前仪器应预置于安全状态。例如,电源开关应断开,用于限流和分压的滑线变阻器滑动端的位置应使电路中电流最小或电压最低,电表量程选择合理档位,电阻箱示值不能为零等。回路法接线即是按回路连接线路。首先分析电路图可分为几个回路,然后从电源正极开始,由高电位到低电位顺序接线,最后回到电源的负极(此线端先置于电源附近不接,待全部线路接完后,经检查无误,最后连接),完成一个回路。接着从已完成的回路中某高电位点出发,完成下一个回路。一边接线,一边想象电流走向,顺序完成各个回路的连接。切忌盲目乱接,严禁通电试接碰运气。回路法接线是电磁学实验的基本功,务必熟练掌握。

（4）认真复查,瞬态试验。接线完毕后,应按照回路认真检查一遍。无误后接通电源,马上根据仪表示值等现象判断有无异常。若发现异常,立刻断电检查并排除。若无异常,则可调节线路元件至所需状态,正式开始做实验。

（5）断电整理,仪器还原。实验完毕后,应先切断电源再拆线。把导线理顺整齐,仪器还原归位。整理时严防电源短路。

（6）交流电源电压较高,要注意人身安全。各种仪器、仪表在接入市电前一定要弄清仪器、仪表规定的输入电压。

三、光学实验操作要求

（1）光学仪器一般是用光学玻璃经过特殊技术加工而成的,属于精密仪器。光学仪器表面的任何污损如常见的灰尘、油脂及其他液体的污染或发霉和碰伤等,都会在不同程度上降低光学仪器的性能。使用前须了解仪器的使用说明和操作要求,使用过程中切忌用手直接触及光学仪器表面,以免印上汗液和指纹。取用光学零件时,要精神集中,轻拿轻放,勿受振动,避免被硬物碰伤或落地摔坏。

（2）不要对着光学仪器说话,更不能打喷嚏、咳嗽。

（3）光学仪器表面如有灰尘,可用实验室专用镜头纸揩拭。精密光学仪器的清洁要由实验室专人负责,学生不能擅自处理。

（4）光学仪器中的机械部分,有很多都经过精密加工,要根据操作规程进行操作,而且动作要轻。严禁私自拆卸仪器,乱扳乱拧。

（5）"等高共轴"的调节、成像清晰位置的判断、消视差的调节是光学实验的基本功,务必熟练掌握。

（6）仪器使用完毕,应整理好放回原处,并用布盖好。

1.3　物理实验基本训练

一、物理实验基本测量方法

测量的精度与不同的测量方法和手段密切相关。同一物理量,在量值的不同范围内,其测量方法不同,即使在同一范围内,精度要求不同也可以有多种测量方法,选用何种方法要看待测物理量在哪个范围内和我们对测量精度的要求如何。通过物理实验的学习,要求学生了解常用的物理实验方法,并逐步学会使用。如:比较法、转换法、放大法、模拟法、补偿法、平衡法、干涉法、衍射法,以及在近代科学研究和工程技术中广泛应用的其他方法。

下面对物理实验中常用的几种最基本的测量方法作概括性的介绍。

1. 比较法

比较法是最基本和最重要的测量方法之一,分为直接比较法和间接比较法。

1) 直接比较法

直接比较法就是将待测的物理量直接与经过校准的仪器或量具进行比较,测出其大小的方法。用米尺测长度就是最简单的直接比较法,用经过标定的电表、秒表、电子秤分别测量电量、时间、质量等量时,其直接测出的读数就可看作是直接比较的结果。要注意的是用直接比较法的量具及仪器必须是经过标定的。

2) 间接比较法

某些物理量无法进行直接比较测量,但可设法将其转变成另一种能与已知标准量直接比较的物理量,当然这种转变必须服从一定的单值函数关系。如用弹簧的形变去测量力、用水银的热膨胀去测量温度等,这类测量方法叫做间接比较法。因为间接比较法是以物理量之间的函数关系为依据的,为了使测量更加方便、准确,在可能的情况下,应尽量将物理量之间的关系转换成线性关系。如,磁电式电表的线圈在均匀磁场中受电磁力矩作用,流过线圈的电流与偏转角度之间的关系不是线性的,这样电表上的刻度不均匀,读数很不方便。为了使电流与偏转角度之间呈线性关系,设计电表时在线圈中加一铁芯,使磁场由横向变为辐射状。这样线圈偏转角正比于电流强度,使得磁电式电表刻度均匀,读数方便而准确。

2. 放大法

当待测量或待测信号数值过小无法测准时,可以将其放大后再进行测量。由于待测物理量的不同,放大的原理和方法也不同,常用的放大法有以下几种。

1) 累积放大法

在物理实验中常遇到这样的问题:受测量仪器精度的限制,或受人的反应时间的限制,单次测量的误差很大或根本无法测出有用信息,这时可以采用累积放大法来进行测量。所谓累积放大法,就是通过测量相同的待测物理量的大量集合体的总量,转而计算出待测物理量本身的方法。如要测量一张稿纸的质量,就可以通过测量大量相同稿纸质量的总量来算得一张稿纸的质量。再如对单摆周期的测量,假定单摆周期 T 为 2.00 s,实验者按秒表的平均反应时间 $\Delta t = 0.02$ s,则单次测量周期的相对误差为 $\Delta t/T = 0.02/2.00 = 1.0\%$。但如果我们测量 50 个周期,则因反应时间引起的误差将降到 $\Delta t/(50T) = 0.02\%$。电子回旋加速器也是利用累积放大的原理,电子每通过加速器半圆的出口时进行一次加速,从而使电子的能量不断增加。人们还利用累积放大的方法加大测量距离,巧妙地进行光速的测量。

2) 机械放大法

机械放大是利用力学量之间的几何关系进行转换放大的一种最直观的放大方法。例如,游标卡尺就是利用游标来提高测量细分程度的。螺旋测微器原理也是一种机械放大,它是将螺距通过螺母上的圆周来进行放大的。由于机械放大作用提高了测量仪器的分辨率,从而提高了测量精度。迈克尔逊干涉仪则是通过多次螺旋放大的组合,使读数分度值达到 0.0001 mm,实现了精密测量。

3) 电学放大法

将微弱电信号通过放大电路放大后再进行测量的方法,叫做电学放大法。电信号的放大可以是电压放大、电流放大、功率放大，放大的信号可以是交流的也可以是直流的。

随着微电子技术和电子器件的发展，各种新型的高集成度运算放大器不断涌现，电学放大的放大率可以远高于其他放大方式。因此，常把其他物理量转换成电信号放大后再转换回去。要注意的是：为了避免失真，要求电信号放大的过程应尽可能保持线性放大。

4）光学放大法

光学放大分为微小变化量的放大和视角放大两种。光杠杆放大法就属于微小变化量的放大，它利用光杠杆镜尺法把微小的长度变化量进行放大后再测量。而放大镜、显微镜和望远镜等则均属于视角放大的仪器，它们只是在观察场中放大视角，并不是实际尺寸的变化，所以并不增加误差。事实上，许多精密设备都是在最后的读数装置上加一个视角放大装置以提高测量精度。

3. 补偿法（也称均衡法、平衡法或示零法）

把标准值 S 选择或调节到与待测物理量 X 的值相等，用于抵消（或补偿）待测物理量的作用，使系统处于平衡（或补偿）状态。处于这种平衡状态的测量系统，待测物理量 X 与标准值 S 之间具有确定的关系，这种测量方法称为均衡法（或补偿法）。这种方法的特点是测量系统中包含有标准量具和平衡器（或称示零器），在测量过程中，待测物理 X 与标准量 S 直接比较，调整标准量 S，使得 S 与 X 之差为零（故此法也称示零法），实际上这个测量过程就是调节平衡（或补偿）的过程。补偿法（也称均衡法或示零法）的优点是可以免去一些附加的系统误差，当系统具有高精度的标准量具和平衡指示器时，可获得较高的分辨率、灵敏度及测量的精确度。在物理实验的测量操作中，均衡法的应用非常广泛，如等臂天平称重、惠更斯电桥测电阻、电位差计测电压，以及各种平衡电桥的调节等。

4. 转换法

转换法是根据物理量之间的各种效应和定量关系，利用变换原理将不能或不易测量的待测物理量转换成能测或易测的物理量进行测量，然后再求待测物理量。它实际上也是间接测量法的具体应用。由于物理量之间存在着各种关系和效应，所以也就存在着各种不同的转换法，这恰恰反映了物理实验中最有启发性和开创性的一面。转换法一般可分为参量转换法和能量转换法两大类。

1）参量转换法

参量转换法是利用物理量之间变换的某种函数关系进行的间接测量，它主要体现在以下几个方面：

（1）把难测的量转换成易测的量。如将不易测量的不规则的物体的体积测量转化为容易测量的液体体积的测量，只需要一个具有高精密刻度的量筒就行了。

（2）把不可测的量转换成可测量的量。如我国古代曹冲称象的故事就是一个参量转换的很好范例。曹冲把当时不可测量的大象重量变换成可测量的石头重量。又如，对钢丝的杨氏弹性模量 E 的测量，根据应变与应力成线性的变化关系，将 E 的测量转换成应变 $\Delta L/L$ 与应力 F/S 的测量后，得到 E 的计算公式 $E = \dfrac{F/S}{\Delta L/L}$。再如，利用单摆测量重力加速度 g，就是利用周期 T 随摆长 L 变化的规律，将 g 的测量转换成对 L、T 的测量。

（3）将待测物理量转换成待测物理量的改变量。如利用非平衡电桥在平衡点附近，平衡指示器的变化量与某一个臂电阻变化成正比这一关系求出温度变化，就可以求出电阻随温度的变化。

（4）把单个测量点的计算方法,转换为多个测量点的作图法或回归法。把不易测量的物理量放在截距上,而把要测的物理量放在斜率中去解决。

2）能量转换法（也称传感器转换法或电测法）

能量转换法是利用一种运动形式转换成另一种运动形式时物理量之间的对应关系进行的间接测量,各种传感器就是能量转换的关键元件。由于热敏、光敏、磁敏、压敏等各种新型功能材料的不断涌现,以及这些材料性能的不断提高,各种各样的敏感器件和传感器应运而生,为科学实验和物理测量方法的改进提供了很好的条件。由于电学量测量方法精度高,所以最常见的传感器转换法是将其他物理量的测量转换为电学量的测量。所以能量转换法也常称为传感器转换法或电测法。目前,常见的能量转换有压电转换、热电转换、光电转换、磁电转换、几何变化量与电学参量的转换等。

转换法灵敏度高、反应速度快、控制方便,能进行自动记录和动态测量。与其他方法综合运用,可使许多过去认为难以解决、甚至不能解决的技术难题迎刃而解。

转换测量法设计的基本原则:

(1) 确定变换原理和参量关系式的正确性。

(2) 变换元件（传感器）要有足够的输出量和稳定性,且输出量应便于放大或传输。

(3) 在变换过程中若伴随有其他效应,则应采取补偿或消除措施。

(4) 要考虑变换系统和测量过程的经济效益。

5. 模拟法

模拟法是指以相应理论为基础,不直接研究自然现象或过程本身,而是用与这些自然现象或过程相似的模型来进行研究的一种方法。模拟法可分为几何模拟、物理模拟、数学模拟和计算机模拟。

1）几何模拟法

几何模拟法是将所研究的对象按比例放大或缩小制成模型,以此作为观察研究的辅助手段,此法简单实用,其缺点是只能作定性研究,不易弄清被模拟量的内部变化规律,物理实验中较少采用此法。

2）物理模拟法

物理模拟法的特点是模拟量与被模拟量的变化服从同一物理规律。如用光测弹性法模拟工件内部应力分布情况;用"风洞"中的飞机模型模拟实际飞机在大气中的飞行等。

因为物理模拟法可使观察的现象反复出现,生动形象,因此具有广泛的应用价值。

3）数学模拟法

数学模拟法又称类比法,它的模型与原型在物理形式上和实质上可能毫无共同之处,但它们却遵循着相同的数学规律,就像在力学、电学的类比中,力学的共振与电学的共振虽然不同,但它们却有着相同的二阶常微分方程,它们之间就可以进行数学模拟。如静电场的模拟实验,就是因为稳恒电流场与静电场的分布有着相同的数学形式,所以用稳恒电流场来模拟静电场。

4）计算机模拟法

随着计算机的不断发展和广泛应用,人们还可以进行计算机模拟物理实验过程,预测出可能的实验结果。

6. 干涉法

干涉法是通过光的干涉现象来进行的实验测量方法。如牛顿环及劈尖实验就是用等厚干涉法测厚度及曲率半径的例子。用迈克尔逊干涉仪测光的波长也是干涉法的一个典型例子。

7. 衍射法

衍射法是用光的衍射现象来进行的实验测量方法。如单丝单缝衍射实验就是用衍射法测量细缝的宽度、细丝直径的实验。

以上介绍的是物理实验中最常用的几种基本测量方法，其实各种测量方法之间并不是孤立的，它们之间往往是相互渗透、相互联系、综合使用而无法截然分开的。我们在学习过程中，应认真思考、仔细分析，不断总结，理论联系实际，逐步积累各种实验方法并加以综合应用。

二、物理实验基本调节

通过物理实验的学习，学生应掌握常用的实验操作技术，如零位调整、水平/铅直调整、光路的等高共轴调整、消视差调整、逐次逼近调整、根据给定的电路图正确接线、简单的电路故障检查与排除，以及在近代科学研究与工程技术中广泛应用的仪器的正确调节。

1. 仪器初态与安全位置

仪器初态是指仪器设备在进入正式调整、测量前的状态。正确的仪器初态可保证仪器设备安全，是保证实验工作顺利进行的基础。对仪器上设置的调整螺钉，如迈克尔逊干涉仪上的拉簧旋钮、其反光镜上的方位调整螺钉、望远镜上的俯仰角调整螺钉，分光计平台下的水平调节螺钉等，在正式调整前，应先调整螺钉处于松紧适中的状态，使其具有足够的调整量，以便于仪器的调整，这在力学和光学实验中经常会遇到。在电学实验中则要注意所谓的安全位置问题。如未合上电源前，应使电源的输出调节旋钮处于使电压输出为最小的位置；使滑线变阻器的滑动端处于对电路最"保险"的控制状态，即若做分压，就使电压输出最小，若做限流，就使电路电流最小；电表量程选择合理挡位，电阻箱示值不能为零；在平衡调节前，把保护电阻接入示零电路等，这样既保证仪器设备的安全，又便于控制调节。

2. 回路法接线

回路法接线就是按回路连接线路。首先分析电路图可分为几个回路，然后从电源正极开始，由高电位到低电位顺序接线，最后回到电源的负极（此线端先置于电源附近不接，待全部线路接完后，经检查无误，最后连接），完成一个回路。接着从已完成的回路中某高电位点出发，完成下一个回路。一边接线，一边想象电流走向，顺序完成各个回路的连接。切忌盲目乱接，严禁通电试接碰运气。回路法接线是电磁学实验的基本功，务必熟练掌握。

3. 跃接法

按回路法接线完毕后，应再按照回路认真检查一遍。无误后接通电源，马上根据仪表示值等现象判断有无异常。若发现异常，立刻断电检查并排除。若无异常，则可调节线路元件至所需状态，正式开始做实验。

在示零法测量中，经常采用瞬间接通示零电路的方法来对平衡状态或平衡偏离方向作出判断。这样做的优点是：在远离平衡状态时保护仪表（如标准电池和检流计等），使其免受长时间的大电流冲击；在接近平衡时，通过电路的瞬间通断比较，提高检测灵敏度。

4. 零位（零点）调整

许多测量工具及仪表，如千分尺、电压表等都有其零位点，在使用它们进行测量之前，必须进行零位校准。零位校准有两种情况：一是测量仪器本身有零位校准器，可对其进行零位调整，如对电表的机械调零，使仪器在测量前处于零位；二是仪器虽然零位不准，却无法进行调整和校对，如磨损了的米尺、千分尺等，针对这种情况，在测量前需记录最初读数，以备在测量结果中进行零位修正。

5. 水平、铅直调整

在物理实验中经常遇到要对仪器进行水平和铅直的调整,如调平台的水平和支架的铅直等。这些仪器本身一般都装有水准仪或悬锤,底座安装有两个或三个(一般排成等边三角形)可调的螺钉。只需调节螺钉,使水准仪的气泡居中或悬锤的锤尖对准底座上的座尖,即可达到调整要求。一般水平与铅直的调整可相互转化,互为补充。

6. 等高共轴调整

在由两个以上的光学元件组成的实验系统中,为了获得满意的成像效果,必须进行等高共轴调节,调节的目标是:使所有光学元件的光轴重合,且其物面、屏面垂直于光轴。调节一般分为两步,即先粗调,后细调。

进行粗调时,用目测法判断,使各元件所在平面基本上相互平行等,将各光学元件和光源的中心调节到基本上垂直于自己所在平面的同一直线上,这样,各光学元件的光轴就大致接近重合了。

进行细调时,利用光学系统本身或借助于其他的光学仪器,依据光学基本规律进行调节。常用的方法有自准法和二次成像法,此时移动光学元件,使像没有上下左右移动,调节即完成。

7. 调焦

在使用显微镜、测微目镜和望远镜等光学仪器时,需要对仪器进行调焦,调焦的目的是看清目的物而进行准确的测量。对望远镜要调节叉丝到物镜的距离使之处于透镜的焦平面上;使用显微镜则要调节被观察的对象处于物镜的工作距离处;对测微目镜则要使叉丝在目镜的焦距内作适当的调节。调焦常以光学规律(如自准成像)或是否看清目的物上的局部细微特征作为调好标志。

8. 消视差调整

实验测量中,经常会遇到读数标线(指针、叉丝)与标尺平面不重合的情况,例如,电表的指针和刻度线平面总是离开一定的距离的。此时,当眼睛从不同方向观察时会出现读数有差异或物与标尺刻线有分离的现象,称为视差现象。有无视差可根据观测时人眼睛稍微移动,标线与标尺刻度是否有相对运动来判断。为使测量正确,实验时必须消除视差。消除视差的方法主要有两种:一是使视线垂直于标尺平面读数,如对电表读数应表面正视,当观察到指针与其在刻度槽下面的平面镜中的像重合时,指针所指刻度才为正确读数;二是使标尺平面与被测物密合于同一平面内,如游标卡尺的游标尺做成斜面,就是为了使游标尺的刻线端与主尺接近于同一平面,以减小视差。

光学实验中常进行非接触式测量,此时常用到带有叉丝的测微目镜、读数显微镜和望远镜。使用这些仪器时,必须进行消视差调节,即需要仔细调节目镜(连同叉丝)与物镜之间的距离,使被观测物经物镜后成像在作为标尺的叉丝分划板所在平面内,一般是边调节边稍稍移动眼睛,看两者是否有相对运动,直调至基本无相对运动为止。

9. 逐次逼近调整

任何的调整几乎都不是一蹴而成的,都要经过仔细而反复的调节。一个简单而又有效的技巧是"逐次逼近"调整法。如在分光计实验中,调节望远镜和平台水平时,用的"减半逼近"法就属于此法。而对于有示零仪器的实验,在进行示零调节时,采用"反向逐次逼近"调节技术,能快速地达到调节目的。例如,电桥的平衡是以检流计示零为标志的,在调节电桥的平衡时,若输入量为 x_1,检流计向左偏转 6 个分度,输入量为 x_2 时,向右偏转 4 个分度,由此可判断出平衡位置应出现在输入量为 $x_1 < x < x_2$ 的范围内。再输入 $x_3(x_1 < x_3 < x_2)$ 时,若向左偏 3 个分度,输入 $x_4(x_3 < x_4 < x_2)$ 时,向右偏转 2 个分度,则平衡位置应出现在输入量 $x_3 < x < x_4$ 的范围内。如此逐次逼近可迅速找到平衡点。这种方法对水平、铅直及天平平衡等的调节也都是十分有效的。

10. 空程误差消除的调节

由丝杆、螺母构成的转动与读数机构,由于螺母与丝杆之间有螺纹间隙,往往在测量刚开始时或刚反向转动丝杆时,丝杆需转过一定角度后才能与螺母啮合。结果,与丝杆连接在一起的鼓轮已有读数改变,而由螺母带动的机构尚未产生位移,从而造成了虚假读数而产生空程误差。为了消除空程误差,使用此类仪器(如测微目镜、读数显微镜、迈克尔逊干涉仪)时,必须单方向旋转鼓轮,待丝杆与螺母啮合后才能开始测量,并且在整个测量过程中需保持沿同一方向前进,切勿忽正忽反旋转鼓轮。在做分光计实验和迈克尔逊干涉实验中就要特别注意空程误差的消除。

11. 先定性后定量原则

初学者往往急于求成,实验中盲目操作,殊不知却适得其反。盲目操作的问题往往出现在实验中途,此时不得不返工,从头再来。一个训练有素的科学工作者,常常采用"先定性后定量"的原则进行实验。具体做法是:仪器调整好后,在进行定量测量前,先定性地观察实验变化的全过程,了解变化规律,观察一个量随其他量变化的大致情况,得到函数曲线的大致图形后,再进行定量测量。在定量测量时,可根据曲线变化趋势来分配测量间隔,曲线变化平缓处,测量间隔取大些,曲线变化急剧处,测量间隔就应取小些。这样采用不同测量间隔测得的数据作图就比较合理。

以上介绍的是实验技术中的普遍原则和方法。随着科学技术的发展,新的实验仪器、设备的不断涌现,新的实验调节技术也会应运而生。我们应当不断关注科学技术的发展,随着科学技术的进步,不断提高自己的实验水平。

三、计算器与计算机在物理实验中的应用

1. 计算器的基本应用

目前,使用计算器进行实验数据处理已相当普遍,如能充分利用多功能计算器的相关功能,对简化运算过程是很有帮助的。下面是多功能计算器在对实验数据处理中很有用的几项主要功能。

(1) 计算平均值及标准偏差。

(2) 用最小二乘法一元线性拟合有关量,通过最小二乘法一元线性拟合,可得到其线性回归方程

$$y = a + bx$$

其中
$$a = \bar{y} - b\bar{x}, \quad b = \frac{\overline{xy} - \bar{x} \cdot \bar{y}}{\overline{x^2} - \bar{x}^2}$$

上述一元线性拟合出的回归方程是否恰当,可通过相关系数 γ 来判断,γ 值越接近 1 越恰当。

$$\gamma = \frac{\overline{xy} - \bar{x} \cdot \bar{y}}{\sqrt{(\overline{x^2} - \overline{x}^2)(\overline{y^2} - \overline{y}^2)}}$$

以上各量的计算,用手工计算是很麻烦的,但用多功能计算器的相应程序计算就简单多了。利用多功能计算器处理数据时,只需将函数模式开关置于"SD"位置,并清除"SD"中的所有内存,根据不同型号的计算器输入方式(具体可参阅计算器的使用说明书),将 x_i, y_i 逐一输入后,便可在计算器上得到如下数据:

① $n, \sum_i x_i, \sum_i x_i^2, \bar{x}, S_x, \sigma_x$,这相当于对测量列进行的统计计算。

② $\sum_i y_i, \sum_i y_i^2, \bar{y}, S_y, \sigma_y$。

③ $\sum_i x_i y_i$。

④ 一元线性回归方程 $y = a + bx$ 的截距 a、斜率 b 和相关系数 γ。

(3) 简图显示。目前,许多新型多功能计算器除了可以进行数据处理外,还可以进行简单作图。作图前需要对坐标轴 x, y 最小值、最大值等量进行设置,然后输入相关数据即可。当然图示面积小,也较粗糙,只能对实验数据作一个概括性的了解。但利用计算器简图功能,可快速地了解实验数据的变化概况。

2. 计算机的基本应用

计算机的应用日益广泛,在物理实验课程的学习中应训练学生的计算机应用能力,同时也应应用计算机对物理实验进行辅助教学。

(1) 实验数据处理。

Matlab、Mathematica 是数据处理的常用软件。在实验完成后,将测得的实验数据直接输入到计算机中,根据事先编好的程序,能快速地获得实验结果。

用 Matlab 可以方便地描绘函数的曲线,方便地实现对最小二乘法的数据处理并做出最佳的拟合曲线。

(2) 模拟、仿真实验。

随着计算机的不断发展和广泛应用,人们设计了许多计算机模拟和仿真实验,即通过仿真或模拟技术创造出与真实的实验相同或相似的实验情境。如虚拟示波器实验、非线性电路混沌虚拟实验等。

(3) 实时测量。

通过数据接口,计算机与实验仪器相连,可实现实时测量及数据处理。

(4) 通过信息化教学管理平台的组织和管理,实施混合式教学,提高实验教学质量。

建设相关教学资源,充分利用云技术下的信息化教学管理平台,对整个教学过程进行信息化管理。采用翻转课堂等新教学理念,进行线上、线下学习相结合的混合式教学设计,为学生提供"口袋型"实验室,平时通过手机在线上进行灵活的学习,带着问题再到实验课堂与老师作深度互动学习。既充分保留传统教学中教师的主导作用,又能发挥线上学习的灵活自主的优势,达到最佳的学习效果。

复 习 提 要

1. 什么是基本单位和导出单位?

2. 什么是基本量与导出量?

3. 哪些物理量为基本物理量,它们的基本单位、符号、定义是什么?

4. 物理实验中有哪些常用的长度测量器具？

5. 物理实验中有哪些常用的质量测量工具？

6. 物理实验中常用的时间测量工具有哪些？

7. 物理实验中常用的温度测量工具有哪些？

8. 物理实验中有哪些常用的电流测量仪表？

9. 力学、热学实验操作过程中应注意什么？力学实验的基本功有哪些？

10. 电磁学实验操作过程中应注意什么？电磁学实验的基本功是什么？

11. 光学实验操作过程中应注意什么？光学实验的基本功有哪些？

12. 常用的物理实验测量方法有哪几种？

13. 物理实验中应掌握哪些基本调节技术？

14. 计算器和计算机在物理实验中有哪些基本应用？

15. 指出几种利用机械放大作用来提高测量仪器分辨率的测量工具。

16. 指出一种能进行微小变化量的放大的方法；指出两种能进行视角放大的仪器。

17. 为什么说采用视角放大法不会增加误差？

18. 补偿法（或称均衡法）的优点是什么？举出几种补偿法（或称均衡法）应用的实际例子。

19. 举出物理模拟法与数学模拟法的实际例子。

20. 如何理解仪器初态与安全位置？

21. 在示零法测量中，常采用跃接法。跃接法的主要作用是什么？

22. 零位校准有哪两种情况？应分别如何对待这两种情况？试分别举例说明。

23. 使用哪些仪器时需要进行调焦操作？

24. 什么叫视差现象？如何消除视差？

25. 使用带有叉丝的测微目镜、读数显微镜等仪器时，需要进行消视差调节。为什么？

26. 列举几个采用逐次逼近调节的例子。

27. 什么叫空程误差？如何消除空程误差？

28. 如何理解先定性后定量的调节原则？

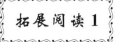

拓展阅读 1

长度单位"米"的定义发展历程

　　所有的基本量的单位定义都是在经历了一个漫长的发展历程后,才得到目前所采用的比较科学的定义。同时随着各种技术的不断发展,各种基本量的单位定义仍会不断发展与完善。下面是长度的单位定义经历的以下几个过程。

1. 人体部位法(实物法)(古代)

　　古代常以人体的一部分作为长度的单位,如《孔子家语》一书中的记载"布指知寸,布手知尺,舒肘知寻"(两臂伸开长八尺就是一寻)。西方古代常使用"腕尺"作长度单位,为 52~53 厘米,与从手的中指尖到肘之间的长度有密切关系。古代也有用其他实物作为长度单位依据的,如英制中的时来源于三粒圆而干的大麦粒一个接一个排成的长度。

　　多少年来世界各国通行的长度单位杂乱无章,对商品的流通造成了极多麻烦,所以长度单位需要统一。

2. 子午线法(实物法:档案米、米原器)(1790—1960)

　　国际单位制的长度单位"米"(meter,metre)起源于法国。1790 年 5 月由法国科学家组成的特别委员会,建议以通过巴黎的地球子午线全长的四千万分之一作为长度单位——米,1791年获法国国会批准。从 1792 年开始,法国天文学家用了 7 年时间,测量通过巴黎的地球子午线。1799 年根据测量结果制成一根 3.5 毫米×25 毫米短形截面的铂杆(platinum metre bar),以此杆两端之间的距离定为 1 米,并交法国档案局保管,所以也称为"档案米"。这就是最早的米定义。由于档案米的变形情况严重,于是,1872 年放弃了"档案米"的米定义,而以铂铱合金(90% 的铂和 10% 的铱)制造的米原器作为长度的单位。米原器是根据"档案米"的长度制造的,当时共制出了 31 只,截面近似呈 X 形,把档案米的长度以两条宽度为 6~8 微米的刻线刻在尺子的凹槽(中性面)上。1889 年在第 1 次国际计量大会上,把经国际计量局鉴定的第 6 号米原器(31 只米原器中在 0 ℃时最接近档案米的长度的一只)选作国际米原器,并作为世界上最有权威的长度基准器保存在巴黎国际计量局的地下室中,其余的尺子作为副尺分发给与会各国。规定在周围空气温度为 0 ℃时,米原器两端中间刻线之间的距离为 1 米。1927年第 7 届国际计量大会又对米定义作了严格的规定,除温度要求外,还提出了米原器须保存在1 个标准大气压下,并对其放置方法作出了具体规定。

　　后经测量,发现米原器并不正好等于地球子午线的四千万分之一,而是大了 0.2 毫米。人们认为,以后测量技术还会不断进步,势必会再发现偏差,与其修改米原器的长度,不如就以这根铂质米原器为基准,从而统一所有的长度计量。

　　法国人开创米制后,由于这一体制比较科学,使用方便,欧洲大陆各国相继采用。到 1985年 10 月止,米制公约成员国已有 47 个,我国于 1977 年参加。

　　其余一些米原器都与国际米原器作过比对,后来大多分发给成员国,成为各国的国家基准,以后每隔几十年都要进行周期检定,以确保长度基准的一致性。

3. 光谱线波长法(非实物法)(1960—1983)

　　然而,使用米原器作为米的客观标准也存在很多缺点,由于刻线工艺和测量方法等方面的原因，在复现量值时总难免有一定误差，这个误差不小于 0.1 微米，时间长了很难保证米原器本身不会发会材料变形等变化，且米原器随时都有被破坏的危险，万一米原器损坏，到那时复制将无所依据。因此，采用自然量值而不是实物的尺寸作为单位基准器的设想一直为人们所向往。20 世纪 50 年代，随着同位素光谱光源的发展，发现了宽度很窄的氪-86 同位素谱线，加上干涉技术的成功，人们终于找到了一种不易毁坏的自然标准，即以光波波长作为长度单位的自然基准。

1960 年第 11 届国际计量大会对米的定义作了如下更改："米的长度等于氪-86 原子的两个超精细能级之间跃迁的辐射在真空中波长的 1650763.73 倍"。这一自然基准，性能稳定，没有变形问题，容易复现，而且具有很高的复现精度。我国于 1963 年也建立了氪-86 同位素长度基准。米的定义更改后，国际米原器仍按原规定保存在国际计量局。

4. 光速法（非实物法）（1983 年）

由于原子光谱的波长太短，又难免受电流、温度等因素的影响，复现的精确度仍受限制。随着科学技术的进步，20 世纪 70 年代以来，对时间和光速的测定，都达到了很高的精确度。因此，1983 年 10 月在巴黎召开的第 17 届国际计量大会上又通过了米的新定义："米是 1/299792458 秒的时间间隔内光在真空中行程的长度"。这样，基于光谱线波长的米的定义就被新的米定义所替代了。

其他基本单位的定义也经历了类似的过程，目前只有质量的单位"千克"仍用"千克原器"这样的实物基准，其他基本单位的定义均已采用自然量来定义。第 17 届单位制咨询委员会已建议 2011 年以自然量定义"千克"，且"千克"定义将建立在普朗克常数或阿伏加德罗常数的基础上。各基本单位的定义的发展过程体现了人们对自然界的认识不断深入、对测量要求和测量技术不断提高的历程。

第 2 章 测量误差和实验数据处理

2.1 测量与误差

一、测量

1. 测量

测量是物理实验的基础,所谓测量就是将待测物理量与选作计量标准的同类物理量进行比较,并得出其倍数的过程。倍数值称为待测物理量的数值,选作的计量标准称为单位。因此,一个物理量的测量值应由数值和单位两部分组成,缺一不可。

2. 测量的分类

按测量方式分,测量可分为直接测量和间接测量。

1) 直接测量

用量具或仪表直接读出测量值的,称为直接测量。如用米尺测长度,用温度计测温度,用电压表测电压等都是直接测量,所测的长度、温度、电压等称为直接测量值。

2) 间接测量

有些物理量无法进行直接测量,而需依据待测量与若干个直接测量值的函数关系求出,这样的测量就称为间接测量。大多数的物理量都是通过间接测量测得。如测量小铜柱的密度时,可以直接用量具测出它的直径 d 和高度 h,用天平称出它的质量 m,再根据密度公式 $\rho = 4m/(\pi d^2 h)$ 计算出铜柱的密度。所测的密度是由直接测量值再经过物理公式计算得出的,称为间接测量值。

按测量条件分,测量又可分为等精度测量和不等精度测量。

1) 等精度测量

测量条件相同的一系列测量称为等精度测量。如由同一个人在同一仪器上采用同样测量方法对同一待测物理量进行多次测量,每次测量的可靠程度都相同,这样的测量就是等精度测量。物理实验中对某一个量的多次测量都是针对等精度测量而言的。

2) 不等精度测量

测量条件完全不同或部分不同,各测量结果的可靠程度自然也不同的一系列测量称为不等精度测量。例如:在对某一物理量进行多次测量时,选用的仪器不同,或测量方法不同,或测量人员不同等都属于不等精度测量。对不等精度测量所得到的结果求其平均值是没有实际意义的。

二、测量误差

在确定的条件下,反映任何物质(物体)物理特性的物理量所具有的客观真实数值,称为真值。对各种物理量的测量,一般均力图得到真值。但是由于受到测量仪器灵敏度和分辨率的影响,实验原理的近似性,环境的不稳定性以及测量者自身因素的局限,测量总是得不到真值。测量值只能是真值的不同程度的近似值,二者间的差异称为测量误差,测量误差的大小反映测量结果的准确程度。

误差可表示为绝对误差和相对误差两种:

$$绝对误差 = 测量值 - 真值$$

$$相对误差 = \frac{绝对误差}{真值} \times 100\% \approx \frac{|测量最佳值 - 约定真值|}{约定真值} \times 100\%$$

绝对误差是一个有量纲的代数值,它反映测量值偏离真值的程度;相对误差是一个无量纲的量,它反映了绝对误差对测量结果影响的严重程度,它能更全面地评价测量的优劣。

误差存在于一切测量中,并且贯穿测量过程的始终。误差的大小反映了人们的认识接近于客观真实的程度。一个优秀的实验工作者应用误差分析的思想方法来指导实验的全过程:一是分析误差产生的原因,尽量消除其影响,并对测量结果中未能消除的误差做出全面的评价;二是在设计一项实验时,先对测量结果确定一个精度要求,然后通过误差分析的指导,合理地选择测量方法、仪器和条件,以便能在最有利的条件下获得恰到好处的预期结果。

三、误差的分类

根据误差产生的原因及其性质,可将其分为系统误差和随机(偶然)误差两大类。

1. 系统误差

1)系统误差的来源

系统误差是指在对同一被测量进行的多次测量中,保持恒定或者以可预知的方式变化的测量误差分量。系统误差主要来源于以下几个方面。

(1)理论误差:由于实验方法本身或测量原理的近似性引起的误差。如用天平称物体的质量时未考虑空气的浮力;用伏安法测电阻时未考虑电表内阻的影响;用单摆周期公式测重力加速度时未考虑单摆摆角太大的影响;用转动惯量仪测量刚体的转动惯量时未考虑系统的摩擦力对机械能守恒的影响等。

(2)仪器误差:由于仪器本身的不完善而产生的误差。如零点没校准、刻度不准、仪器水平或铅直未调好、砝码未经校准等。又如,秒表指针的转动中心与刻度盘的几何中心不重合,当指针转过 1/4 圈时指 14.8 秒,转过 1/2 圈时指 30.0 秒等。显然,对于指针的一定位置,误差是定值的;而指针在不同位置时,误差的数值不同。这是一个周期性变化的系统误差。

(3)环境误差:由于实验环境条件与规定条件不一致引起的误差。如标准电池是以 20 ℃ 的电动势数值作为标准值的,若在其他温度条件下使用它而不加以修正,就会引入系统误差。

(4)人员误差:由于实验人员主观因素和操作技术所引起的误差。如有的人习惯侧坐斜视读数,就会使读数偏大或偏小,有的人记录信号时有滞后或超前的倾向等。

2）系统误差的分类

系统误差的分类很复杂，按不同的方式有不同的分法。

按系统误差对结果的影响可分如下几类。

（1）恒定的系统误差：例如仪器零点不对或刻度不准造成的误差。这类误差的符号和大小都是固定不变的。

（2）周期变化的系统误差：例如电表的转轴与转盘的圆心不重合，停表的轴偏心等，使某些角度的读数偏大，而某些角度读数又偏小，从而产生了周期性的变化。

（3）累积误差：例如温度变化引起卡尺热胀冷缩和电阻值改变等给测量带来的误差等，这种误差的大小随着被测量值的改变而改变，被测量值越大，误差也越大。

按掌握的程度可分如下几类。

（1）可定系统误差：系统误差的大小和符号已知或可计算。例如因理论近似或零点不准引起的误差就可以引入修正量进行修正，从而消除这些误差的影响。

（2）未定系统误差：已知系统误差确实存在，但其大小和符号不能确定。这类误差从某种角度看也可以看成是随机误差，所以人们常称之为双向系统误差。

3）系统误差的特点

误差大小和方向恒定或按规律发生变化，可以预知，服从因果关系，可以设法消除或减小其影响，但采用多次测量的方法并不能减少这种误差的影响，只能针对具体问题具体分析，找出产生系统误差的原因，采取相应的方法去消除或对测量结果进行修正。

2. 随机误差

在相同条件下，在同一量的多次测量过程中，以不可预知的方式变化的测量误差分量称为随机误差。

随机误差起因于一些随时随地都会发生的微小的不可控制的因素，如无规则的温度变化，气压起伏，地基、桌面的振动，电磁场的干扰，光线的闪动，电压、电流的波动，以及观察者感官（听觉、视觉、触觉）分辨能力的微小变化等。

随机误差的特点：误差时大时小，时正时负，不可预知，无法消除，但当测量次数足够大时，随机误差显示出明显的统计分布规律，并可以通过增加测量次数来减小随机误差。

随机误差遵循如图 2.1.1 所示的正态分布规律。图中，x 表示物理量的测量值，Δx 表示测量的偶然误差。在多次等精度的测量中，误差 Δx 的分布函数为

$$G(\Delta x) = \frac{1}{\sigma \sqrt{2\pi}} e^{\left[-\frac{(\Delta x)^2}{2\sigma^2}\right]}$$

式中，$G(\Delta x)$ 表示在误差值 Δx 附近单位误差间隔内误差值 Δx 出现的概率，而 σ 称为标准误差。我们从图中可以看出，随机误差具有以下性质：

（1）单峰性。绝对值小的误差出现的概率要比绝对值大的误差出现的概率大。

（2）对称性。绝对值相等的正误差和负误差出现的概率相等。

（3）有界性。绝对值很大的误差出现的概率趋于零。

（4）抵偿性。随机误差的算术平均值随着测量次数的增加而趋于零。

从最后一点可以说明，在等精度的实验条件下，对某一物理量要进行多次测量。因为测量的次数越多，该量的算术平均值越接近于真值，而它的随机误差越小乃至趋于零。

在图 2.1.1 中，坐标原点 $\Delta x = 0$ 处，是对应于真值的位置，正态分布曲线下面的面积（即 $G(\Delta x)$ 函数的积分）表示各种误差出现的概率。当然，所有误差出现的总概率应当为 1。若分

别以 $\pm\sigma$、$\pm2\sigma$ 和 $\pm3\sigma$ 为积分限,通过计算得到

$$P(\pm\sigma) = \int_{-\sigma}^{\sigma} G(\Delta x)\mathrm{d}(\Delta x) = 68.3\%$$

$$P(\pm 2\sigma) = \int_{-2\sigma}^{2\sigma} G(\Delta x)\mathrm{d}(\Delta x) = 95.4\%$$

$$P(\pm 3\sigma) = \int_{-3\sigma}^{3\sigma} G(\Delta x)\mathrm{d}(\Delta x) = 99.7\%$$

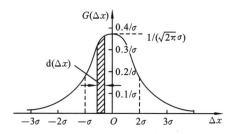

图 2.1.1　随机误差正态分布曲线

这就是说,在等精度的重复测量时,测量值在区间 $[x-\sigma, x+\sigma]$ 内的概率将有 68.3%,而在区间 $[x-3\sigma, x+3\sigma]$ 内,测量值出现的机会将达到 99.7%,这意味着,从统计的角度来看,只要满足等精度测量,哪怕重复测量一千次,最多也只有三次超出误差范围 $[-3\sigma, 3\sigma]$。在物理实验中,测几次或几十次,这样超出的情况是几乎不会出现的,所以将 3σ 称为极限误差。

以上介绍了两类测量误差的特性。具体测量中往往既有系统误差,也有随机误差存在。但是方法错误,操作不当,或者由于粗心大意造成的测量结果的差错,并不属于上述两类误差范畴之中,估算时应加以剔除。剔除的方法是:将多次测量所得的一系列数据,算出各测量值的偏差 Δx_i 和标准偏差 σ(算法见式(2.1.2)、式(2.1.3)),把其中最大的 Δx_i 与 3σ 比较,若 $\Delta x_i > 3\sigma$,则认为第 i 个测量值是异常数据,舍去不计。剔除 x_i 后,对余下的各测量值重新计算偏差和标准偏差,并继续审查,直到各偏差均小于 3σ 为止。

四、评价测量结果"三度"

评价测量结果时,常用到测量的精密度、准确度和精确度。

在对测量结果做总体评定时,一般应把系统误差和随机误差联系起来看。精密度、准确度和精确度都是评价测量结果优劣的,但是这些概念的含义不同,使用时应加以区别。

(1)精密度。反映测量时随机误差大小的程度,是描述测量重复性高低的。即精密度越高,反映仪器越精密,数据越集中。

(2)准确度。反映测量时系统误差大小的程度,是描述测量值接近真值的程度。

(3)精确度。反映测量时系统误差和随机误差合成大小的程度,它是指测量结果的重复性高低及接近真值的程度。

下面以射击试验弹着点的三种情况来说明这三个概念。如图 2.1.2 所示,其中图(a)表示系统误差小而随机误差大,反映射击的精密度低;图(b)表示系统误差大而随机误差小,反映射击的准确度低;图(c)表明系统误差和随机误差都小,反映射击的精确度高。对实验来说,精密度高而准确度不一定高,准确度高而精密度也不一定高,但精确度高则精密度和准确度都高。

　　　　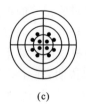

(a)　　　　　　　　　　(b)　　　　　　　　　　(c)

图 2.1.2　射击弹着点试验对精密度、准确度和精确度的说明

五、仪器误差

1. 仪器的最大误差

测量结果的精密度和准确度是与测量仪器的精确度等级密切相关的,通常用精度级别来描述仪器的这种性质。仪器的精度通常是指它能分辨的物理量的最小值。仪器精度越高,即它的分度越细,允许的误差就越小。在正确使用仪器的条件下,用某种级别的仪器进行测量时,测量所得结果的最大允许偏差称为仪器的极限误差,用 $\Delta_{仪}$ 表示。

仪器精度级别通常是由制造厂家和计量机构使用更精确的仪器、量具,通过检定比较后给出的,仪器的最大允许偏差则与仪器的级别有关。

物理实验中所遇到的多数仪器,都由生产厂家或计量机构参照国家标准给出了精度等级或允许的误差范围。一般仪器误差 $\Delta_{仪}$ 可直接在产品说明书或仪器手册中查找到,或根据仪器级别、量程等算出。为了简化和实用,本课程约定:$\Delta_{仪}$ 一般取仪表、器具的基本误差限;未明确给出基本误差限的仪器,则取其示值误差限。表 2.1.1 给出了部分常用实验仪器的仪器误差。

表 2.1.1　部分常用实验仪器的仪器误差

仪 器 名 称	量　　程	最小分度值	示 值 误 差
普通温度计(水银或有机溶剂)	0~100 ℃	1 ℃	±1 ℃
精密温度计(水银)	0~100 ℃	0.1 ℃	±0.2 ℃
钢直尺	150 mm	1 mm	±0.10 mm
	500 mm	1 mm	±0.15 mm
	1000 mm	1 mm	±0.20 mm
钢卷尺	1 m	1 mm	±0.8 mm
	2 m	1 mm	±1.2 mm
游标卡尺	125 mm	0.02 mm	±0.02 mm
		0.05 mm	±0.05 mm
一级螺旋测微计(千分尺)	0~25 mm	0.01 mm	±0.004 mm
物理天平	500 g	0.02 g	0.020 g
秒表	0~40 min	0.01 s	0.01 s
电表(0.1 级)			0.1%×量程
电表(1.5 级)			1.5%×量程
其他仪器、量具			根据实际情况由实验室给出

2. 仪器的标准误差

仪器误差同样包含系统误差和随机误差两部分,究竟以哪个因素为主,视具体情况而定。一般来说,级别较高的仪表主要是随机误差,而级别较低的仪表或工业用仪表则主要体现为系统误差。实验室用的仪表两种误差都有,且数值相近。那么,如何确定仪器的标准误差呢?

实际上,仪器的误差在 $[-\Delta_{仪},\Delta_{仪}]$ 范围内是按一定概率分布的。仪器的标准误差是指测量值出现的机率为 68.3% 所对应的仪器误差。仪器的标准误差与最大误差之间又有怎样的

关系呢？一般而言，仪器的标准误差为

$$\sigma_{仪} = \Delta_{仪}/C$$

式中，C 称为置信系数，它由仪器误差的概率分布决定。常用仪器的误差分布规律以及 C 的取值见表 2.1.2。

表 2.1.2 常用仪器的误差分布规律及 C 的取值

仪器名称	秒表	物理天平	米尺	游标卡尺	千分尺
误差分布	正态分布	正态分布	正态分布	均匀分布	正态分布
C 的取值	3	3	3	1/0.683	3

仪器误差的概率分布常服从均匀分布、正态分布和三角分布等，图 2.1.3 所示分别为仪器误差的正态分布和均匀分布曲线。

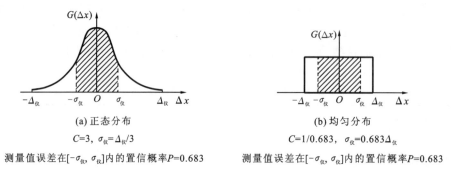

(a) 正态分布
$C=3$，$\sigma_{仪}=\Delta_{仪}/3$
测量值误差在 $[-\sigma_{仪},\sigma_{仪}]$ 内的置信概率 $P=0.683$

(b) 均匀分布
$C=1/0.683$，$\sigma_{仪}=0.683\Delta_{仪}$
测量值误差在 $[-\sigma_{仪},\sigma_{仪}]$ 内的置信概率 $P=0.683$

图 2.1.3 仪器误差分布规律

(1) 均匀分布：一般仪器误差的概率密度分布函数服从均匀分布，即在 $[-\Delta_{仪},\Delta_{仪}]$ 内，各种误差出现的概率相同，而在 $[-\Delta_{仪},\Delta_{仪}]$ 之外出现的概率为零，如图 2.1.3(b) 所示。如游标卡尺的仪器误差、机械秒表的仪器误差、仪器度盘或其他传动齿轮的回差所产生的误差及级别较高的仪器和仪表的误差等都呈现均匀分布。根据概率统计理论，对于均匀分布函数，经计算可得对应概率为 68.3% 的误差为 $\sigma_{仪}=0.683\Delta_{仪}$，即 $C=1/0.683$，所以，测量值误差在 $\sigma_{仪}=0.683\Delta_{仪}$ 对应的区间 $[-\sigma_{仪},\sigma_{仪}]$ 内的置信概率为 $P=0.683$。

(2) 正态分布：若仪器误差在 $[-\Delta_{仪},\Delta_{仪}]$ 内的概率密度函数分布近似服从正态分布，如图 2.1.3(a) 所示，则由概率统计理论计算得 $C=3$，$\sigma_{仪}=\Delta_{仪}/3$，测量值误差在 $[-\sigma_{仪},\sigma_{仪}]$ 内的置信概率 $P=0.683$。

目前人们对很多仪器的仪器误差在 $[-\Delta_{仪},\Delta_{仪}]$ 内的分布性质有不同的说法，对某些性质还不清楚的，建议把它们简化成均匀分布处理。但必须指出：只有服从正态分布的随机量落在正负标准误差范围 $[-\sigma,\sigma]$ 内，置信概率才等于 0.683，其他分布函数没有这种性质。

六、误差估计及消除方法(误差的处理)

1. 随机误差的估计

由于随机(偶然)误差服从统计规律，不可预知，不能消除，只能通过多次等精度测量来减小随机误差，所以我们应该学会对随机误差进行合理的估计。在不考虑系统误差的情况下，我们对随机误差来进行分析和估算。

1）多次测量的算术平均值

如果在相同条件下对某一物理量 x 进行 n 次等精度重复测量，各次测量值分别为 x_1，x_2，$\cdots$，x_n，则其算术平均值 $\bar{x}$ 为

$$\bar{x} = \frac{1}{n}(x_1 + x_2 + \cdots + x_n) = \frac{1}{n}\sum_{i=1}^{n} x_i \tag{2.1.1}$$

根据误差的统计理论，n 次等精度测量的一组数据的算术平均值就是真值的最佳估计值。所以在多次测量时，用算术平均值表示测量结果。当测量次数无限增加时，算术平均值将无限接近真值。在误差估算中，由于真值是测量不到的，所以我们将直接用算术平均值来代替真值，就是这个原因。

2）算术平均偏差

设物理量的测量值 $x_i : x_1, x_2, \cdots, x_n$，其真值为 x_0，则称 $\Delta x_i' = x_i - x_0$ 为误差。

若该量的算术平均值为 $\bar{x}$，则称 $\Delta x_i = x_i - \bar{x}$ 为偏差。

定义　　　　　　　$$\overline{\Delta x} = \frac{1}{n}\sum_{i=1}^{n} |\Delta x_i| = \frac{1}{n}\sum_{i=1}^{n} |x_i - \bar{x}| \tag{2.1.2}$$

为算术平均偏差。

算术平均偏差可作为测量值误差的一种量度，它表示在一组等精度多次测量的数据中，各数据之间的离散程度。

注意：由于取的是最大误差，所以上式中是将各个偏差的绝对值相加。

3）标准偏差

随着科学技术的发展、测量手段的提高和测量次数的增多，我们用标准偏差来处理实验数据是很方便的。

设 n 次等精度的测量列为 x_i，平均值为 $\bar{x}$。对于测量列中单次测量值的标准偏差用公式表示为

$$\sigma_x = \left[\frac{1}{n-1}\sum_{i=1}^{n} (x_i - \bar{x})^2\right]^{\frac{1}{2}} \tag{2.1.3}$$

此式也称为贝塞尔（Bessel）公式。

需要说明的是，算术平均偏差和标准偏差都是测量误差的度量，它们都表示一个测量列各个数据的离散程度。但由于标准偏差与误差理论中的正态误差分布函数的关系更为直接和简明，因而在正态的误差分析和计算中都采用标准偏差作为偶然误差大小的量度，而在粗略的分析中，也可采用算术平均偏差进行误差的分析和估算。

4）平均值的标准偏差

一般情况下，在多次测量后是以平均值来表达测量结果的。而平均值本身显然也是个随机量，可以证明，平均值的标准偏差 $S_{\bar{x}}$ 为

$$S_{\bar{x}} = \frac{\sigma_x}{\sqrt{n}} = \left[\frac{1}{n(n-1)}\sum_{i=1}^{n} (x_i - \bar{x})^2\right]^{\frac{1}{2}} \tag{2.1.4}$$

式中，$S_{\bar{x}}$ 的物理内涵，是反映测量结果 $\bar{x}$ 的离散程度，有约 68% 的概率落在 $[\bar{x} - S_{\bar{x}}, \bar{x} + S_{\bar{x}}]$ 区间，有约 99% 的概率落在 $[\bar{x} - 3S_{\bar{x}}, \bar{x} + 3S_{\bar{x}}]$ 区间。

一般地讲，在等精度多次测量的情况下，由于算术平均值可以代替真值，所以标准偏差也可以代替标准误差。误差理论指出，随着测量次数的不断增加，随机误差的降低越来越缓慢，当测量次数超过 10 次后，σ_x 的减小极慢。所以，在实际测量中次数不必过多。在科学研究

中,一般取 10~20 次。如果测量次数为 10 次左右,置信概率仍然可以保证。在物理实验中,由于学时限制,测量次数大于 5 次即可。

2. 系统误差的处理

1) 发现系统误差的方法

一般情况下,系统误差不能通过多次测量来发现,必须对整个实验原理、方法、测量步骤、所用仪器等可能引起误差的因素进行分析。常用的分析方法如下。

(1) 理论分析法:分析测量所依据的理论公式、所要求的条件是否与实际情况相符;分析仪器所要求的条件是否满足。

(2) 对比分析法:对同一个物理量,采用不同的方法:或用不同的仪器进行测量;或改变某些测量条件进行测量;或改变实验中的某些参量进行测量;或在不同的实验者之间进行测量。对比不同的测量,看结果是否一致,如不一致,说明存在系统误差。

(3) 数据分析法:等精度测量的一列数据应服从统计分布,如果分析发现偏差的大小有规律地变化,则可能有系统误差。

2) 系统误差的消除或减小

系统误差的处理是一个非常重要的问题。一个实验结果的优劣,往往就在于系统误差是否已被发现并被尽可能地减小。应预见和分析一切可能产生系统误差的因素,并设法减小其影响。能否及时发现并正确处理系统误差,对实验结果的准确度有着极为重要的影响,也是实验者科学素质高低的重要表现。对于初学者来说,从一开始就应该注意积累这方面的经验。

消除或减小系统误差不是一件容易的事情,需要根据具体情况处理,更主要取决于实验者的经验、技巧和分析能力。消除或减小系统误差的常用方法如下。

(1) 修正法:对可定系统误差,常采用测量结果引入修正量法进行消除。

由于仪器、仪表不准确产生的误差通常,可通过与更准确(级别更高)的仪表作比较来得到修正量;由于理论、公式的不完善产生的误差,可通过理论分析得出修正量;由于仪器零点不准引起的误差,可通过校准零点读数或记录零点读数来修正。

(2) 采用恰当的测量方法:对未定系统误差,通常是用恰当的测量方法来消除,常用的方法如下。

① 交换抵消法:交换被测物与参照物的位置。如用于"不等臂天平"、"电桥比率臂"等。

② 替代消除法:用标准参考物替代被测物。如用于"电桥"、"电位差计"等。

③ 异号测量法:改变测量条件使两次测量中系统误差的符号相反,从而可在求平均值时被抵消。如用于"霍尔效应"、"灵敏电流计测电流"等实验中。

④ 半周期间测法:用相隔半个周期的测量结果求平均,可有效地消除周期性变值系统误差等。如用于"分光计实验"、"测角仪器中心轴偏心装置"等。

2.2 有效数字

直接测得量的数值都含有一定的误差,因此是近似值。由直接测得量通过计算而求得的间接测得量也是近似值,近似值的表示和计算有一定的规则,同学们一定要注意,现介绍如下。

一、有效数字的概念

仪器或仪表可分为两类：一类是用长度或弧度表示某物理量的大小，称为模拟式仪表；一类是直接用数字显示测量结果的数字式仪表。现介绍如下。

用模拟式仪器测量时，要弄清测量范围及最小分度值。从仪表上读取测量数据时，一般应读到最小分度的下一位（有时同位，如游标卡尺读数），最小分度值以上的数值可以直接读出，是准确可靠的，最小分度值以下的数值只能估计得到。估计读出的这一位是有误差的，称为"存疑数字"。仪器误差在哪一位发生，测量数据的"存疑数字"就记录到哪一位。我们把包括一位存疑数字在内的所有从仪器上直接读出的数字，称为有效数字。例如，图 2.2.1 所示采用最小分度值为毫米的米尺测量一物体的长度时，读数记为 3.16 cm，3.17 cm，3.18 cm 都可，这是因人而异的。但是前两位都是准确可靠的，最后一位是估计得到的，是"存疑数字"。使用数字式仪表时不需要估读，显示的末位就是存疑数字。

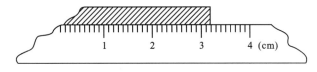

图 2.2.1　用米尺对物体长度的测量

二、有效数字的性质及注意事项

（1）有效数字位数越多，说明测量精度越高。如某四位有效数字 19.40 mm，根据有效数字定义，它的最后一位是存疑的误差位，即误差必有百分之几毫米，相对误差约为千分之几。同理，三位有效数字的相对误差约为百分之几。有效数字的位数是由测量仪器的精度和被测对象共同决定的，当被测对象一定时，有效数字位数越多，反映测量仪器精度越高。反之，用同一精度的仪器测量被测量越大的对象，测量结果的有效数字位数越多，被测量越小的对象，测量结果的有效数字位数越少。这也是为了使间接测量结果达一定的精度（有效数字位数）而常对不同的直接测量量选用不同精度的仪器测量的原因。

（2）数字前的"0"在有效数字中无意义，数字后的"0"却不能随便增减。如 0.01940 mm 与 0.0194 mm，两者从数学的角度看是等量的，但从有效数字的意义讲却有极大的区别，前者为四位有效数字，后者为三位，前者的精度要比后者高一个数量级。

（3）有效数字的位数与单位变换无关。如 12.3 mm＝1.23 cm＝0.0123 m 均为三位有效数字。由此可知，用以表示小数点位置的零（即数字前的"0"）不是有效数字。

（4）有效数字的科学记数法表示。当一个数很大或很小时，不仅书写不便而且不易弄懂有效数字位数。一般情况下，把数据写成小数点前只留一位整数，后面再乘以 10 的方幂形式，如：38.4 mm＝3.84 cm＝3.84×10^{-2} m＝3.84×10^{-5} km。3.84×10^{n} 称为科学记数表示法，其中 10^{n} 不计有效数位。下面是一些有效数字及其有效数字位数的例子：

0.352 A（3 位）；　4.024 N（4 位）；　0.0352 A（3 位）；

4.024×10^{5} N（4 位）；　1.0420 m（5 位）；　1.042 m（4 位）

（5）有效数字的舍入规则（"四舍六入，逢五配偶"规则）。熟知的"四舍五入"规则是"见五就入"，这会使从 1 到 9 的 9 个数字中，入的机会总是大于舍的机会，因而是不合理的。现在通用的规则是，对保留数字末位以后的部分：小于 5 则舍，大于 5 则入，等于 5 则把末位凑为偶数，即末位是奇数则加入（五入），末位是偶数则不变（五舍），这就称为"四舍六入，逢五配偶"规则，这样可以保持"进"、"舍"机会均等，且末位数为偶数能被 2 整除有利于简化运算。例如：

$$4.535 = 4.54 \quad （取三位）\quad 末位数"4"应为存疑数字；$$
$$13.505 = 13.50 \quad （取四位）\quad 末位数"0"应为存疑数字$$

三、有效数字的运算规则

间接测得量是由直接测得量计算得来的，经函数运算有误差的传递问题，所以，其运算结果也应用有效数字表示。本书约定测量值在运算过程中需要取舍时按上述的"四舍六入，逢五配偶"规则进行。

1. 有效数字的加法和减法

在下面的运算中，把有效数字的存疑位下画"—"，以区别可靠位。例如：

$$
\begin{array}{r}
32.1 \\
+\ 3.27\underline{6} \\
\hline
35.3\underline{7}6
\end{array}
\Longrightarrow
\begin{array}{r}
32.1 \\
+\ 3.\underline{3} \\
\hline
35.\underline{4}
\end{array}
\qquad
\begin{array}{r}
26.6\underline{5} \\
-\ 3.9\underline{2}6 \\
\hline
22.7\underline{2}4
\end{array}
\Longrightarrow
\begin{array}{r}
26.6\underline{5} \\
-\ 3.9\underline{3} \\
\hline
22.7\underline{2}
\end{array}
$$

在相加的结果 $35.3\underline{7}6$ 中，由于第三位"3"已是存疑数字，其后两位数字便无意义。按照"四舍六入，逢五配偶"规则，本例应向前进位，写成 35.4，有效数字为三位。同理，相减的结果应为 22.72，舍弃了尾数"4"，有效数字为四位。此外，还可以按照位数对齐相加或相减诸数量，并以其中存疑位数最靠前的量为基础，事先进行舍入，取齐诸量的位数，则加、减的结果仍然相同（见上例）。所以当几个有效数字相加、减时，其运算结果的存疑数字与参与运算各数中存疑数字所在位数的最高位相同。

推论 1　若干个直接测量量进行加法或减法运算时，选用精度相同的仪器最为合理。这是仪器选择原则之一。

2. 有效数字乘、除法运算法则

例如

$$
\begin{array}{r}
5.348 \\
\times\ 20.5 \\
\hline
2674\underline{0} \\
000\underline{0} \\
1069\underline{6}\ \ \ \\
\hline
109.\underline{6}340
\end{array}
\qquad
\begin{array}{r}
13\underline{0}.7 \\
27.1\ )\ \overline{3544} \\
271\ \ \ \ \\
\hline
834\ \ \\
813\ \ \\
\hline
210\underline{0} \\
189\underline{7} \\
\hline
20\underline{3}
\end{array}
$$

可见，$109.\underline{6}340$ 应记为 110，$13\underline{0}.7\cdots$ 应记为 131，所以，乘除运算结果有效数字的位数与参与运算各数中有效数字位数最少的一个相同。

推论 2　测量的若干个量，若是进行乘除法运算，应按有效数字位数相同的原则来选择不同精度的仪器。这是仪器选择原则之二。

3. 有效数字乘方、开方运算法则

不难证明：乘方、开方运算的有效数字与其底的有效数字位数相同。

4. 有效数字对数运算法则

自然对数 $\ln x$ 或常用对数 $\log x$ 运算结果的小数点后的位数应等于真数 x 的有效位数。如 $\ln 56.7 = 4.038$,$\log 23.45 = 1.3701$。

5. 有效数字指数运算法则

指数 e^x 的运算结果写成科学表达式,其小数点后的位数应与 x 的小数点后的位数相同。如 $e^{9.24} = 1.03 \times 10^4$。

6. 有效数字三角函数运算法则

三角函数的运算,其结果的有效数字与测角仪器的最小分度值有关,一般可通过变化 1 个最小分度值时其结果在哪一位产生差异来确定其有效数字的位数。如最小分度值为 $30''$ 的分光计,用其测出某角度值为 $20°6'$,那么 $\sin 20°6'$ 应取几位有效数字呢? 应取 4 位有效数字,理由如下:

$\sin 20°6' = 0.343659694$,而 $\sin 20°6'30'' = 0.343796276$,两者的差异出现在小数点后的第四位上,这一位就可以看成是存疑位,所以 $\sin 20°6' = 0.3436$。

7. 正确数的处理

在运算过程中,我们常会碰到一种特殊的数,它们叫做正确数。如将半径化为直径 $d = 2r$ 时出现的倍数 2,这不是由测量得来的,不存在存疑的问题。另外实验测量次数 n,它总是正整数,也没有可疑问题。正确数不适用于有效数字的运算规则,运算中只需由其他测量值的有效数字的多少来决定运算结果中的有效数字的位数即可。

8. 常见常数的处理

在运算过程中,我们还可能碰到一些常见常数,如 e、π、g、$\sqrt{2}$、$\sqrt{3}$ 等,一般取这些常数与测量的有效数字的位数相同或多取 1 位有效数字,如圆周长 $l = 2\pi r$,当 $r = 1.321$ mm 时,π 应取 3.142 或取 3.1416。

在实验过程中正确运用有效数字,不仅可以如实地反映测量结果,还可以简化计算过程。需要强调的是:一是直接测量量的有效数字的位数由被测量及测量仪器的精度共同决定;二是记录被测物理量的原始数据时,要注意测量值的有效数字位数,不要漏记有效的“0”;三是间接测得量的有效数字位数取决于直接测得量的大小、测量误差和函数运算性质;四是在运算的中间过程,一般应多保留一位数字,但是作为最后结果的有效数字位数一定要由不确定度来决定,不得随意增减。关于不确定度的内容将在下节介绍。

2.3　测量的不确定度和测量结果评定

一、不确定度概念

由于测量误差的存在而对被测量值不能肯定的程度称之为不确定度,它是表征被测量值的真值所处的量值范围的评定,是测量质量的表征。

1. 置信度

实验中常常要先给定一个称之为置信区间的误差范围(如 $[-\sigma, \sigma]$),然后再讨论测量数据的可信赖程度。给定的范围越大,测量数据超过此范围的可能性就越小。因此人们把测量值落在给定误差范围内的概率称为测量数据的置信度,用 P 表示。如

$$P = \int_{-\sigma}^{\sigma} f(\Delta x) \mathrm{d}(\Delta x) = 68.3\% \tag{2.3.1}$$

这说明测量值 x 在误差区间（或叫置信区间）$[-\sigma, \sigma]$ 内的置信度为 68.3%，也就是说测量值落在 $[x-\sigma, x+\sigma]$ 之间的置信概率是 68.3%。扩大置信区间，置信概率就会提高，如在误差区间 $[-3\sigma, 3\sigma]$ 内，置信概率为 99.7%。只要对测量结果给出置信区间和置信概率，就表达了测量结果的精确程度。

2. 不确定度

不确定度是表示测量值可能变动（不能确定）的一个范围，或者说以测量结果作为被测真值的估计值时可能存在的误差范围并且在这个范围内以一定的概率包含真值。不确定度小，测量结果可信赖程度高；不确定度大，测量结果可信赖程度低。在实验中，不确定度一词近似于不确知、有质疑，是作为估计而言的。

在处理实验数据时，我们用下式表示误差：

$$测量值-真值=误差$$

但是真值是测量不出的，误差自然也不可知。对随机误差我们只能用偏差给出测量值的误差落在某一置信区间的概率；而对于系统误差，其全部的信息不可能掌握。所以如何评定测量结果是非常重要的，正确评定实验结果应列入"不确定度"的概念。

二、用不确定度对测量结果进行评定

1. 评定三原则

不确定度是建立在误差理论基础上的新概念，测量不确定度可理解为测量结果带有的一个参数，用以表征合理赋予测量量的分散性，它是被测量客观值在某一量值范围内的一个评定。对测量和实验结果的不确定度的量化评定和表示，目前公认的主要原则有以下三点：

（1）测量结果的不确定度主要分成 A、B 两类。A 类不确定度分量是用对观测列进行统计分析的方法来评定标准不确定度；B 类不确定度分量是根据经验或其他信息进行估计，用非统计方法来评定标准不确定度。

（2）测量结果的合成标准不确定度是各分量平方和的正平方根。

（3）根据需要可将合成标准不确定度乘以一个系数因子 t，作为展伸不确定度，使测量结果能以高置信度包含被测真值。

设 U_A 为 A 类不确定度，U_B 为 B 类不确定度，则总不确定度为

$$U = \sqrt{U_A^2 + U_B^2} \tag{2.3.2}$$

相对不确定度为

$$U_r = \frac{U}{\overline{X}} \times 100\% \tag{2.3.3}$$

此时标准概率的测量结果表示为

$$\begin{cases} X = \overline{X} \pm U（单位） \\ U_r = \dfrac{U}{\overline{X}} \times 100\% \end{cases} \quad (P = 68.3\%) \tag{2.3.4}$$

可见：实验结果（$\overline{X}$）、单位及不确定度（包括 U、U_r 和 P）是表达测量结果的三要素。U_r 为相对不确定度。为了简单起见，本书规定一律采用标准概率（$P=68.3\%$）表示测量结果。

此外,有时需将测量结果的最佳值 $\overline{X}$ 与已知的公认值 $X_{公}$ 或理论值 $X_{理}$ 进行比较,得到测量结果的相对不确定度 U_r,此时测量结果可表示为

$$\begin{cases} X = \overline{X}（单位） \\ U_r = \dfrac{|\overline{X} - X_{公}|}{X_{公}} \times 100\% \end{cases} \tag{2.3.5}$$

2. 不确定度评定的简化方法

1）A 类分量的简化评定

在前面的随机误差处理中测量列的标准偏差 σ 及测量列平均值的标准偏差 $S_{\overline{x}}$ 均是对 $n \to \infty$ 时,随机误差是在严格服从正态分布的情况下推出的。但在我们的实际测量中 n 均为有限次,不严格服从正态分布,而遵从 t 分布(当 $n \to \infty$ 时,t 分布→正态分布)。在 t 分布中,用系数因子 t 乘以测量列平均值的标准偏差 $S_{\overline{x}}$ 作为置信区间,仍能保证在相应的区间内有相应的置信概率。t 的数值与测量次数 n 及置信概率 P 有关,见表 2.3.1。

表 2.3.1　t 因子表(表中 n 表示测量次数)

n	3	4	5	6	7	8	9	10	15	20
$t_{0.68}$	1.32	1.20	1.14	1.11	1.09	1.08	1.07	1.06	1.04	1.03
$t_{0.95}$	4.30	3.18	2.78	2.57	2.45	2.36	2.31	2.26	2.14	2.09
$t_{0.99}$	9.93	5.84	4.60	4.03	3.71	3.50	3.36	3.25	2.98	2.86

于是随机误差的不确定度表示为

$$U_A = t S_{\overline{x}} = t \sqrt{\frac{\sum\limits_{i=1}^{n}(x_i - \overline{x})^2}{n(n-1)}} \tag{2.3.6}$$

（$t = t_{0.68}$ 时,$P = 68\%$;$t = t_{0.95}$ 时,$P = 95\%$;$t = t_{0.99}$ 时,$P = 99\%$）

U_A 即为总不确定度的 A 类分量。

2）B 类分量的简化评定

B 类标准不确定度的评定原则上要考虑到各种影响因素,获得 B 类标准不确定度的信息来源众多,包括以前的观测数据,对有关技术资料和测量仪器特性的了解和经验,生产部门提供的技术说明文件、校准证书、检定证书或其他文件提供的数据、准确度等级,手册或某些资料给出的参考数据及其不确定度等,作为基础训练,我们简化处理,主要是考虑仪器误差限的"等价标准误差",即 B 类不确定度分量为

$$U_B = \sigma_{仪}$$

当仪器误差的分布概率密度函数服从均匀分布时,$\sigma_{仪} = 0.683\Delta_{仪}$,且 $P = 68\%$。

当仪器误差的分布概率密度函数服从正态分布时,$\sigma_{仪} = \Delta_{仪}/3$,且 $P = 68\%$。

当仪器误差的分布规律不清楚时,可把它们简化成均匀分布处理。

3）合成标准不确定度和扩展不确定度

由不确定度评定原则得,测量值的合成标准不确定度为

$$U_{0.68} = \sqrt{U_A^2 + U_B^2} = \sqrt{U_A^2 + \sigma_{仪}^2} = \sqrt{(t_{0.68} S_{\overline{x}})^2 + \sigma_{仪}^2} \quad (P = 68\%) \tag{2.3.7}$$

将合成不确定度乘以一个与一定置信概率相联系的包含因子(或称覆盖因子)K,得到增大置信概率的不确定度,叫做扩展不确定度。国家技术监督局建议,通常取置信概率为 $P = 95\%$,对正态分布,$K = 1.96 \approx 2$,由上式得到扩展不确定度为

$$U_{0.95} = 2U_{0.68} = 2\sqrt{(t_{0.68}S_{\bar{x}})^2 + \sigma_{仪}^2} \quad (P = 95\%)$$

若置信概率为 $P = 99\%$，$K = 2.58 \approx 3$，则相应的扩展不确定度为

$$U_{0.99} = 3U_{0.68} = 3\sqrt{(t_{0.68}S_{\bar{x}})^2 + \sigma_{仪}^2} \quad (P = 99\%)$$

在大学物理实验中，为简单起见，以后我们统一采用标准不确定度，因而相应的置信概率为 $P = 68\%$。

3. 直接测量结果的表示

1) 多次直接测量结果的表示

根据所用的置信概率，多次直接测量结果的最终表达式为

$$\begin{cases} X = \bar{X} \pm U_{0.68} \\ U_r = \dfrac{U_{0.68}}{\bar{X}} \times 100\% \end{cases} \quad (P = 68\%) \tag{2.3.8}$$

$$\begin{cases} X = \bar{X} \pm U_{0.95} \\ U_r = \dfrac{U_{0.95}}{\bar{X}} \times 100\% \end{cases} \quad (P = 95\%) \tag{2.3.9}$$

$$\begin{cases} X = \bar{X} \pm U_{0.99} \\ U_r = \dfrac{U_{0.99}}{\bar{X}} \times 100\% \end{cases} \quad (P = 99\%) \tag{2.3.10}$$

式中，$\bar{X}$ 为测量列的平均值，U 为不确定度。

2) 单次直接测量结果的表示

实际工作中，遇到下面几种情况，我们也常进行单次测量：一是由于条件的限制，不可能进行多次测量；二是由于仪器精度较低，随机误差很小，多次测量读数相同，不必进行多次测量；三是被测对象不稳定，多次测量的结果并不能反映随机性，此时多次测量已失去意义；四是对测量的准确程度要求不高，只测一次就够了。

在以上几种情况下进行单次测量，其测量结果也应写成

$$X = X_{测} \pm U_X \tag{2.3.11}$$

的形式，式中，$X_{测}$ 为测量值，U_X 常用仪器的最大误差 $\Delta_{仪}$ 表示。

例 2-1　用最小分度值为 0.02 mm 的游标卡尺对某一物体长度进行单次测量，其值为 22.04 mm，写出测量结果。

解　测量值 $X_{测} = 22.04$ mm。

因是单次测量，$U_X = \Delta_{仪} = 0.02$ mm，故测量结果表示为

$$X = (22.04 \pm 0.02) \text{ mm} (P = 68\%)$$

例 2-2　用游标卡尺(最小分度值为 0.002 cm)，测得一物体的高度的数据如下(单位 cm)：4.396，4.388，4.390，4.346，4.352，4.344。请给出测量结果表示。

解　(1) 求高度平均值 $\bar{H}$：

$$\bar{H} = \frac{1}{6}\sum_{i=1}^{6}H_i = \frac{1}{6}(4.396 + 4.388 + 4.390 + 4.346 + 4.352 + 4.344) \text{ cm} = 4.369 \text{ cm}$$

(2) 求 A 类不确定度 U_A：

$$U_A = tS_{\bar{x}} = t_{0.68}\sqrt{\frac{\displaystyle\sum_{i=1}^{n}(H_i - \bar{H})^2}{n(n-1)}} \quad (查表得 P = 68\%, n = 6 \text{ 时}, t = 1.11)$$

$$= 1.11 \sqrt{\frac{\sum_{i=1}^{6} (H_i - 4.369)^2}{6(6-1)}}$$

$$= 0.011 \text{ cm}$$

（3）估计 B 类不确定度 U_B

$U_B = 0.683\Delta_{仪} = 0.683 \times 0.002 \text{ cm} = 0.0014 \text{ cm}$（游标卡尺仪器误差服从均匀分布）

（4）求总不确定度 U 和相对不确定度 U_r：

$$U = \sqrt{U_A^2 + U_B^2} = \sqrt{0.011^2 + 0.0014^2} \text{ cm} = 0.011 \text{ cm}$$

（可见本式能简化计算，因 U_A 与 U_B 有数量级差别。若 $U_A \gg U_B$，取 $U \approx U_A$；若 $U_A \ll U_B$，取 $U \approx U_B$；如果 U_A 与 U_B 同数量级，则取 $U = \sqrt{U_A^2 + U_B^2}$。）

$$U_r = \frac{U}{\overline{H}} \times 100\% = \frac{0.011}{4.369} \times 100\% = 0.26\%$$

（5）测量结果为

$$\begin{cases} H = \overline{H} \pm U = (4.369 \pm 0.011) \text{ cm} \\ U_r = 0.26\% \end{cases} \quad (P = 68\%)$$

注意：

（1）不确定度中间运算过程的结果 U_A、U_B 保留两位有效数字，且用"进位法"截尾，以保证其置信概率水平不降低。所谓"进位法"，即只要舍去 1~9 的，均要进一位。如 $U_A = 0.201$ cm，取 $U_A = 0.21$ cm。

（2）在结果中，总不确定度 U 一般只取一位有效数字。当 U 的首位有效数字小于 4 时，也可取两位有效数字；若仪器示值误差为两位有效数字时，也可取两位有效数字，按"进位法"截尾。U_r 一律取两位有效数字的百分数表示，并按"进位法"截尾。

（3）结果表示中的平均值 $\overline{X}$，其最后一位数字要与不确定度 U 的最后一位对齐，按"四舍六入，逢五配偶"的规则进行取舍。

例 2-3　用一级千分尺（$\Delta_{仪} = 0.004$ mm）测量一钢球直径，数据如下：d(mm)：7.985，7.986，7.984，7.986，7.987。求钢球直径测量结果。

解　$\overline{d} = \frac{1}{5}\sum_{i=1}^{5} d_i = 7.986$ mm

因为　$U_A = t_{0.68}\sqrt{\frac{\sum_{i=1}^{5}(d_i - \overline{d})^2}{n(n-1)}}$　（$P = 68\%, n = 5$ 时，查表得 $t = 1.14$）

$$= 1.14\sqrt{\frac{\sum_{i=1}^{5}(d_i - 7.986)^2}{5 \times 4}}$$

$$= 0.00063 \text{ mm}$$

$U_B = \Delta_{仪}/3 = 0.004/3 \text{ mm} = 0.0014 \text{ mm}$（千分尺仪器误差服从正态分布）

所以　$U = \sqrt{U_A^2 + U_B^2} = \sqrt{0.00063^2 + 0.0014^2} \text{ mm} = 0.0016 \text{ mm} \approx 0.002 \text{ mm}$

$$U_r = \frac{0.002}{7.986} \times 100\% = 0.025\%$$

测量结果最终表示为

$$\begin{cases} d = \bar{d} \pm U = (7.986 \pm 0.002)\ \mathrm{mm} \\ U_r = 0.025\% \end{cases} \quad (P = 68\%)$$

三、误差的传递　间接测量结果的不确定度评定

1. 误差的传递

间接测量是通过一定的公式计算出来的，由于公式中所包含的直接测量量都是有误差的，那么间接测量量也必然有误差，通常称此误差为误差传递。

设直接测得值 x，通过函数关系 $y = f(x)$ 与间接测量结果 y 相联系。若 x 的不确定度为 U_x，y 的不确定度为 U_y，因为 U_x 及 U_y 都是很小量，可以把它们当作自变量 x 的增量 Δx 引起函数值 y 的增量 Δy 来对待。因而它们之间的关系可以用函数的导数 $f'(x)$ 联系起来，即

$$U_y = f'(x)U_x \tag{2.3.12}$$

$f'(x)$ 称为传递系数。它的数值大小表示间接测量结果的不确定度受直接测量结果不确定度影响的敏感程度。

2. 不确定度传递和合成

若某个量 w 是由相对独立的直接测量量 $x, y, z, \cdots$ 计算出来的，即

$$w = f(x, y, z, \cdots) \tag{2.3.13}$$

这时可以先分别计算各直接测量量 $x, y, z, \cdots$ 的平均值 $\bar{x}, \bar{y}, \bar{z}, \cdots$，以及其不确定度 $U_{\bar{x}}, U_{\bar{y}}, U_{\bar{z}}, \cdots$，然后把它们用"方和根"的方法合成起来作为 w 的总不确定度 $U_{\bar{w}}$。

如单考虑 $x, y, z, \cdots$ 的不确定度，则为

$$(U_{\bar{w}})_x \approx \frac{\partial f}{\partial x}U_{\bar{x}}, \quad (U_{\bar{w}})_y \approx \frac{\partial f}{\partial y}U_{\bar{y}}, \quad (U_{\bar{w}})_z \approx \frac{\partial f}{\partial z}U_{\bar{z}}, \cdots$$

那么，w 的总不确定度是

$$U_{\bar{w}} = \sqrt{\left(\frac{\partial f}{\partial x}U_{\bar{x}}\right)^2 + \left(\frac{\partial f}{\partial y}U_{\bar{y}}\right)^2 + \left(\frac{\partial f}{\partial z}U_{\bar{z}}\right)^2 + \cdots} \tag{2.3.14}$$

得 w 的相对不确定度

$$U_r = \frac{U_{\bar{w}}}{w} = \sqrt{\left(\frac{\partial \ln f}{\partial x}\right)^2 U_x^2 + \left(\frac{\partial \ln f}{\partial y}\right)^2 U_y^2 + \left(\frac{\partial \ln f}{\partial z}\right)^2 U_z^2 + \cdots} \tag{2.3.15}$$

上两式称为不确定度的传递与合成公式。

3. 间接测量结果表示

通过式(2.3.13)、式(2.3.14)、式(2.3.15)的计算，最后得到间接测量结果表示为

$$\begin{cases} w = \bar{w} \pm U_{\bar{w}}(\text{单位}) \\ U_r = \frac{U_{\bar{w}}}{w} \times 100\% \end{cases} \quad (P = 68\%) \tag{2.3.16}$$

式中，$\bar{w}$ 是把各直接测量量的平均值（或单次测量值）代入式(2.3.13)求得的间接测量量的平均值。

常用函数的不确定度传递和合成公式如表 2.3.2 所示。

表 2.3.2　常用函数的不确定度传递和合成公式

函数表达式	不确定度的传递公式
$w = x \pm y \pm z \pm \cdots$	$U_{\bar{w}} = \sqrt{U_{\bar{x}}^2 + U_{\bar{y}}^2 + U_{\bar{z}}^2 + \cdots}$
$w = xyz$	$\dfrac{U_{\bar{w}}}{w} = \sqrt{\left(\dfrac{U_{\bar{x}}}{x}\right)^2 + \left(\dfrac{U_{\bar{y}}}{y}\right)^2 + \left(\dfrac{U_{\bar{z}}}{z}\right)^2}$
$w = \dfrac{x}{y}$	$\dfrac{U_{\bar{w}}}{w} = \sqrt{\left(\dfrac{U_{\bar{x}}}{x}\right)^2 + \left(\dfrac{U_{\bar{y}}}{y}\right)^2}$
$w = \dfrac{x^k y^m}{z^n}$	$\dfrac{U_{\bar{w}}}{w} = \sqrt{k^2\left(\dfrac{U_{\bar{x}}}{x}\right)^2 + m^2\left(\dfrac{U_{\bar{y}}}{y}\right)^2 + n^2\left(\dfrac{U_{\bar{z}}}{z}\right)^2}$
$w = kx$	$U_{\bar{w}} = kU_{\bar{x}}$；　$\dfrac{U_{\bar{w}}}{w} = \dfrac{U_{\bar{x}}}{x}$
$w = \sqrt[k]{x}$	$\dfrac{U_{\bar{w}}}{w} = \dfrac{1}{k}\dfrac{U_{\bar{x}}}{x}$
$w = \sin x$	$U_{\bar{w}} = \cos x \cdot U_{\bar{x}}$
$w = \ln x$	$U_{\bar{w}} = \dfrac{U_{\bar{x}}}{x}$

从表 2.3.2 中可看出：当间接测量量的计算公式中只含有加减运算时，先利用表中有关公式或式(2.3.14)计算总不确定度 $U_{\bar{w}}$，再由 $U_r = \dfrac{U_{\bar{w}}}{w}$ 计算相对不确定度 U_r 较为方便；当计算公式中只含有乘、除、乘方、开方运算时，应利用表中有关公式或式(2.3.15)先计算相对不确定度 U_r，再由 $U_{\bar{w}} = \bar{w}U_r$ 及 $\bar{w}$ 计算出总不确定度 $U_{\bar{w}}$ 较为方便。

以上关于不确定度传递关系既适用于标准不确定度($P=68\%$)，也适用于高概率($P=95\%$ 或 99%)的不确定度，但要注意统一。所有直接测得值都用标准不确定度表达时，传递的间接测量结果的不确定度也是标准不确定度，置信概率仍保持在 68% 左右。

例 2-4　一个钢球的体积 V 可以通过测量钢球的直径 D 求得。若测得

$$D = (5.893 \pm 0.044)\,\text{mm}\quad(P=68\%)$$

求钢球体积的测量结果。

解　方法一：$V = \dfrac{1}{6}\pi D^3 = \dfrac{1}{6}\left[3.1416 \times (5.893)^3\right]\,\text{mm}^3 = 107.2\,\text{mm}^3$

$$U_V = \left(\dfrac{1}{6}\pi D^3\right)' \Delta D = \dfrac{1}{6}\pi \cdot 3D^2 \Delta D = \dfrac{1}{2}\pi D^2 \Delta D$$

$$= \dfrac{1}{2} \times 3.14 \times (5.893)^2 \times 0.044\,\text{mm}^3$$

$$\approx 2.4\,\text{mm}^3$$

相对不确定度

$$U_r = \dfrac{U_V}{V} \times 100\% = \dfrac{2.4}{107.2} \times 100\% = 2.3\%$$

钢球体积的测量结果是

$$\begin{cases} V = V \pm U_V = (107 \pm 3)\,\text{mm}^3 \\ U_r = \dfrac{U_V}{V} \times 100\% = 2.8\% \end{cases}\quad(P=68\%)$$

或
$$
\begin{cases}
V = V \pm U_V = (107.2 \pm 2.4)\ \mathrm{mm^3} \\
U_r = \dfrac{U_V}{V} \times 100\% = 2.3\%
\end{cases}
\qquad (P = 68\%)
$$

方法二:如果函数关系只有乘除没有加减,先计算相对不确定度更为简单。为此,可先将函数式取对数再求导,可得相对不确定度传递关系:

$$
\frac{\Delta y}{y} = \left[\ln f(x)\right]' \cdot \Delta x
$$

对于上例:$V = \dfrac{1}{6}\pi D^3$,两边取对数,有

$$
\ln V = \ln\left(\frac{1}{6}\pi D^3\right)
$$

求微分得

$$
\frac{\mathrm{d}V}{V} = \frac{\mathrm{d}(\pi D^3/6)}{\pi D^3/6} = 3\frac{\mathrm{d}D}{D}
$$

将微分量换成相对不确定度可得

$$
U_r = \frac{\Delta V}{V} = 3 \cdot \frac{\Delta D}{D} = 3 \cdot \frac{0.044}{5.893} = 2.3\%
$$

$$
\Delta V = V \times 0.023\ \mathrm{mm^3} = 107.2 \times 0.023\ \mathrm{mm^3} = 2.4\ \mathrm{mm^3}
$$

结果表示为

$$
\begin{cases}
V = (107.2 \pm 2.4)\ \mathrm{mm^3} \\
U_r = 2.3\%
\end{cases}
\qquad (P = 68\%)
$$

与第一种算法结果一致。

方法三:由表 2.3.2 可得

$$
U_r = \sqrt{\left(3 \times \frac{\Delta D}{D}\right)^2} = 3 \times \frac{\Delta D}{D} = 3 \times \frac{0.044}{5.893} = 2.3\%
$$

其余与方法一、二同。

由这个例子可推广到一个一般关系,即当间接测量结果仅是一个直接测量结果的 n 次幂时,间接测量结果的相对不确定度是直接测量的相对不确定度的 n 倍。所以方次多的直接测量量对误差的影响大,测量中要特别注意减少它的误差,以提高测量精度。

从这个例子中还应注意到:在计算间接测量值的公式中,如果有像 π 这样的近似常数时,为了不使计算结果受 π 的截尾误差的影响,其有效数字位数应与直接测量结果位数相同或多取一位。

例 2-5 对铜圆柱体用游标卡尺(分度值为 0.02 mm)测量其高 h,用螺旋测微计(仪器误差限为 0.004 mm)测其直径 d,数据如下表。已知铜柱体的质量 $m = (213.04 \pm 0.05)\ \mathrm{g}(P = 68\%)$,求该铜圆柱体的密度。

n	1	2	3	4	5	6
h/mm	80.38	80.38	80.36	80.36	80.36	80.38
d/mm	19.465	19.466	19.465	19.464	19.467	19.466

解　(1) 求高度的最佳值及不确定度

$$
\bar{h} = \frac{1}{n}\sum_{i=1}^{n} h_i = 80.370\ \mathrm{mm}(\text{中间过程可多取一位})
$$

$$U_A = t_{0.68} \sqrt{\dfrac{\sum\limits_{i=1}^{n} (h_i - \bar{h})^2}{n(n-1)}} = 1.11 \sqrt{\dfrac{\sum\limits_{i=1}^{6} (h_i - 80.37)^2}{6 \times 5}}$$

$$= 0.0051 \text{ mm(中间运算过程的结果保留两位有效数字)}$$

$$U_B = 0.683\Delta_{仪} = 0.683 \times 0.02 \text{ cm} = 0.0014 \text{ cm(游标卡尺仪器误差服从均匀分布)}$$

$$U_{\bar{h}} = \sqrt{U_A^2 + U_B^2} = \sqrt{0.051^2 + 0.014^2} \text{ mm} = 0.027 \text{ mm}$$

所以　　　　　　　　　　$h = \bar{h} \pm U_{\bar{h}} = (80.37 \pm 0.03) \text{ mm}$

（2）求直径的最佳值和不确定度

$$\bar{d} = \frac{1}{n} \sum_{i=1}^{n} d_i = 19.466 \text{ mm}$$

$$U_A = t_{0.68} \sqrt{\dfrac{\sum\limits_{i=1}^{n} (d_i - \bar{d})^2}{n(n-1)}} = 1.11 \sqrt{\dfrac{\sum\limits_{i=1}^{6} (d_i - 19.466)^2}{6 \times 5}}$$

$$= 0.00054 \text{ mm}$$

$$U_B = \Delta_{仪} / 3 = 0.0014 \text{ mm}$$

$$U_{\bar{d}} = \sqrt{U_A^2 + \Delta_{仪}^2} = \sqrt{0.00054^2 + 0.0014^2} \text{ mm} = 0.0015 \text{ mm} \approx 0.002 \text{ mm}$$

所以　　　　　　　　　　$d = \bar{d} \pm U_{\bar{d}} = (19.466 \pm 0.002) \text{ mm}$

（3）求密度和总的不确定度

$$\bar{\rho} = \frac{m}{V} = \frac{4m}{\pi \bar{d}^2 \bar{h}} = \frac{4 \times 213.04}{3.1416 \times 19.466^2 \times 80.37} \text{ g/mm}^3 = 0.008907 \text{ kg/cm}^3 = 8.907 \text{ g/cm}^3$$

（因为 $\bar{\rho} = \dfrac{4m}{\pi \bar{d}^2 \bar{h}}$ 中只含有乘、除、乘方，所以先算相对不确定度较方便）

$$U_r = \frac{U_{\bar{\rho}}}{\bar{\rho}} = \sqrt{\left(\frac{U_m}{m}\right)^2 + \left(2\frac{U_{\bar{d}}}{\bar{d}}\right)^2 + \left(\frac{U_{\bar{h}}}{\bar{h}}\right)^2}$$

$$= \sqrt{\left(\frac{0.05}{213.04}\right)^2 + \left(2\frac{0.002}{19.466}\right)^2 + \left(\frac{0.03}{80.37}\right)^2}$$

$$= 0.00050 = 0.050\%$$

（在运算过程中 $U_{\bar{d}}$、$U_{\bar{h}}$ 应取两位，$\bar{d}$、$\bar{h}$ 亦可多取一位防止过早舍入造成人为误差的扩大或缩小）

$$U_{\bar{\rho}} = \bar{\rho} \times U_r = 8.907 \times 0.050\% = 0.005 \text{ (g/cm}^3)$$

结果表示为

$$\begin{cases} \rho = \bar{\rho} \pm U_{\bar{\rho}} = (8.907 \pm 0.005) \text{ (g/cm}^3) \\ U_r = 0.052\% \end{cases} \quad (P = 68.3\%)$$

例 2-6　已测出两串联电阻的阻值分别为 $R_1 = (50.2 \pm 0.5) \ \Omega$，$R_2 = (149.8 \pm 0.5) \ \Omega$（$P = 68\%$），试求出它们串联的总电阻 R 的结果表示。

解　串联电阻的阻值为

$$R = R_1 + R_2 = (50.2 + 149.8) \ \Omega = 200.0 \ \Omega$$

R 的总不确定度为

$$U_R = \sqrt{\left(\frac{\partial R}{\partial R_1} U_{R_1}\right)^2 + \left(\frac{\partial R}{\partial R_2} U_{R_2}\right)^2}$$

$$= \sqrt{U_{R_1}^2 + U_{R_2}^2}$$
$$= \sqrt{0.5^2 + 0.5^2}\ \Omega = 0.7\ \Omega$$

相对不确定度为

$$U_r = \frac{U_R}{R} \times 100\% = \frac{0.7}{200.0} \times 100\% = 0.35\%$$

测量结果为

$$\begin{cases} R = (200.0 \pm 0.7)\ \Omega \\ U_r = 0.35\% \end{cases} \quad (P = 68\%)$$

2.4　实验数据的处理方法

数据处理是大学物理实验的重要组成部分。通过测量获得的实验数据，仅为达到实验目的提供了必要的原始资料（数据和现象），还必须对数据进行正确的处理，使其能以明白、合理的方式表达实验所揭示的规律。数据处理的方法很多，大学物理实验中常用于处理数据的方法有列表法、图示图解法、逐差法及最小二乘法等。

一、列表法

记录和处理数据通常把数据列成表格。实验数据（记录和处理）列成表格有助于我们更好地了解物理量之间的规律性，有利于求解经验公式。此外，数据列成表格还可以提高数据处理的效率，减少或避免差错，省去不必要的重复计算，结果简明扼要。列表法记录数据、处理数据举例见表2.4.1、表2.4.2。列表法记录和处理数据的具体要求如下。

表2.4.1　钢球直径测量数据记录（$\Delta_仪 = 0.004$ mm）

测量顺序	1	2	3	4	5
d/mm	7.985	7.986	7.984	7.986	7.987

表2.4.2　用列表法记录及求钢球直径（$\Delta_仪 = 0.004$ mm）

说　明	测　量　顺　序	1	2	3	4	5
原始数据的记录	d/mm	7.985	7.986	7.984	7.986	7.987
对原始数据的处理及结果	$\bar{d}$/mm	7.986				
	$U_A = t_{0.68}\sqrt{\dfrac{\sum\limits_{i=1}^{5}(d_i - \bar{d})^2}{n(n-i)}}$/mm	0.0016（$n=5, P=68\%$时，$t=1.14$）				
	$U = \sqrt{U_A^2 + \left(\dfrac{\Delta_仪}{3}\right)^2}$/mm	0.0021				
	$d = (\bar{d} \pm U)$/mm	$7.986 \pm 0.003 (P=68\%)$				

（1）表格设计合理，利于看出相关量之间的对应关系，便于归纳处理。

（2）在表格上方写上表格名称，必要时还应提供有关参数。例如，所引用的物理常数，实验时的环境参数(温度、湿度、大气压等),测量仪器的误差限等。

(3) 在表内标题栏目中注明物理量的名称和单位,为使表格简洁,一般不要把单位写在数字后。

(4) 数据表格分为原始数据表格和处理数据表格两部分。原始数据表格用于记录原始数据,而处理数据表格则应包括各种要求的计算量、平均值、不确定度及结果等。原始数据的记录和中间结果的填写要反映测量量和计算结果的有效数字。

(5) 表格中的数据排列顺序要符合测量顺序或计算顺序。

(6) 为了简洁起见,一般不要把某量过长的计算公式列入表内,而应把公式列于表的下方,如表 2.4.2 中的 U_A 的表达式最好还是列于表 2.4.2 的下方,只把 U_A 列在表内即可。

另外,列表法常与其他数据处理方法互相渗透使用。

二、图示图解法

1. 图示图解法的优点

图示图解法是一种应用广泛的数据处理方法。图示图解法就是将两个或两个以上物理量之间的变化关系用图线表示出来。物理量之间的函数关系式是物理规律的数学模型,一般情况下很难直接从物理实验数据得出函数关系。但是通过作图可以把一系列数据之间的函数关系用图线直观地表示出来;作图有利于找到物理量之间的函数关系式或经验公式;图示法是工程技术中求经验公式的常用方法之一。通过计算机确定实验数据之间的函数关系或经验公式是一件较为容易的事,例如,在实验或工程技术中,用 Fortran 语言编写的曲线拟合程序处理数据应用非常广泛。但是,我们物理实验中所求的函数关系一般都较为简单,通过作图即可较为方便地得出结果。

图示法有下列优点而被广泛地用于数据处理中:①把数据间函数关系形象直观化,能清楚地看出变量的极大值、极小值、转折点、周期性和某些奇异性;②有利于发现个别不服从规律的数据,可剔除之;③通过描点作图具有取平均的效果;④从曲线图很容易得出某些实验结果(如直线的斜率和截距值等),读出没有进行观测的对应点(内插法),或在一定条件下从图线的延伸部分读出测量范围以外的对应点(外推法)。此外,还可以把某些复杂的函数关系通过一定的变换用直线图表示出来。

2. 物理实验中常遇到的图线

在物理实验中遇到的图线大致有三种:

(1) 物理量的关系曲线、元件的特性曲线、仪器仪表的定标曲线等,这类曲线一般是光滑连续的曲线或直线。

(2) 仪器仪表的校准曲线,如电表的改装与校准曲线等,这类图线的特点是两物理量之间并无简明的函数关系,其图线是无规则的折线。

(3) 计算用图线,这类图线是根据较精密的测量数据经过整理后,精心细致地绘制在标准图纸上,以便计算和查对。

3. 作图要求

1) 选择坐标纸

作图要用坐标纸,常用的坐标纸有直角坐标纸、半对数坐标纸、对数坐标纸或极坐标纸等。应根据实验图线的性质研究作图参量,选用适合的坐标纸。物理实验中主要采用直角坐标纸

（也称毫米方格纸）。

坐标纸的大小要根据实验数据的有效数字和对测量结果的需要来确定。原则上应能包含所有的实验点，并且尽量不损失数据的有效数字位数，即图上的最小格与实验数据的有效数字的最小准确数字位对应。

2）选择坐标轴

以横轴代表自变量，纵轴代表因变量，在坐标纸上画出坐标轴，并用箭头表示出方向。注意：尽管方格纸上已有线条，但坐标轴仍需明确画出。在轴的端部注明物理量的名称符号及其单位。

3）确定坐标分度

在坐标轴上每隔一定的间隔，用整齐的数字标明物理量的数值，即标注坐标分度。合理选轴、正确分度是作图效果的关键。坐标分度要保证图上观测点的坐标读数的有效数字与实验数据的有效数字位数相同。例如，对于直接测量的物理量，轴上最小格的标度可与测量仪器的最小刻度相同。两轴的交点不一定从零开始，一般可取比数据最小值再小一些的整数开始标值，要尽量使图线占据图纸的大部分，不偏于一角或一边（见图 2.4.1）。

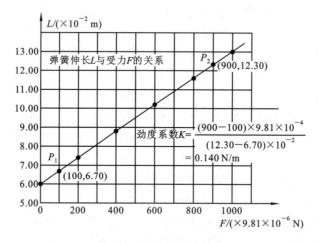

图 2.4.1　实验作图示例

4）描点和连曲线

根据实验数据用削尖的硬铅笔在图上描点，点可用"。"、"＋"、"×"、"·"等符号表示，符号在图上的大小应与该物理量的不确定度大小相当。描点要清晰，不能用图线盖过点。连线时要纵观所有数据点的变化趋势，用曲线板采取"取四连三"或"取三连二"的方法，连出光滑而细的曲线（如是直线可用直尺连线），严禁徒手画线。连线时应使实验点在实验曲线的两侧均匀分布，个别偏离实验规律较大的点不予考虑或重新测量。

5）写图名和图注

在图纸的上部空旷处或图下方写出图名和必要简短说明（如实验条件、数据来源、图注等）。

此外，还有一种校正图线，例如用准确度级别高的电表校准低级别的电表。这种图要附在被校正的仪表上作为示值的修正。作校正图除了连线方法与上述作图要求不同外，其余均同。校正图的相邻数据点间用直线连接，使全图成为不光滑的折线（见图 2.4.2）。当不知两个校正点之间的变化关系时，应采用线性插入法的近似处理。

4. 作图举例

表 2.4.3 所列数据是测量焦利秤弹簧伸长与受力的关系。测量弹簧长度使用带有精度为 0.1 mm 游标的米尺。加外力使用的是 5 个 200 mg 的 4 级砝码，其误差很小，对测量结果的不确定度的影响可以忽略。作图示例见图 2.4.1。

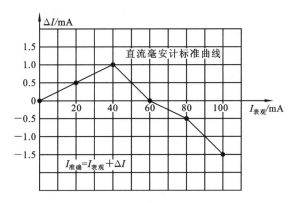

图 2.4.2　标准曲线图示例

5. 求斜率和截距

如果所作图线是一条直线，可以按以下方法求直线的斜率和截距。

1）求斜率

设直线函数方程为 $y = a + bx$，其斜率为

$$b = \frac{y_2 - y_1}{x_2 - x_1} \tag{2.4.1}$$

表 2.4.3　弹簧伸长与受力关系数据表（$\triangle_{仪} = 0.1$ mm）

砝码质量/mg	增重位置/mm	减重位置/mm	平均位置/mm
0	58.2	61.2	59.7
200	72.8	75.2	74.0
400	87.2	89.2	88.3
600	101.0	103.8	102.4
800	115.7	117.1	116.4
1000	129.4	129.4	129.4

在所作直线上选取相距较远的两点 P_1、P_2，从坐标轴上读出其坐标值 $P_1(x_1, y_1)$ 和 $P_2(x_2, y_2)$，并代入式（2.4.1），可求得斜率 b。P_1、P_2 两点一般不取原来测量的数据点。为了便于计算，x_1、x_2 两数值可选取整数。在图上标出选取的 P_1、P_2 点及其坐标。斜率 b 的有效数字位数要按有效数字运算规则确定。

2）求截距

截距 a 为 $x = 0$ 时的 y 值，可直接用图线求出。但有的图线 x 轴的原点不在图上，用延长图线的办法，如果延得太长，稍有偏斜会导致 a 有较大误差。这时我们可以采取从图线上再找一点 $P_3(x_3, y_3)$，利用关系式

$$a = y_3 - \frac{y_2 - y_1}{x_2 - x_1} x_3 \tag{2.4.2}$$

求得截距 a。

　　用作图法表述物理量间的函数关系直观、简便,这是它的最大优点。但是利用图线确定函数关系中的参数(如直线的斜率和截距)就仅仅是一种粗略的数据处理方法。这是由于:①作图法受图纸大小的限制,一般只能有三四位有效数字;②图纸本身的分格准确程度不高;③在图纸上连线时有相当大的主观任意性。因而用作图法求取的参数,不可避免地会在测量不确定的基础上增加数据处理过程中引起的不确定度。一般情况下,用作图法求取的参数,只要用有效数字粗略地表达其准确度就可以了。如果需要确定参数测量结果的不确定度,最好采用直接由数据点去计算的方法(如最小二乘法等)求得。

　　例 2-7　伏安法测电阻的实验数据如下,试用图解法求电阻的大小。

U/V	0.00	2.00	4.00	6.00	8.00	10.00	12.00	14.00	16.00	18.00
I/mA	0.00	1.00	2.02	3.05	4.01	4.95	6.03	6.97	7.89	8.94

　　解　用直角坐标纸作图,如图 2.4.3 所示。

　　由测量数据看出,电流 I 对于均匀变化的 U 也有较均匀的变化,所以 U-I 曲线为直线,在直线上取两点 $A(1.00,0.52)$,$B(17.00,8.49)$,代入斜率求解公式 $b = \dfrac{y_2 - y_1}{x_2 - x_1}$,得

$$b = \frac{I_B - I_A}{U_B - U_A} = \frac{8.49 - 0.52}{17.00 - 1.00} \, \text{k}\Omega^{-1} = 0.498 \, \text{k}\Omega^{-1}$$

所以,被测电阻的阻值为

$$R = \frac{U}{I} = \frac{1}{b} = \frac{1}{0.498} \, \text{k}\Omega = 2.01 \, \text{k}\Omega$$

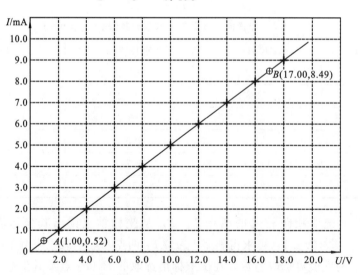

图 2.4.3　被测电阻的伏安曲线

三、逐差法

　　由于随机误差具有抵偿性,对于多次测量的结果,常用平均值来估计最佳值,以减小随机误差的影响。但是,当自变量与因变量成线性关系时,对于自变量等间距变化的多次测量,如

果用求平均的方法计算因变量的平均增量,就会使中间测量数据两两抵消,失去利用多次测量求平均的意义。例如,在用光杠杆法测钢丝杨氏弹性模量时,每次增量为 1 kg,钢丝就伸长一截,如果连续增加 7 次,则可测得钢丝伸长时 8 个标尺读数 $x_0, x_1, x_2, x_3, \cdots, x_7$,求每增加 1 kg 时标尺读数增大的平均值,则

$$\overline{\Delta x} = \frac{(x_1 - x_0) + (x_2 - x_1) + \cdots + (x_7 - x_6)}{7} = \frac{x_7 - x_0}{7} \tag{2.4.3}$$

若将等式中间的括号展开,则中间的测量值全部抵消,结果只有始末两个测量值起作用,仅与一次增加 7 个砝码的单次测量等价。这样的计算将使整个测量过程失去意义。为了避免这种情况下中间数据的损失,可以采用逐差法来处理数据。

逐差法是物理实验中常用的一种数据处理方法,它是当自变量与因变量成线性关系,且自变量等间隔连续变换时,所采用的一种数据处理方法。

所谓逐差法就是把实验测量数据按自变量的大小顺序排列后平均分成高低两组,先求出两组中对应项的差(即求逐差),然后取其平均值。如对上述杨氏弹性模量实验中的 8 个数据的逐差法处理过程为:

第一步:把测量数据分成两组;

第一组:x_0, x_1, x_2, x_3

第二组:x_4, x_5, x_6, x_7

第二步:求逐差

$$x_4 - x_0, \quad x_5 - x_1, \quad x_6 - x_2, \quad x_7 - x_3$$

第三步:求逐差平均,得每次增重 4 kg 的标尺读数平均增大量为

$$\overline{\Delta x} = \frac{(x_4 - x_0) + (x_5 - x_1) + (x_6 - x_2) + (x_7 - x_3)}{4} \tag{2.4.4}$$

或每次增重 1 kg 的标尺读数平均增大量为

$$\overline{\Delta x} = \frac{(x_4 - x_0) + (x_5 - x_1) + (x_6 - x_2) + (x_7 - x_3)}{4 \times 4} \tag{2.4.5}$$

这一结果充分使用了多次测量的数据,具有对数据取平均的效果,因而比用式(2.2.3)计算的结果要准确得多,因为减小了人为的计算误差。

由逐差法处理数据示例(见实验 6-1"用迈克尔逊干涉仪测激光波长"的数据处理示例)可见,逐差法具有充分利用测量数据、减小误差的优点。另外,利用逐差法还可以绕过一些具有定值的未知量,而求出所需的实验结果。一般来说,用逐差法得到的实验结果比作图法精确,而劣于最小二乘法。应用逐差法的条件是:自变量等间距变化,且与因变量之间的函数关系为线性关系。

四、最小二乘法

对于许多复杂的实验,往往采用最小二乘法处理实验数据,求出经验方程,揭示实验的内在规律。那么,最小二乘法是什么?如何求解的?下面专门讨论这方面的问题。

1. 一元线性方程的特点

将实验中测得的数据,经过数学上的严密分析,得出实验的经验方程,用它表示出物理量之间的函数关系。我们把建立这一方程的过程,称为方程的回归。

根据回归方程(即经验方程),在坐标纸上绘出实验图线,这一方法又称为拟合。

本节仅介绍最小二乘法进行一元线性回归的内容。有关多元线性回归和非线性回归，请读者参考其他书籍。

最小二乘法一元线性回归是以一元线性方程 $y = a + bx$ 作为研究对象的，式中，y 是 x 的函数，都是未知量，a 和 b 均为已知量。这是大家所熟知的。

把一元线性方程作为研究对象，有很多优点，这是因为：

其一，一元线性方程结构简单、明了、便于计算、便于作图。如果用正交坐标纸作图，该函数就是一条直线。式中 a 为截距，b 是该直线的斜率，x 与 y 的关系是线性关系。

其二，一元线性方程是其他复杂方程的基础。不少高次方程计算复杂，作图困难。但这些复杂的方程均可以变换成一元线性方程求解。在坐标纸上，它也可以将复杂的曲线图形变成简单的直线图形显示出来。

试举几例：

① $s = v_0 t + \dfrac{1}{2} a t^2$，式中 v_0 和 a 均是常数。两边除以 t 得 $\dfrac{s}{t} = v_0 + \dfrac{1}{2} a t$，作 $\dfrac{s}{t}$-t 图，为直线，其中斜率为 $\dfrac{1}{2} a$，截距为 v_0。

② $pV = C$，式中 C 为常数。两边除以 V 得 $p = C \cdot \dfrac{1}{V}$，作 p-$\dfrac{1}{V}$ 图，为直线，其中斜率为 C，截距为 0。

③ $y = ab^x$，式中 a、b 为常数。两边取对数得 $\lg y = \lg a + \lg b \cdot x$，作 $\lg y$-x 图，为直线，其中斜率为 $\lg b$，截距为 $\lg a$。

④ 如何验证弦线上波的传播规律 $\lambda = \dfrac{1}{f} \sqrt{\dfrac{T}{\mu}}$（$\lambda \propto T^{1/2}$，$\lambda \propto f^{-1}$）？由 $\lambda = \dfrac{1}{f} \sqrt{\dfrac{T}{\mu}}$ 得

$$\log \lambda = \frac{1}{2} \log T - \frac{1}{2} \log \mu - \log f$$

若固定频率 f 及线密度 μ，而改变张力 T，并测出各相应波长 λ，作 $\log \lambda$-$\log T$ 图，若得一直线，计算其斜率值（如为 $1/2$），则证明了 $\lambda \propto T^{\frac{1}{2}}$ 的关系成立。同理，固定线密度 μ 及张力 T，改变振动频率 f，测出各相应波长 λ，作 $\log \lambda$-$\log T$ 图，如得斜率为 -1 的直线就验证了 $\lambda \propto f^{-1}$。

像这样把复杂的非线性方程变换成简单的线性方程叫做"曲线改直"，此类例子还有很多，不一一列举。

2. 用最小二乘法求经验方程

最小二乘法所依据的原理是：在最佳拟合直线上，各相应点的值与测量值之差的平方和应比其他的拟合直线上的都要小。

假设所研究的变量有 x 和 y，且它们之间存在着线性相关关系，是一元线性方程，即

$$y = a + bx \tag{2.4.6}$$

设实验中测得的一组数据是

$$x：x_1, x_2, \cdots, x_n$$
$$y：y_1, y_2, \cdots, y_n$$

这里，如果把 $y = a + bx$ 作为回归经验方程，那么就要确定常数 a 和 b 的值。当然你可以不厌其烦将上述一组实验数据在正交坐标纸上一一描点作图，拟合出一条最佳直线，求出该直线的斜率 b 和截距 a，问题就解决了。

用作图法拟合出来的直线，优点是简便快捷，且一目了然。但是它没有通过数学上的严格

论证,其最大的缺点是不精确、粗糙。用作图法求出的"经验方程"当然是不可靠的。鉴于此,这就需要用最小二乘法来求解斜率 b 和截距 a,得到经验方程,然后再依据它们画出直线图形。

　　对上一组实验数据,我们来进行分析:一般来说,变量 x 和 y 的测量值都存在实验误差。假定 y 的测量值的误差明显大于 x 的测量值的误差,为使结果简单一些,我们将略去后者。也就是说,各实验点只在平行于 y 轴的方向上与最佳拟合直线有偏差,如图 2.4.4 所示。

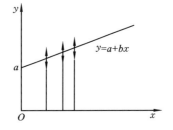

　　我们把 y 的各测量值 y_i 与拟合直线上相应估计值 $\hat{y}_i = a + bx_i$ 之间的偏差分别记作 $\varepsilon_1, \varepsilon_2, \cdots, \varepsilon_n$,则有

$$\begin{cases} \varepsilon_1 = y_1 - (a + bx_1) \\ \varepsilon_2 = y_2 - (a + bx_2) \\ \qquad \vdots \\ \varepsilon_n = y_n - (a + bx_n) \end{cases} \qquad (2.4.7)$$

图 2.4.4　拟合直线偏差示意图

最小拟合直线应使各实验点的偏差的平方和最小,即

$$\sum_{i=1}^{n} \varepsilon_i^2 = \sum_{i=1}^{n} \left[y_i - a - bx_i \right]^2 \to \text{极小} \qquad (2.4.8)$$

　　由于数据处理中要求满足偏差的平方和为最小,故称为最小二乘法。为求 $\sum_{i=1}^{n} \varepsilon_i^2$ 的最小值,将式(2.4.8)分别对 a 和 b 求一阶偏导数,并令其等于零,即得

$$\begin{cases} \dfrac{\partial}{\partial a} \displaystyle\sum_{i=1}^{n} \varepsilon_i^2 = -2 \sum_{i=1}^{n} \left[y_i - a - bx_i \right] = 0 \\ \dfrac{\partial}{\partial b} \displaystyle\sum_{i=1}^{n} \varepsilon_i^2 = -2 \sum_{i=1}^{n} \left[y_i - a - bx_i \right] x_i = 0 \end{cases} \qquad (2.4.9)$$

将其化简得

$$\begin{cases} \displaystyle\sum_{i=1}^{n} y_i = b \sum_{i=1}^{n} x_i + na \\ \displaystyle\sum_{i=1}^{n} y_i x_i = b \sum_{i=1}^{n} x_i^2 + a \sum_{i=1}^{n} x_i \end{cases} \qquad (2.4.10)$$

联立求解,得

$$\begin{cases} b = \dfrac{\overline{xy} - \overline{x} \cdot \overline{y}}{\overline{x^2} - \overline{x}^2} \\ a = \overline{y} - b\overline{x} \end{cases} \qquad (2.4.11)$$

式中:

$$\overline{x} = \frac{1}{n} \sum_{i=1}^{n} x_i, \quad \overline{y} = \frac{1}{n} \sum_{i=1}^{n} y_i, \quad \overline{x^2} = \frac{1}{n} \sum_{i=1}^{n} x_i^2, \quad \overline{xy} = \frac{1}{n} \sum_{i=1}^{n} x_i y_i$$

　　由式(2.4.11)便可以算出斜率 b 和截距 a,得到物理实验的经验方程 $y = a + bx$,拟合出最佳的直线图形。毋庸置疑,由上式给出的 a 和 b 对应的 $\sum_{i=1}^{n} \varepsilon_i^2$ 就是最小值。

　　应该承认,由式(2.4.9)确定的回归系数 a 和 b 虽然是最佳的,但并不是没有误差,它们的误差计算比较复杂,一般来说,如果实验点对直线的偏离大,即 $\varepsilon = y - (a + bx)$ 大,那么由这列数据求得的 a 和 b 的误差也大,由此定出的经验公式可靠程度就低,反之亦然。

3. 检验

在待定参数 a 和 b 确定之后,为了判断所得结果是否合理,通常用相关系数 γ 来检验。对于一元线性回归,相关系数 γ 定义为

$$\gamma = \frac{\overline{xy} - \overline{x} \cdot \overline{y}}{\sqrt{(\overline{x^2} - \overline{x}^2)(\overline{y^2} - \overline{y}^2)}} \qquad (2.4.12)$$

可以证明,γ 的值在 -1 到 $+1$ 之间,如果 $|\gamma|$ 接近 1,说明实验点能聚集在一条直线附近,用最小二乘法作线性回归比较合理;相反,如果 $|\gamma|$ 远小于 1 而接近 0,则说明 x 与 y 完全不相关,用线性函数回归不妥,必须用其他函数重新试探。$\gamma > 0$ 说明回归直线的斜率为正,称为正相关;反之,$\gamma < 0$ 则说明回归直线的斜率为负,称为负相关。

最小二乘法作线性回归在科学实验中的应用十分广泛,特别是计算机普及后,计算工作量已大大减轻,而且许多微型函数计算器上均具有二维统计功能,可直接用计算器上的功能键快速得到 γ 及 a 和 b 数值。

例 2-8　在测定铜线电阻随温度变化的实验中,测得如下数据:

$t/℃$	17.8	26.9	37.7	48.2	58.3
R/Ω	3.554	3.687	3.827	3.969	4.105

试用一元线性回归法,求电阻温度系数和 0 ℃时的电阻,并写出经验方程,计算相关系数。

解　设铜线电阻和温度的关系式为

$$R_t = R_0(1 + \alpha t)$$

式中,R_0 为 0 ℃时的电阻,α 为电阻温度系数。将上式和 $y = a + bx$ 对照得知 $y = R_t$,$a = R_0$,$b = \alpha R_0$,$x = t$,由实验数据可以算出:

$$\overline{x} = 37.8 ℃, \quad \overline{y} = 3.828 \ \Omega, \quad \overline{y^2} = 14.695 \ \Omega^2$$
$$\overline{x^2} = 163.7 \ (℃)^2, \quad \overline{xy} = 147.5 \ \Omega \cdot ℃$$

代入式(2.4.11)得

$$\alpha R_0 = b = \frac{\overline{xy} - \overline{x} \cdot \overline{y}}{\overline{x^2} - \overline{x}^2} = \frac{147.5 - 37.8 \times 3.828}{163.7 - 37.8^2} \ \Omega \cdot ℃^{-1} = 1.346 \times 10^{-2} \ \Omega \cdot ℃^{-1}$$

由式(2.4.11)得零度时的电阻值

$$R_0 = a = \overline{y} - b\overline{x} = (3.828 - 1.346 \times 10^{-2} \times 37.8) \ \Omega = 3.319 \ \Omega$$

故有温度系数

$$\alpha = \frac{b}{R_0} = \frac{1.346 \times 10^{-2}}{3.319} \ ℃^{-1} = 4.055 \times 10^{-3} \ ℃^{-1}$$

所得的经验方程

$$R_t = 3.319 \times (1 + 4.055 \times 10^{-3} t) \ \Omega$$

相关系数

$$\gamma = \frac{\overline{xy} - \overline{x} \cdot \overline{y}}{\sqrt{(\overline{x^2} - \overline{x}^2)(\overline{y^2} - \overline{y}^2)}} = \frac{147.5 - 37.8 \times 3.828}{\sqrt{(37.8^2 - 163.7)(3.828^2 - 14.695)}} = 0.9589$$

相关系数的数值较接近 1,说明铜线电阻在 17~58 ℃的范围内是随温度的变化关系基本上是线性的。

例 2-9　伏安法测电阻的实验数据如下,试用最小二乘法求电阻的大小。

U/V	0.00	2.00	4.00	6.00	8.00	10.00	12.00	14.00	16.00	18.00
I/mA	0.00	1.00	2.02	3.05	4.01	4.95	6.03	6.97	7.89	8.94

解　由于该实验中电压表的读数取整数值,故我们认为电压的测量精度比电流的高,即电压 U 为自变量,相应的一元线性回归方程应为 $I=a+bU$,直线斜率 b 的倒数即为被测电阻值 R。把测量数据通过公式 $b=\dfrac{\overline{xy}-\overline{x}\cdot\overline{y}}{\overline{x^2}-\overline{x}^2}$ 计算或将实验数据输入具有二维统计功能的计算器,可得 $b=0.495$,于是得

$$R=\frac{U}{I}=\frac{1}{b}=\frac{1}{0.495}\ \text{k}\Omega=2.02\ \text{k}\Omega$$

对比例 2-9 与例 2-7 的结果,可以看出两例中的电阻值在存疑位上有差异,用图解法处理实验数据简明、直观,但由于绘制图线时往往带有一定的主观随意性,即使是同一组实验数据,也会因人而异地得出不同的实验方程。用最小二乘法处理较准确,但不如图解法直观,数据中如果存在个别异常值也不容易发现,以致带来很大偏差。所以,实际工作中应根据实际情况选择合适的数据处理方法。

复 习 提 要

1. 系统误差来源于哪些因素?

2. 实验测量分哪几类? 为什么测量结果都带有误差?

3. 系统误差如何分类?

4. 随机误差具有哪些性质?

5. 绝对误差和相对误差中哪一个更能全面地评价测量的优劣?

6. 采用多次测量的方法能减小的误差属于_____误差。

7. 当测量次数足够大时,_____误差显示出明显的统计分布规律,并可通过增加测量次数来减小这种误差。

8. 一般情况下,_____误差不能通过多次测量来发现。

9. 如何理解测量的精密度、准确度和精确度?

10. 如何修正由于仪器零点不准引起的误差?

11. 仪器的最大误差与标准误差的关系如何? 当仪器误差的概率分布服从均匀分布时,已知仪器的最大误差 $\Delta_\text{仪}$,则仪器的标准误差 $\sigma_\text{仪}=$? 当仪器误差的概率分布服从正态分布时,情况又如何?

12. 消除或减少系统误差有哪些常见的方法? 结合具体实验举例说明。

13. 直接测量的有效数字的位数由什么因素决定? 间接测量的有效数字的位数由什么因素决定? $W=x^2 y$ 中的两个直接测量量 x 与 y,哪一个对 W 的误差影响更大? 为什么?

14. "四舍六入、逢五配偶"原则与"进位法"有何区别? 它们各应用于哪种情况?

15. 在 $V=\pi\left(\dfrac{d}{2}\right)^2 h=\pi\left(\dfrac{5.33}{2}\right)^2\times 6.52$ 中,π 应取几位有效数字?

16. 有效数字的运算中,正确数如何处理?

17. 根据有效数字的加减法运算法则、乘除法运算法则分别得到一条仪器选择原则,这两

条原则的具体内容各是什么?

18. 什么叫不确定度? 什么叫置信区间? 什么叫置信概率?

19. 表达测量结果的三要素是什么?

20. 用不确定度对测量结果进行评定的三个主要原则是什么?

21. 哪些情况下常对物理量进行单次测量?

22. 用不确定度表示测量结果的书写规范是怎样的?

23. 测量结果中,有效数字的位数是如何确定的?

24. 常用的实验数据处理方法有哪几种? 各有什么特点? 采用列表法应注意哪些问题?

25. 应用逐差法处理实验数据的优点是什么? 应用条件是什么?

26. 应用图示法处理实验数据优点是什么?

27. 应用最小二乘法处理实验数据的优点是什么?

28. 设某一测量列的随机误差服从正态分布,问测量值的随机误差落在 $\pm\sigma$、$\pm 2\sigma$、$\pm 3\sigma$ 内的概率各是多少?

29. 为什么称 3σ 为极限误差?

30. 相关系数 γ 的值与最小二乘法线性回归合理性的关系如何?

习　　题

1. 指出下列各量各是几位有效数字,测量所选用的仪器及其精度是多少?

(1) 1.5062 m

(2) 2.997 mm

(3) 26.40 mm

(4) 5.36×10^{-4} kV

(5) 0.0606 A

(6) 1.39 ℃

(7) 24.37 s

(8) 170.022 g

2. 试用有效数字运算法则计算出下列结果:

(1) $100.50-2.5=$

(2) $123\times50.1=$

(3) 100 kg+100 g=

(4) $\sin53°21'=$

(5) $\sqrt{1234.5}=$

(6) $\dfrac{8.0425}{5.036-5.032}+20.9=$

(7) $\dfrac{40.00\times(15.20-13.2)}{(101-1.0)\times(1.00+0.001)}=$

(8) $220^2=$

(9) $V=\dfrac{1}{4}\pi d^2 h$,已知 $h=0.005$ m,$d=13.984\times10^{-3}$ m,试计算 V 的值。

3. 根据不确定度书写规范,改正下列实验结果表达式的错误:

(1) $\begin{cases} N=(10.8000\pm0.2)\text{ cm} & (P=68\%) \\ U_r=1.8\% \end{cases}$

(2) $\begin{cases} q=(1.61248\pm0.28765)\times10^{-19}\text{ C} & (P=68\%) \\ U_r=0.178 \end{cases}$

(3) $\begin{cases} E=(1.932\times10^{11}\pm6.79\times10^{8})\text{ N/m}^2 & (P=68\%) \\ U_r=0.36\% \end{cases}$

(4) 已知本地区重力加速度 $g=9.79$ m/s²,实验测量值 $g_{测}=9.63$ m/s²,结果表达为

$$\begin{cases} g=9.79 \\ U_r=1.64\% \end{cases} \quad (P=68\%)$$

4. 把下列各数按"四舍六入,逢五配偶"的舍入规则取为四位有效数字:

(1) 21.495　　　　　　　(2) 34.465　　　　　　　(3) 6.1305×10^5

(4) 8.0130　　　　　　　(5) 1.798501　　　　　　(6) 0.0028760

(7) 8.1694×10^4　　　　(8) 1.000001　　　　　　(9) 6.1315

5. 按"四舍六入,逢五配偶"的规则把各有效数字取为 4 位,请判断下面各选项的正误。

A.3.4751=3.475,　11.465=11.47,　$3.1305\times10^5=3.131\times10^5$　(正确□,错误□)

B.5.0030=5.003,　1.796501=1.796,　0.00208760=0.00209　(正确□,错误□)

C.52.0130=52.01,　1.698501=1.698,　$0.0021760=2.176\times10^{-3}$　(正确□,错误□)

D.2.4951=2.495,　4.4656=4.465,　$7.2105\times10^5=7.211\times10^5$　(正确□,错误□)

6. 单位换算:

(1) 将 $L=4.25\pm0.05$(cm)单位换算成 μm,mm,m,km。

(2) 将 $m=1.750\pm0.001$(kg)的单位换算成 g,mg。

(3) 1.01 cm=＿＿＿＿＿＿ m。

7. 下列测量工具中读数时不需要估读的是(　　)。

A. 游标卡尺　　　　B. 电流表　　　　C.螺旋测微器　　　　D. 钢卷尺

8. 某一毫伏表满刻度值为 10 mV,共有 100 小格。用该毫伏表测量某一电路的电压,以下读数中有可能正确的是(　　)。

A.5 mV　　　　B.5.0 mV　　　　C.5.000 mV　　　　D.5.00 mV

9. 下列测量工具(仪器)中读数前需要消视差的是(　　)。

A. 游标卡尺　　　　B. 千分尺　　　　C. 分光计　　　　D. 千分表

10. 使用量程为 150 mm、精度为 0.02 mm 的游标卡尺测量某一物体的长度,可能的读数是(　　)。

A.180.02 mm　　　　B.23.01 mm　　　　C.50.04 mm　　　　D.40.076 mm

11. 下列测量工具中能测圆柱体的内、外直径的是(　　)。

A. 游标卡尺　　　　B. 千分尺　　　　C. 望远镜　　　　D. 钢卷尺

12. 某一毫安表满刻度值为 25 mA,共有 50 小格。用该毫安表测量某一电路的电流,以下读数中有可能正确的是(　　)。

A.20 mA　　　　B.20.0 mA　　　　C.20.01 mA　　　　D.20.05 mA

13. 下列说法中能消除或减小系统误差的是(　　)。

A. 衍射法　　　　B. 列表法　　　　C. 干涉法　　　　D. 替代消除法

14. 用量程为 150 mm、精度为 0.5 mm 的游标卡尺测量某一长度,下列读数有可能正确的是(　　)。

A.3.0 mm　　　　B.3.1 mm　　　　C.3.00 mm　　　　D.3.3 mm

15. 下列方法中不能消除或减小系统误差的方法是(　　)。

A. 衍射法　　　　B. 修正法　　　　C. 异号测量法　　　　D. 抵消法

16. 某同学在物理实验室分别采用螺旋测微器、钢卷尺和游标卡尺测量了一本书的厚度,得到以下三个测量结果,请分别写出各次测量结果所采用的测量仪器名称。

(1) 9.2 mm _____; 　(2) 9.22 mm _____; 　(3) 9.221 mm _____。

17. 以下实验操作中符合要求的是(　　)。

A.电学实验完成后先切断电源再拆除导线　　B.使用天平时用手拿取砝码

C.光学器件表面有灰尘,用布擦拭干净　　D.电学实验接线时电阻箱电阻先调到零

18. 以下属于随机误差的是(　　)。

A.电表零点不对引起的误差　　　　　　　B.实验桌振动引起的误差

C.系统摩擦力引起的误差　　　　　　　　D.理论上的近似引起的误差

19. 用精度为 0.02 mm 的游标卡尺对某一长度进行了单次直接测量,测量数据为 15.04 mm,其测量结果应表示为:$L=$ _____。

20. 用最小分度为 1 mm 的钢卷尺对某金属丝的长度进行了单次测量,测量数据为 78.03 cm,则其测量结果可表示为:$L=$ _____。

21. 已知本地重力加速度的公认值为 $g=9.79$ m/s²,某同学实验测量出的重力加速度结果为 $g=9.63$ m/s²,请写出本次实验测量结果表达式:_____。

22. 根据函数不确定度的传递和合成公式,计算下列各函数的不确定度 U 与相对不确定度 U_r:

(1) $N=x+\dfrac{1}{3}y-5z$; 　(2) $g=\dfrac{2s}{t^2}$; 　(3) $d=\dfrac{k\lambda}{\sin\theta}$(其中 $k=$ 常数)。

23. 一个铅圆柱体,测得其直径 $d=(2.04\pm0.01)$ cm,高 $h=(4.12\pm0.01)$ cm,质量 $m=(194.18\pm0.05)$ g(已知各量的不确定度置信概率均为 68%)。

(1) 计算铅的密度;

(2) 计算密度的不确定度,并写出测量结果的表达式。

24. 用仪器误差为 0.004 mm 的千分尺分次测得一球的直径为:15.561 mm,15.562 mm,15.560 mm,15.563 mm,15.564 mm,15.563 mm,千分尺零点读数为 0.011 mm,求该球的体积,并写出结果表达式 $V=\bar{V}\pm U_{\bar{V}}$。

25. 用伏安法测电阻数据如下表:

U/V	0.00	1.00	2.01	3.05	4.00	5.01	5.99	6.98	8.00	9.00	9.99	11.00
I/mA	0.00	2.00	4.00	6.00	8.00	10.00	12.00	14.00	16.00	18.00	20.00	22.00

分别用逐差法和作图法处理数据,求出待测电阻 R,并进行比较。

26. 下表是用拉伸法测定金属丝的杨氏弹性模量的实验数据,请用逐差法计算出平均每增加 1M 的负荷量时,金属丝伸长量的平均值。

项目 序	负荷量	增荷 $n_{i加}$/cm	减荷 $n_{i减}$/cm	$n_i=\dfrac{n_{i加}+n_{i减}}{2}$/cm
1	1M	1.23	1.21	
2	2M	2.12	2.10	
3	3M	3.01	3.02	
4	4M	4.90	4.90	
5	5M	5.81	5.83	
6	6M	6.70	6.72	

项目序	负 荷 量	增荷 $n_{i加}$/cm	减荷 $n_{i减}$/cm	$n_i = \dfrac{n_{i加} + n_{i减}}{2}$/cm
7	$7M$	7.62	7.62	
8	$8M$	8.53	8.53	

27. 伏安法测电阻的实验数据如下,试分别用作图法和最小二乘法求电阻的大小。

U/V	0.00	2.00	4.00	6.00	8.00	10.00	12.00	14.00	16.00	18.00
I/mA	0.00	3.00	6.02	9.04	12.01	15.96	18.03	21.97	24.89	27.93

拓展阅读2

物理学发展简史与物理学的五次大综合(上)

　　如果说科学技术史是一条历史的长河的话,那么物理学发展史就是这条长河中一条长长的支流。经过几千年特别是最近 400 年的发展、壮大,终于汇聚成了波涛滚滚、气势恢弘的大江,并汇入到人类文明发展史的大海中去了。下面让我们一起回首物理学的发展简史,回顾那些在物理学发展历史中璀璨夺目的物理学思想以及那些星光熠熠的物理学家们的创新工作,看他们是如何将物理学历史创造装点得如此辉煌壮丽的。

一、物理学发展简史

　　整个物理学经历了古代物理学、经典物理学和现代物理学三大部分,见下表。

物理学发展简表

学　科	发展阶段	支柱理论	建立年代	突出贡献者
物理学	古代物理学(物理学的萌芽)	亚里士多得物理学	从远古到 15 世纪建立,15 世纪、16 世纪统治	亚里士多得
	经典物理学(近代物理学)	经典力学	17 世纪初奠基 17 世纪末建立	伽利略、开普勒、牛顿等
		经典电动力学		库仑、安培、法拉第、麦克斯韦等
		经典统计力学		伦福德、布朗、卡诺、焦耳、克劳修斯等
	现代物理学	相对论	19 世纪末 20 世纪初建立	迈克尔逊、洛伦兹、彭加勒、爱因斯坦等
		量子力学		普朗克、德布罗意、玻尔、薛定谔等

1. 古代物理学(物理学的萌芽)

　　在古代,由于生产水平的低下,人们对自然界的认识主要依靠不充分的观察,和在此基础上进行的直觉的思辨性猜测,把握自然现象的一般性质,因而自然科学的知识基本上是属于现象的描述、经验的总结和思辨的猜测。现在看来,古代物理学严格来说还不能称之为物理学,因为那时还没有用到现代科学、现代物理学的基本研究方法——实验科学方法。那时,物理学知识是包括在统一的自然哲学之中的。

　　在这个时期,首先得到较大发展的是与生产实践密切相关的力学,如静力学中的简单机械、杠杆原理、浮力定律等。人们在实践中总结静力学的规律,发明了简单的机械,提高了劳动效率。光学方面,积累了关于光的直进、折射、反射、小孔成像、凹凸面镜等的知识。电磁学方面,发现了摩擦起电、磁石吸铁等现象,并在此基础上发明了指南针。声学方面,由于音乐的发展和乐器的创造,积累了不少乐律、共鸣方面的知识。物质结构和相互作用方面,提出了原子论、元气论、阴阳五行说、以太等假设。

2. 经典物理学(近代物理学)

物理学的发展,经历了几次大的飞跃。16 世纪以后,物理学采用了系统的实验方法,在此基础上发现了许多前所未见的事实,很快建立了一套完整的理论,在科学上人们把它称为经典理论物理学,或叫古典理论物理学。经典物理学以经典力学、经典统计力学(热力学和统计物理学)、经典电动力学为基础,构成一套完整、严密的理论体系。这几个体系的建立,标志着人类对物理现象认识的一次巨大飞跃,它对生产和科学的发展起了很大的推动作用。

3. 现代物理学

到 19 世纪末 20 世纪初,物理学又发现了一系列新的实验事实,如电子和放射性现象;迈克尔逊-莫雷测量以太实验得出的负结果;黑体辐射实验等。这些事实冲击了经典物理理论,使得物理学经历了一次比以前更为深刻的变革,由此诞生了现代物理学。研究高速(接近光速)物理现象的相对论,和研究微观的量子力学,乃是现代物理学的两大基础理论。

二、物理学的五次大综合

在物理学整个发展过程中已经完成了五次大综合,形成了瑰丽夺目的物理学思想和理论,同时也造就了一批批杰出的物理学家。

1. 第一次大综合——诞生了牛顿的经典力学(地球上物体和天体运动规律的统一)

在十六世纪以前,亚里士多得在物理学界享有至高无上的威望,物理知识都被系统地总结在亚里士多得的物理学中。根据亚里士多得那种带有思辩和人性色彩的物理学观点,把常见的运动分成三类。第一类是地面上物体的运动;第二类是物体在空中下落的运动;第三类是天体的运动。亚里士多得对运动的原因作了解释:地面上物体的运动是强制性的运动,推一推,动一动,不推就不动,所以力是维持物体运动的原因。第二类和第三类运动属于天然运动。地球是宇宙的中心,是一切空中运动物体的天然归宿。物体的重量越大,其趋向天然位置的倾向也越大,所以其下落的速度也越大;天体是由特殊质料构成的,具有特殊性质,天体是神灵们的处所,所以天体的运动是沿着最完美的曲线——圆周,以最完美的速度——匀速运动。这种经不起事实检验的解释显然是错误的,但它竟然影响和统治人们的思想达二千年之久,直到伽利略、牛顿时代,才得以彻底纠正。

1582 年伽利略利用实验科学方法发现了摆钟的“等时性原理”,否定了亚里士多得的“摆幅短需时少”的错误观点;1589 年伽利略研究了落体运动与斜面问题,做了著名的“比萨斜塔实验”,否定了亚里士多得的关于“物体下落的速度与物体的重量成正比”的说法,得出了“物体下落的速度与物体的重量无关”的正确结论;这一年他还做了著名的“斜面实验”,推理、归纳和总结得到了“惯性原理”。伽利略对物理学的贡献有如下三个方面:①在物理学的研究中确立了以观察和实验为基础的研究方法;②在物理学的研究中首先运用实验与数学相结合的研究方法;③在物理学的研究中建立了一套完整的科学思想和研究方法。因此,伽利略是近代物理学的创始人,是近代物理学之父。从 1601 年开始德国天文学家开普勒师从丹麦天文学家第谷到捷克进行天文学的学习与研究,在逝世前第谷将自己近 40 年时间对于天体运动的详细准确的观察记录留给了开普勒。1571 年出生的开普勒从 30 岁开始进行第谷的未竟事业,他的主要工作就是运用第谷的观测数据进行反复的计算,提出新的观点与理论。经过艰难的、枯燥的、精确的、长期的计算,1809 年开普勒出版了《火星之论述》,书中提出了行星运动的第一、第二定律。10 年后他又在《宇宙和谐论》一文中提出了行星运动的第三定律。此外,开普勒还发明了天文望远镜即折射式望远镜,开普勒行星运动三定律几乎是牛顿万有引力定律的直接前提。

牛顿在伽利略、开普勒等人的基础上把物体运动规律归结为三条基本的运动定律和一条万有引力定律,把过去一向以为截然无关的地上物体和天体运动规律统一起来,并且运用自己发明的数学理论微积分创立了完整的经典力学体系,完成了物理学历史上的第一次大综合。1685 年,43 岁的牛顿出版了《自然哲学的数学原理》一书,将自己的研究成果在该书中进行了完整的阐述,建立了经典力学。从伽利略(1564—1642)到开普勒(1571—1630)到牛顿(1642—1727),经过几代物理学家们的共同努力,终于完成了物理学的第一次大综合,成就了经典力学的理论以及有史以来最为伟大的物理学家牛顿。

2. 第二次大综合——确立了能量转化和守恒定律(揭示了热、机械、电、化学等各种运动形式之间的相互联系和相互转化的关系)

经典力学体系的建立,以及科学技术与生产力的发展,特别是 18 世纪末 19 世纪初蒸汽机的发明与应用,促进了人们对热的本质和热与机械运动的相互关系及能量转化问题的研究。热的本质是什么? 早在 18 世纪中叶的苏格兰科学家布莱克等人提出了"热质说"理论,认为热是由一种特殊的、没有质量的流体物质即热质或热素所组成。一开始,"热质说"能解释许多热现象,因此被一些物理学家所接受,成为 18 世纪热学中占统治地位的理论。

但是,好景不长,1798 年英国一个工厂的技师汤普森(1753—1814)即伦福德伯爵发现当用钻头钻炮筒时,炮筒和铁屑的温度同时升高了,钻头越钝产生的热量越大,他用一支钝得无法切削的钻头连续钻了 20 小时 45 分钟,致使 18 磅水达到沸点。这突然增加的"热质"从何而来? 他在发现了"热质说"的缺陷后提出了唯动说。1827 年苏格兰的植物学家布朗发现了"布朗运动",从而证实了物质分子的永不停息的无规则运动。19 世纪 20 年代,法国工程师卡诺(1796—1832)集中研究了蒸汽机即热机的内部矛盾问题,于 1824 年发表了《关于火的力学考查》一书,这是他一生发表的唯一著作。他提出了卡诺循环以及热机效率等问题,提出了热力学第二定律的基本内容。随着对热机的研究,19 世纪 40 年代有十几位不同的物理学家几乎同时提出了能量转化和守恒定律,即热力学第一定律,彻底推翻了"热质说",进一步促进了热学理论的系统化、完善化。19 世纪 60 年代英国的威廉·汤姆逊(1824—1907)以及德国的克劳修斯(1822—1888)总结了卡诺的工作,分别提出了热力学第二定律。

通过焦耳、迈尔、亥姆霍兹、克劳修斯等一大批物理学家的共同努力,促进了热力学第一、第二定律的发现,特别是能量转化和守恒定律的建立,揭示了热、机械、电化学等各种运动形式之间的相互联系和相互转化的关系,从而实现了物理学的第二次大综合。

这次大综合不仅由第一次动力革命而来,而且还直接引起了 18 世纪的工业革命,带来了生产力的巨大发展和社会领域的重大变革——蒸汽机的发明和广泛使用,使人类实现了第一次工业革命,大规模机器生产替代手工业。

第 3 章　力学和热学实验

实验 3-1　长度测量和固体密度测定

在物理学领域,长度是指两点之间的距离,长度测量实验是最基本的物理实验之一。长度测量涉及的范围很广,大可至天体距离测量,小可至纳米级的微观测量,在测量时需要根据待测量的特性和需要的测量精度选择合适的测量方法和测量仪器。普通物理实验室常根据不同需要选用米尺、游标卡尺、螺旋测微器(即千分尺)、读数显微镜等来测量长度。本实验介绍用游标卡尺和螺旋测微器进行长度测量。

很多物理实验中都要求直接测量物体长度,还有些物理量的测量可以转化为对长度量的测量,如杨氏弹性模量的测量,球体密度的测量等。另外,许多测量工具的长度或角度等读数部分也常常根据游标、螺旋测微等原理制成,因此,熟悉游标卡尺和螺旋测微器的原理和使用方法是很重要的。

质量分布均匀、形状规则的固体的密度可以通过测量固体质量和体积来计算,体积的测量依赖于长度测量,而质量的测量也是基本物理实验之一。测量物体质量的仪器很多,如物理天平、电子天平、分析天平等,本实验介绍用物理天平测量物体质量。

【成果导向教学设计】

通过本实验的学习,学生能了解以下知识,并培养以下能力。

知识:

基础知识:游标卡尺的构造及读数原理;螺旋测微器的构造及读数原理;物理天平的构造及读数;形状规则物体体积的计算;球体、圆柱体密度计算公式。

测量方法:参量转换法;机械放大法。

测量工具的使用:游标卡尺;螺旋测微器(千分尺);物理天平。

调节技术:物理天平平衡调节;水平调节。

数据处理:列表法。

减小系统误差方法:螺旋测微器机械调零或零点修正;(天平测质量的)交换法。

能力:

(1) 测量仪器的使用:游标卡尺、螺旋测微器等基本测量工具的调节及使用方法。

(2) 实验总结:能建立数据与结果的关联;撰写完整的实验报告。

(3) 能力:安全实验;公民素质(个人能力、团队协作能力)(潜移默化地培养)。

【参考资料】

[1] 林抒,龚镇雄.普通物理实验[M].北京:人民教育出版社,1981.

［2］陆廷济,胡德敬,陈铭南.物理实验教程［M］.上海:同济大学出版社,2000.

［3］赵曦,贾曦,黄荐渠.现代长度测量方法综述［J］.自动化仪表,2007(11).

【实验目的】

(1) 掌握游标原理,学会正确使用游标卡尺。

(2) 掌握螺旋测微原理,学会正确使用螺旋测微器(即千分尺)。

(3) 能够根据待测量的特点及测量精度要求正确选用长度测量工具。

(4) 学会正确使用物理天平。

(5) 学会测量圆柱形均匀固体的密度。

*(6) 学会测量球形及其他形状均匀固体的密度。(选做)

【实验仪器】

(1) 游标卡尺;(2) 螺旋测微器(千分尺);(3) 物理天平;(4) 规则圆柱体;(5) 小钢球。

【实验原理与仪器介绍】

1. 长度测量

物理实验中常用的长度测量工具有米尺、钢卷尺、游标卡尺、螺旋测微器、读数显微镜等。米尺和钢卷尺是生活中最常用的长度测量工具,它们的使用方法基本一致,读数方法比较简单,在此不作过多介绍。在使用米尺时,要注意米尺是有一定厚度的,所以在读数时要尽可能将待测物体紧贴米尺的刻度线,读数时视线应垂直于刻度线,以避免视差。这一点在使用其他长度测量工具时也同样适用。

在部分物理实验中,米尺和钢卷尺的测量精度达不到实验要求,需要使用精度更高的测量仪器。下面分别介绍用游标卡尺和螺旋测微器来测量长度。

1) 游标卡尺

在米尺上附加一个刻度均匀且可以滑动的游标(又称副尺),即可巧妙地提高米尺的测量精度。这种由主尺和游标(副尺)组成的测量长度的仪器叫做游标卡尺。

游标卡尺的外形、结构如图 3-1-1 所示。

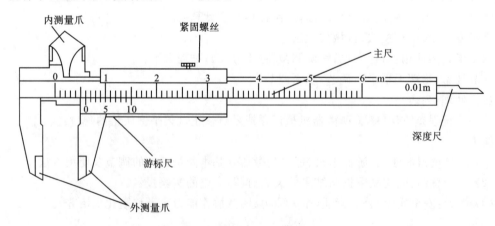

图 3-1-1 游标卡尺结构图

游标卡尺由主尺、游标尺、深度尺、内测量爪、外测量爪、紧固螺丝六部分构成。其中,主尺和游标尺用于读取测量数据；深度尺用于测量深度；内测量爪用于测量物体内径；外测量爪用于测量物体厚度和外径；紧固螺丝用于固定游标尺，方便读数；游标尺下方的齿轮用于移动游标尺。根据游标尺分度的不同，游标卡尺的测量精度一般有 0.1 mm、0.05 mm 和 0.02 mm 几种规格。

下面介绍游标卡尺的读数原理。设游标尺共有 n 个分度，每一分度的长度为 b，游标总长度为 nb。主尺上每一分度的长度为 a。游标卡尺在构造上的主要特点是：游标上 n 个分度的总长与主尺上 $n-1$ 或 $2n-1$ 个分度的长度相等，即

$$nb = (n-1)a \quad 或 \quad nb = (2n-1)a \tag{3-1-1}$$

这样，主尺上一分度与游标上一分度之差为

$$\delta_x = a - b = \frac{a}{n} \quad 或 \quad \delta_x = 2a - b = \frac{a}{n} \tag{3-1-2}$$

式中，δ_x 称为游标的精度值。

例如，对于 50 分度（即 $n=50$）的游标尺，如图 3-1-2 所示，由式(3-1-1)可以看出，50 分度的游标总长度等于 49 mm，相当于主尺上 49 分度的长度，可以计算出游标上一分度的长度为 0.98 mm，它与主尺上一小分度长度差 0.02 mm，即游标精度 $\delta_x=0.02$ mm。当游标的零刻度线与主尺的零刻度线对齐时，游标上的第一条分度线小于主尺上第一条分度线 0.02 mm。游标上的第二条分度线小于主尺上第二条分度线 0.04 mm，依此类推，这就提供了利用游标进行测量的依据，也就是利用主尺和游标上每一分度之差，使读数进一步精确，此种读数方法称为差示法。

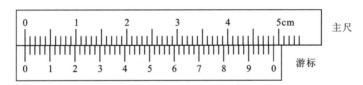

图 3-1-2　游标卡尺原理

使用游标卡尺测量时，读数分为两步：①从游标零线的位置读出主尺的整格数；②根据游标上与主尺对齐的刻度线读出不足一分度的小数。将这二者相加就是测量值，被测物体的长度可用下式表示：

$$L = Ka + n\delta_x \tag{3-1-3}$$

式中，K 为游标零线在主尺上的整格数，n 是游标上第 n 条分度线与主尺上的某一条分度线相重合（或称相对齐）时的分度数。

例如，用游标卡尺测量物体长度得到如图 3-1-3 所示的结果。游标零线在主尺上的整格数为 $K=21$，而小于 22 mm 的读数，从游标的分度线与主尺的分度线可以看出，游标的第 25条分度线与主尺的某条分度线相对齐。被测物体长度用游标卡尺测量的结果为

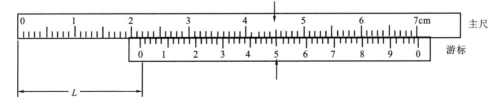

图 3-1-3　游标卡尺读数

$$L=(21\times1+25\times0.02)\ \text{mm}=21.50\ \text{mm}$$

通过游标系统来提高测量精度的方法还可用于其他物理量的测量,如分光计读数系统中所用的角游标等。只要熟悉了游标的原理和读数方法,对其他类型的游标读数系统就可以自己探索出读数方法了。

使用游标卡尺注意事项:

(1) 在使用游标卡尺测量之前,应先把外测量爪合拢,检查游标零线是否对齐。如不对齐,应进行调节。也可以记下零点读数以备修正,即待测量 $L=L_1-L_0$,其中 L_1 为测量时读数,L_0 为零点读数(注意 L_0 可正,也可负)。

(2) 游标卡尺在使用时应注意维护,推拉游标时不要用力过猛;注意保护量爪不被磨损,不允许用于测量粗糙物体,切忌测量时旋转或挪动待测物;用完后放回盒中。

2) 螺旋测微器

螺旋测微器(千分尺),是比游标卡尺更精密的量具,常用于测量小球、金属丝的直径和薄板的厚度等,其最小分度值为 0.01 mm,测量时还需再估读一位,即读到 0.001 mm。

螺旋测微器的结构如图 3-1-4 所示,其主要部分是测微螺旋,它是由一根精密的测微螺杆和固定的螺母套管组成,其螺距为 0.5 mm。测微螺杆的后端与一个有 50 个分度的微分筒相连。当微分筒相对于螺母套管转过一周时,测微螺杆就会在螺母套管内沿轴方向前进或后退 0.5 mm。显然,微分筒转过一个分度,测微螺杆就会前进或后退 $\frac{1}{50}\times0.5$ mm $=0.01$ mm,这就是螺旋测微器的测量原理。

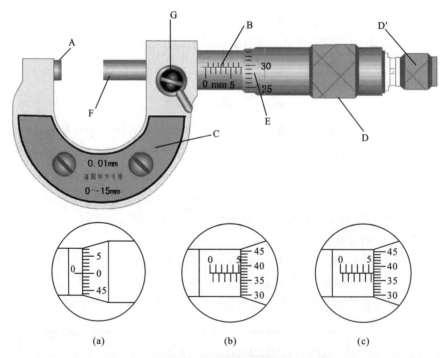

图 3-1-4　螺旋测微器与读数
A. 测砧;B. 螺母套管;C. 弓形尺架;D. 手柄;D'. 微调旋钮;E. 微分筒;F. 测微螺杆;G. 止动旋钮

此外,螺旋测微器有一弓形尺架,它的一端安装有测砧,另一端与螺母套管相连。当转动螺杆使两测砧端面刚好接触时,微分筒上的零线应与螺母套管上的主尺零线相对齐,如图

3-1-4(a)所示。如果此时两零线不能对齐,则应进行机械调零。如果没有进行机械调零,则读数时应注意进行零点修正,即记录两测砧端面刚好接触时的零点读数值,并在以后的测量值中减去零点读数值 L_0(注意 L_0 可正,可负)。

主尺上有两种刻度,横线上为毫米刻线,其下为半毫米线,如图 3-1-4(b)所示。读数时应注意半毫米刻线值,图 3-1-4(c)所示的测量结果读数应为

$$L=(5.5+0.389)\ \text{mm}=5.889\ \text{mm}$$

由于测微螺杆的螺纹非常精密,旋转微分筒时,必须旋转尾部的微调旋钮,它与测微螺杆之间装有摩擦装置,可使测砧端面与被测物接触时,不至于过紧而损坏螺纹。止动旋钮锁紧时用以止动螺杆。手柄 D 与微分筒相连,可使螺杆前进或后退。但当测砧端面接近被测物时,不允许继续旋转,改用微调旋钮,当两测砧端面与待测物良好接触时,它会自动打滑并发出"啪啪"声音,以保护螺纹不受损伤,并使读数稳定(否则可能会因用力过大,把待测物压得过紧,产生变形而不能准确测量)。

使用螺旋测微器时要注意:

(1)读数时,要判断微分筒边缘在主尺上是否已超过半毫米刻度,如超过,读数应加 0.5 mm;

(2)螺旋测微器使用完毕,两测砧端面间应留一小空隙,以免仪器受热膨胀时过分压紧而损坏螺纹。

2. 固体密度测定

物体密度的定义:在某一温度下物体单位体积中所含的质量。

质量均匀分布的待测物体,其质量为 M,体积为 V,则其密度为

$$\rho = \frac{M}{V} \tag{3-1-4}$$

式中,M 可直接用天平称衡。对于外形规则的待测物体,其体积 V 可通过游标卡尺或千分尺等测量仪器间接测出。对于外形不规则或大小不一的待测物体的体积 V,则可用阿基米德原理由静力称衡法或利用比重瓶法间接测得。

规则均匀圆柱体密度的测定:

若质量为 M 的圆柱体高为 h,底面直径为 d,则其体积 $V=\frac{1}{4}\pi d^2 h$,圆柱体的密度可用下式表示:

$$\rho = \frac{4M}{\pi d^2 h} \tag{3-1-5}$$

3. 物理天平

物理天平是实验室常用的测量物体质量的仪器,其结构如图 3-1-5 所示。

天平的横梁下的中点和两端共装有三个刀口。中间刀口安置于支柱上。两端刀口上各悬挂一个称盘。横梁下面固定一个指针,当横梁摆动时,指针尖端就在支柱下方的标尺前摆动。制动旋钮可以使横梁上升或下降,横梁下降时,制动架就会把它托住,以避免磨损刀口。横梁两端的平衡螺母是天平空载时调节平衡用的。横梁上装有游码,用于 1.00 g 以下的称衡。

物理天平的两个重要参量:

(1)感量:感量是指天平平衡时,为使指针产生可觉察的偏转在一端需加的最小质量。感量越小,天平的灵敏度越高。一般物理天平的感量为 50 mg 和 20 mg 两种。

(2)称量:称量是允许称衡的最大质量。一般物理天平的称量为 1000 g 或 500 g。

使用天平时应注意以下几点:

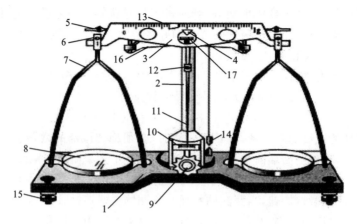

图 3-1-5 物理天平结构图

1.底座;2.立柱;3.横梁;4.中刀;5.平衡螺母;6.吊耳;7.吊架;8.称盘;9.制动旋钮;
10.分度盘;11.指针;12.重心砣;13.游码;14.重锤;15.螺钉;16.支架;17.中刀承

(1) 使用前应调节天平底脚螺钉,使底盘上气泡水准仪的气泡在正中央,以保证支柱铅直。

(2) 要调整零点,即先将游码移动到横梁左端零线上,支起横梁,观察指针是否停在标尺的零点上;如不在零点,可下降横梁,反复调节平衡螺母,直至指针指到零点。

(3) 称衡时将待测物放在左盘,砝码放在右盘。加减砝码,必须使用镊子夹取砝码,严禁直接用手拿取。

(4) 取放物体或砝码,移动游码或调节天平时,都应将横梁制动,以免损坏刀口。

【实验内容与要求】

(1) 正确使用物理天平,对圆柱体质量 M 进行一次称量,一次称量误差限取为天平感量。

(2) 用游标卡尺测量圆柱体的高度 h,在圆柱体的轴线方向的不同部位测量 6 次。

(3) 用螺旋测微器测圆柱体直径 d,在圆柱体上、中、下三部位各取互相垂直的两个方向进行测量。

【数据的记录与处理】

1. 圆柱体密度测定

(1) 把所测数据列表记录(见表 3-1-1)。螺旋测微器零点修正 $d_0 =$ _____ mm。

表 3-1-1 圆柱体密度测定数据记录参考表

次 数	h/mm	d/mm	M/g
1			
2			
3			
4			
5			
6			

(2) 计算 $\bar{h}$、$\bar{d}$ (注意零点修正),求出 $U_{\bar{h}}$、$U_{\bar{d}}$、U_M,并把各量表示为以下形式:

$$M = M \pm U_M（单位）\quad（P = 68\%）$$
$$h = \bar{h} \pm U_{\bar{h}}（单位）\quad（P = 68\%）$$
$$d = \bar{d} \pm U_{\bar{d}}（单位）\quad（P = 68\%）$$

式中，$U_{\bar{h}} = \sqrt{\left[t_{0.68}\sqrt{\dfrac{1}{n(n-1)}\displaystyle\sum_{i=1}^{6}(h_i - \bar{h})^2}\right]^2 + (0.683\Delta_{游标卡尺})^2}$　（t 因子请自行查表）

$U_{\bar{d}} = \sqrt{\left[t_{0.68}\sqrt{\dfrac{1}{n(n-1)}\displaystyle\sum_{i=1}^{6}(d_i - \bar{d})^2}\right]^2 + \left(\dfrac{1}{3}\Delta_{螺旋测微器}\right)^2}$　（t 因子请自行查表）

（3）把 M、$\bar{h}$、$\bar{d}$ 代入式(3-1-5)求出圆柱体密度 $\bar{\rho}$。

（4）由 $U_r = \dfrac{U_{\bar{\rho}}}{\bar{\rho}} = \sqrt{\left(\dfrac{U_M}{M}\right)^2 + \left(2\,\dfrac{U_{\bar{d}}}{\bar{d}}\right)^2 + \left(\dfrac{U_{\bar{h}}}{\bar{h}}\right)^2}$ 求出相对不确定度，再由 $U_{\bar{\rho}} = \bar{\rho} \cdot U_r$ 求出总不确定度 $U_{\bar{\rho}}$。

（5）写出测量结果表达式：

$$\begin{cases} \rho = \bar{\rho} \pm U_{\bar{\rho}}（单位） \\ U_r = \end{cases} \quad（P = 68\%）$$

（6）分析误差原因。

* 2. 球体密度的测定（选做）

自己设计实验并选用合适仪器，测量质量均匀分布的球体密度。

提示：质量为 M，直径为 d 的均匀球体体积 $V = \dfrac{4}{3}\pi\left(\dfrac{d}{2}\right)^3$，球体的密度为 $\rho = \dfrac{6M}{\pi d^3}$。

【学习总结与拓展】

1. 总结自己教学成果的达成度

参考成果导向教学设计内容。

2. 思考题

(1) 试确定下列几种游标卡尺的测量准确度，并将它填入表格的空白处。

游标分度数/(格数)	10	10	20	20	50
与游标分度数对应的主尺读数/mm	9	19	19	39	49
测量准确度/mm					

(2) 在长度测量实验中，若待测量长度在 33～35 cm 之间（超出了游标卡尺和螺旋测微器的量程），有同学用米尺测出 30 cm 后，再用游标卡尺或螺旋测微器测出剩余部分的长度，两个结果相加得到待测长度，这样测量合适吗？

(3) 如果在实验中接触到一种新的游标卡尺，自己能否根据本实验介绍的游标卡尺读数原理，计算出游标的分度值并读数？

3. 学习收获与拓展

(1) 从能力培养、学习要点中选一个角度，谈谈你的收获。

(2) 你对本实验有什么意见和建议？

(3) 测量长度常用的有哪些仪器？试自己总结各种仪器的优缺点和适用范围。

(4) 你还知道哪些测量密度的方法？试自己查找资料，总结各种测量密度方法的适用范围和优缺点。

实验 3-2　刚体转动惯量的测量

转动惯量是刚体转动中惯性大小的量度。刚体对于某一定轴的转动惯量,定义为刚体中每一质元的质量 Δm_i 与该质元到转轴的距离 r_i 的平方的乘积之和,即 $J = \sum_i \Delta m_i \cdot r_i^2$。

实验 3-2

转动惯量取决于刚体的总质量、质量分布和转轴位置,而与刚体绕轴的转动状态(如角速度的大小)无关。转动惯量应用于刚体各种运动的动力学计算中。对于形状规则、质量均匀分布的刚体,可以通过数学方法计算出它绕特定转轴的转动惯量,但对于形状比较复杂或质量分布不均匀的刚体,用数学方法计算其转动惯量是非常困难的,因而大多采用实验方法来测定。

转动惯量的测定,在涉及刚体转动的机电制造、航空、航天、航海、军工等工程技术和科学研究中具有十分重要的意义。测定转动惯量常采用扭摆法或恒力矩转动法,本实验采用恒力矩转动法测定转动惯量。

【成果导向教学设计】

通过本实验的学习,学生能了解以下知识,并培养以下能力。

知识:

(1)基础知识:刚体转动惯量的定义;刚体定轴转动定律。

(2)测量方法:恒力矩转动法。

(3)数据处理:逐差法。

能力:

(1)测量仪器的使用:智能计时计数器。

(2)调节技术:底座水平、等高共轴、相切等调节。

(3)实验总结:能建立数据与结果的关联;撰写完整的实验报告。

(4)能力:安全实验;公民素质(个人能力、团队协作能力)(潜移默化地培养)。

【参考资料】

[1] 张三慧. 大学基础物理学[M]. 北京:清华大学出版社,2003.

[2] ZKY-ZS 转动惯量实验仪仪器说明书.

[3] 广西科技大学大学物理课程网站-云课堂-微课.

【实验目的】

(1)学习用恒力矩转动法测定刚体转动惯量的原理和方法。

(2)观测刚体的转动惯量随质量分布及转轴位置变化而改变的情况,验证平行轴定理。

(3)学会使用智能计时计数器测量时间。

【实验仪器】

(1)ZKY-ZS 转动惯量实验仪(1 套);(2)智能计时计数器。

【实验原理】

1. ZKY-ZS 转动惯量实验仪

ZKY-ZS 转动惯量实验仪的结构如图 3-2-1 所示。绕线塔轮通过特制的轴承安装在主轴上,塔轮半径为 15 mm、20 mm、25 mm、30 mm、35 mm 共 5 挡,可与质量约为 5 g 的砝码托及 1 个 5 g,4 个 10 g 的砝码组合,产生大小不同的力矩。实验台用螺钉与塔轮连接在一起,随塔轮转动。

图 3-2-1　转动惯量实验组合仪

随仪器配备的被测刚体试样有一个圆盘、一个圆环和两个圆柱;试样上标有几何尺寸及质量,便于将转动惯量的测试值与理论计算值比较。圆柱试样可插入实验台上的不同孔,这些孔离中心的距离分别为 45 mm、60 mm、75 mm、90 mm、105 mm,用于验证平行轴定理。铝制小滑轮质量很小,其转动惯量与实验台的相比可忽略不计。实验中另外配备的智能计时计数器用于测量时间,相关介绍见本实验附录部分。

2. 用恒力矩转动法测量刚体转动惯量的实验原理

根据刚体的定轴转动定律 $M = J\beta$,只要测定刚体转动时所受的总合外力矩 M 及该力矩作用下刚体转动的角加速度 β,就可以计算出该刚体的转动惯量 J。

设以某初始角速度转动的空实验台转动惯量为 J_1,未加砝码时,在摩擦阻力矩的作用下,有

$$-M_\mu = J_1\beta_1 \tag{3-2-1}$$

将质量为 m 的砝码用细线绕在半径为 R 的实验台塔轮上,并让砝码下落,系统在恒外力作用下将做匀加速运动。若砝码的加速度为 a,则细线所受张力为 $T = m(g-a)$。若此时实验台的角加速度为 β_2,则有 $a = R\beta_2$。细线施加在实验台上的力矩为 $TR = m(g-R\beta_2)R$,此时有

$$m(g-R\beta_2)R - M_\mu = J_1\beta_2 \tag{3-2-2}$$

将式(3-2-1)和式(3-2-2)联立消去 M_μ 后,可得

$$J_1 = \frac{mR(g-R\beta_2)}{\beta_2 - \beta_1} \tag{3-2-3}$$

同理,若在实验台上放上被测刚体后系统的转动惯量为 J_2,加砝码前后的角加速度分别为 β_3 和 β_4,则有

$$J_2 = \frac{mR(g-R\beta_4)}{\beta_4 - \beta_3} \tag{3-2-4}$$

从而，可以计算出被测刚体的转动惯量 J 为

$$J = J_2 - J_1 = mR\left(\frac{g - R\beta_4}{\beta_4 - \beta_3} - \frac{g - R\beta_2}{\beta_2 - \beta_1}\right) \tag{3-2-5}$$

3. 角加速度 β 的测量

根据式(3-2-5)测量刚体转动惯量，关键是要测出实验台转动的角加速度 β，实验中用智能计时计数器测量时间来计算出角加速度 β。

在实验台圆周边缘相差 π 角的两个位置分别有一根遮光细棒，实验台每转动半圈将遮挡一次固定在底座上的光电门，即产生一个计数光电脉冲，计数器记录遮挡次数 k 和相应的时间 t。

若从第一次挡光（ $k = 0, t = 0$ ）开始计次计时，且初始角速度为 ω_0，则对于实验台匀角加速度转动中测量得到的任意两组数据（ k_m, t_m ）、（ k_n, t_n ），相应的实验台角位移 θ_m、θ_n 分别为

$$\theta_m = k_m\pi = \omega_0 t_m + \frac{1}{2}\beta t_m^2 \tag{3-2-6}$$

$$\theta_n = k_n\pi = \omega_0 t_n + \frac{1}{2}\beta t_n^2 \tag{3-2-7}$$

从式(3-2-6)、式(3-2-7)中消去 ω_0，可得

$$\beta = \frac{2\pi(k_n t_m - k_m t_n)}{t_n^2 t_m - t_m^2 t_n} \tag{3-2-8}$$

由式(3-2-8)即可计算出实验台转动的角加速度 β。

* 4. 平行轴定理

理论分析表明，质量为 m 的刚体围绕通过质心的转轴转动时的转动惯量最小，记为 J_0。当转轴平移距离 d 后，刚体绕新转轴转动的转动惯量为

$$J = J_0 + md^2 \tag{3-2-9}$$

【实验内容及步骤】

1. 实验准备

调节 ZKY-ZS 转动惯量实验仪基座上的三颗调平螺钉，使仪器基座水平。将滑轮支架固定在实验台面边缘，调整滑轮高度及方位，使滑轮槽与选取的绕线塔轮槽等高，且相互垂直，如图 3-2-1 所示。用数据线将智能计时计数器中 A 或 B 通道与转动惯量实验仪中的一个光电门相连。

2. 测量并计算实验台的转动惯量 J_1

（1）测量 β_1。

开机后 LCD 显示"智能计时计数器 成都世纪中科"欢迎界面，延时一段时间后，显示操作界面。然后选择"计时 1—2 多脉冲"，再选择通道。

用手轻轻拨动实验台，使实验台有一初始转速并在摩擦阻力矩作用下做匀减速运动，按确认键进行测量，待载物盘转动 15 圈后按确认键停止测量。通过智能计时计数器，查阅到相关的测量数据并记入表 3-2-1 中。

（2）测量 β_2。

选择好塔轮半径 R 和砝码质量，将一端打结的细线沿塔轮上开的细缝塞入，并且不重叠地密绕于所选定半径的塔轮上，细线另一端通过滑轮后连接砝码托上的挂钩，用手将实验台稳住。最后按确认键后返回"计时 1—2 多脉冲"界面。进行与（1）类似的操作，释放实验台，砝码重力产生的恒力矩使实验台产生匀加速转动，砝码落地时按确认键后停止测量。查阅、记录数据于表 3-2-1 中。

3. 测量实验台放上试样后的转动惯量 J_2

将待测刚体试样放上实验台,使试样几何中心轴与转轴中心重合。按与测量 J_1 类似的方法可分别测量实验台未加砝码的角加速度 β_3 与加砝码后的角加速度 β_4。

4. 计算被测刚体的转动惯量 J

被测刚体的转动惯量 J 为

$$J = J_2 - J_1$$

* 5. 验证平行轴定理(选做)

将两圆柱体对称地放入实验台上与中心距离为 d 的圆孔中,测量并计算两圆柱体在此位置的转动惯量,验证刚体转动的平行轴定理。

【数据记录与处理】

1. 把测量数据记入表格

测量数据如表 3-2-1、表 3-2-2、表 3-2-3 所示。

表 3-2-1　测量实验台的角加速度

匀　减　速					匀加速　$R_{塔轮}=20$ mm,$m_{砝码}=53.5$ g					
k	1	2	3	4	平均	k	1	2	3	4	平均
t/s						t/s					
k	5	6	7	8		k	5	6	7	8	
t/s						t/s					
$\beta_1/(1/\text{s}^2)$						$\beta_2/(1/\text{s}^2)$					

实验台的转动惯量 $J_1=$ 　　　　　 (kg·m²)

表 3-2-2　测量实验台加圆环试样后的角加速度

$R_{外}=120$ mm,$R_{内}=105$ mm,$m_{圆环}=436$ g

匀　减　速					匀加速　$R_{塔轮}=20$ mm,$m_{砝码}=53.5$ g					
k	1	2	3	4	平均	k	1	2	3	4	平均
t/s						t/s					
k	5	6	7	8		k	5	6	7	8	
t/s						t/s					
$\beta_3/(1/\text{s}^2)$						$\beta_4/(1/\text{s}^2)$					

实验台放上圆环后的转动惯量 $J_2=$ 　　　　　 (kg·m²)

圆环的转动惯量 $J_{圆环}=J_2-J_1=$ 　　　　　 (kg·m²)

表 3-2-3　测量实验台加圆盘试样后的角加速度

$R=120$ mm,$m_{圆盘}=479$ g

匀　减　速					匀加速　$R_{塔轮}=20$ mm,$m_{砝码}=53.5$ g					
k	1	2	3	4	平均	k	1	2	3	4	平均
t/s						t/s					
k	5	6	7	8		k	5	6	7	8	
t/s						t/s					
$\beta_3/(1/\text{s}^2)$						$\beta_4/(1/\text{s}^2)$					

实验台放上圆盘后的转动惯量 $J_2=$ 　　　　　 (kg·m²)

圆盘的转动惯量 $J_{圆盘}=J_2-J_1=$ 　　　　　 (kg·m²)

2. 采用逐差法处理数据

将第 1 组和第 5 组,第 2 组和第 6 组,……,分别组成 4 组数据,用式(3-2-8)计算表 3-2-1 中对应各组的 β_1 值,然后求其平均值作为 β_1 的测量值,并计算 β_2 的测量值。由式(3-2-3)即可算出 J_1 的值。

3. 计算实验台放上试样后的转动惯量 J_2

先分别求出表 3-2-2、表 3-2-3 中未加砝码的角加速度 β_3 与加砝码后的角加速度 β_4。再由式(3-2-4)可计算 J_2 的值,由式(3-2-5)可计算刚体试样的转动惯量 J。

4. 计算试样的转动惯量的理论值

圆盘、圆柱形刚体绕几何中心轴的转动惯量理论值的计算公式为

$$J = \frac{1}{2}mR^2$$

圆环形刚体绕几何中心轴的转动惯量理论值的计算公式为

$$J = \frac{1}{2}m(R_{外}^2 + R_{内}^2)$$

5. 计算测量值的相对误差,写出结果表达式

将试样的转动惯量理论值与测量值比较,计算测量值的相对误差:

$$U_r = \frac{|J_测 - J_理|}{J_理} \times 100\%$$

最后写出实验结果:

$$\begin{cases} J_{圆环} = J_测 = \\ U_r = \end{cases} \qquad \begin{cases} J_{圆盘} = J_测 = \\ U_r = \end{cases}$$

【学习总结与拓展】

1. 总结自己教学成果的达成度

参考成果导向教学设计内容。

2. 思考题

(1) 本实验中为什么可以忽略滑轮的质量及其转动惯量?

(2) 本实验是如何检验转动定律和平行轴定理的?

(3) 分析本实验测量结果产生误差的主要原因是什么?

3. 学习收获与拓展

(1) 从能力培养、学习要点中选一个角度,谈谈本次实验你的收获。

(2) 你对本实验有什么意见和建议?

【选做内容】

理论上,同一待测样品的转动惯量不随转动力矩的变化而变化。改变塔轮半径或砝码质量(5 个不同的塔轮,5 个不同的砝码)可得到 25 种组合,形成不同的力矩。可改变实验条件进行测量,并对数据进行分析,探索其规律,探求产生误差的原因及改进方法。

附录:仪器介绍——智能计时计数器

智能计时计数器的主要技术指标:时间分辨率(最小显示位)为 0.0001 s,误差为 0.004%,

最大功耗 0.3 W。智能计时计数器配备一个 +9 V 的稳压直流电源。

智能计时计数器有以下几种模式种类及功能：① 计时；② 平均速度；③ 加速度；④ 计数；⑤ 自检。以下依次作简单介绍。

1. 计时

1-1　单电门：测试单电门连续两个脉冲间距时间。

1-2　多脉冲：测量单电门连续脉冲间距时间，可测量 99 个脉冲间距时间。

1-3　双电门：测量两个电门各自发出单脉冲之间的间距时间。

1-4　单摆周期：测量单电门第三个脉冲到第一个脉冲间隔时间。

1-5　时钟：类似于秒表，按下确定键开始计时。

2. 平均速度

2-1　单电门：测得单电门连续两个脉冲间距时间 t，然后根据公式计算速度。

2-2　碰撞：分别测得各个光电门在去和回时遮光片通过光电门的时间 t_1、t_2、t_3、t_4，然后根据公式计算速度。

2-3　角速度：测得圆盘两遮光片通过光电门产生的两个脉冲间时间 t，然后根据公式计算速度。

2-4　转速：测得圆盘两遮光片通过光电门产生的两个脉冲间时间 t，然后根据公式计算速度。

3. 加速度

3-1　单电门：测得单电门连续三脉冲各个脉冲与相邻脉冲间距时间 t_1、t_2，然后根据公式计算速度。

3-2　线加速度：测得单电门连续七脉冲第 1 个脉冲与第 4 个脉冲间距时间 t_1、第 7 个脉冲与第 4 个脉冲间距时间 t_2，然后根据公式计算速度。

3-3　角加速度：测得单电门连续七脉冲第 1 个脉冲与第 4 个脉冲间距时间 t_1、第 7 个脉冲与第 4 个脉冲间距时间 t_2，然后根据公式计算角加速度。

3-4　双电门：测得 A 通道第 2 脉冲与第 1 脉冲间距时间 t_1，B 通道第 1 脉冲与 A 通道第 1 脉冲间距时间 t_2，B 通道第 2 脉冲与 A 通道第 1 脉冲间距时间 t_3。

4. 计数

4-1　30 s：第 1 个脉冲开始计时，共计 30 s，记录累计脉冲个数。

4-2　60 s：第 1 个脉冲开始计时，共计 60 s，记录累计脉冲个数。

4-3　3 min：第 1 个脉冲开始计时，共计 3 min，记录累计脉冲个数。

4-4　手动：第 1 个脉冲开始计时，手动按下确定键停止，记录累计脉冲个数。

5. 自检

检测信号输入端电平。

实验 3-3　用拉伸法测量金属丝的杨氏弹性模量

实验 3-3

杨氏弹性模量是表征在弹性限度内材料抗拉或抗压强度的物理量。1807 年英国医生兼物理学家托马斯·杨(Thomas Young,1773—1829)提出了弹性模量的定义,因此又称杨氏弹性模量。杨氏弹性模量的测定对研究金属材料、光纤材料、半导体材料、纳米材料、聚合物、陶瓷、橡胶等各种材料的力学性质有着重要意义,应用非常广泛。

测量杨氏弹性模量的方法很多,如动态悬挂法、拉伸法、梁的弯曲法等。本实验采用 CCD 杨氏弹性模量测量仪,通过拉伸法测量金属丝的杨氏弹性模量。由于采用了显微镜和 CCD 成像系统,这种仪器具有调节方便的特点。

【成果导向教学设计】

通过本实验的学习,学生能了解以下知识,并培养以下能力。

知识:

(1)基础知识:弹性形变;胡克定律;杨氏弹性模量。

(2)测量方法:光学放大法。

(3)测量工具的使用:螺旋测微器(千分尺);钢卷尺;分划板;读数显微镜;CCD 摄像机。

(4)数据处理:逐差法;作图法。

能力:

(1)测量仪器的使用:杨氏弹性模量测量仪的调节和使用。

(2)调节技术:平台水平调节;支架竖直调节;等高共轴调节;调焦、消视差等。

(3)实验总结:能建立数据与结果的关联;撰写完整的实验报告。

(4)能力:安全实验;公民素质(个人能力、团队协作能力)(潜移默化地培养)。

【参考资料】

[1] LY-1 型 CCD 杨氏模量测量仪使用说明书.

[2] 广西科技大学大学物理课程网站-云课堂-微课.

【实验目的】

(1)学会用光学放大法测量长度的微小变化量。

(2)测量金属丝的杨氏弹性模量。

(3)学会用逐差法处理数据。

*(4)用作图法处理数据。(选做)

【实验仪器】

(1)LY-1 型 CCD 杨氏模量测量仪(1 套);(2)钢卷尺;(3)螺旋测微器。

【实验原理】

长度为 L、横截面为 S 的各处相同的物体沿长度方向受力 F 作用时,会有长度变化 δL。

按胡克定律,在弹性形变范围内,相对变形量$\dfrac{\delta L}{L}$(称应变)与单位面积上的作用力(应力)$\dfrac{F}{S}$成正比,于是有

$$\frac{F}{S} = E\frac{\delta L}{L} \tag{3-3-1}$$

E 称作杨氏弹性模量。根据上式得

$$E = \frac{FL}{S\delta L} = \frac{4MgL}{\pi d^2 \delta L} \tag{3-3-2}$$

重力加速度 g 取实验所在地的值。d 是细丝的直径,L 是细丝长度,δL 是细丝在一个砝码的重力 Mg 作用下的形变量。当所有量均取国际单位时,E 的国际单位为 N/m^2。

【仪器介绍】

与杨氏弹性模量相关的物理量可用待测金属丝在静态拉伸实验中测得,本实验的关键是对 δL 的测量。如图 3-3-1 所示,在悬垂的金属丝下端连着十字叉丝板和砝码盘,当盘中加上质量为 M 的砝码时,金属丝受力增加了 $F = Mg$,十字叉丝随着金属丝的伸长同样下降 δL。而叉丝板通过显微镜的物镜成像在最小分度为 $0.05\ \text{mm}$ 的分划板上,再被目镜放大,所以能够用眼睛通过显微镜对 δL 做直接测量。采用 CCD 系统代替眼睛更便于观测,并且能够减轻视疲劳:CCD 摄像机的镜头将显微镜的光学图像会聚到 CCD(电荷耦合器件)上,再转换成视频电信号,经视频电缆传送到图文监视器,可供几个人同时观测。

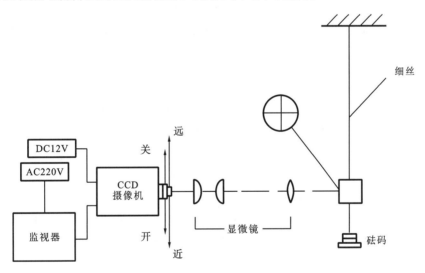

图 3-3-1　实验原理示意图

仪器外形如图 3-3-2 所示,除监视器外,各器件都在同一个底座上,底座可用螺旋底脚调平。

1. 金属丝支架和砝码

在两根立柱之间安装上、下两个横梁。金属丝一端被上梁侧面的一副夹板夹牢,另一端用小夹板夹在连接方框上,方框下旋进一个螺钉吊起砝码盘,方框的面上固定一个十字叉丝板,下梁一侧有连接框的防摆动装置,只需将两个螺丝调到适当位置,就能够限制增减砝码引起的连接框的扭转和摆动。立柱旁设砝码架,附 200 g 砝码 9 个,100 g 砝码 1 个,可按需要组成 200 g、400 g、600 g 和 300 g、600 g、900 g 等不同序列进行等间隔测量。

2. 显微镜

测量范围 3 mm,分度值 0.05 mm,放大率 25 倍,工作距离 76 mm,与 CCD 摄像机综合,系统总放大倍数达54。

支座:带锁紧钮支架,磁性底座,可进行三维微调。

3. CCD 成像显示系统

(1) CCD 黑白摄像机。

传输制式:PAL;有效像素:752(H)×582(V);摄像镜头:$f=12$ mm;专用 12 V 直流电源。

(2) 监视器。

屏幕分辨率:800×600;颜色:彩色液晶显示器。

【实验内容与要求】

1. 支架的调节

(1) 水平调节:调底脚螺丝,通过目测调水平。

(2) 十字叉丝水平调节:调上梁微调旋钮,使夹板水平,直到穿过夹板的细丝不贴小孔内壁。

(3) 方框体防摆动调节:调节下梁一侧的防摆动装置,将两个螺丝分别旋进铅直细丝下连接框两侧的"V"

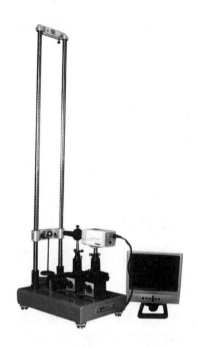

图 3-3-2　LY-1 型 CCD 杨氏模量
测量仪外观图

形槽,并与框体之间形成很小的间隙,使之能够上下自由移动,又能避免发生扭转和摆动现象。

2. 读数显微镜的调节

(1) 熟悉各旋钮的作用。

(2) 大体定位:与方框体距离约 76 mm 处紧靠左定位板放置读数显微镜。

(3) 分划板调节:眼睛对准镜筒,转动目镜调焦旋钮,调至分划板读数清楚。

(4) 十字叉丝调节:沿定位板前后微移磁性座,直到目镜中观察到清晰的十字叉丝像,经升降微调,使十字叉丝水平线处于分划板上 2～3 mm 之间的某一位置,最后把底座上的旋钮旋至"ON"锁住磁性底座。

3. 摄像机的调节

CCD 摄像机的定位:紧靠定位板直边放置,镜头对准显微镜,由远移向显微镜,调节光阑,当监视器上亮度较均匀且隐约看到十字叉丝与分划板的模糊像时(此时与目镜相距约 1 cm 时),锁紧磁性底座。

调焦:调节摄像机调焦旋钮,使在监视器上能同时看到清晰的分划板和十字叉丝的图像。

4. 数据测量与记录

(1) δL 的测量:仪器调整好后,挂上一个 200 g 的砝码,记下此时监视屏上十字叉丝水平线所对的读数 l_1,以后在砝码盘上每增加一个 $M=200$ g 的砝码,从屏上读取一次数据 l_i($i=$1,2,…,8)。然后逐一减掉砝码,又从屏上读取 $l'_8,l'_7,…,l'_1$ 一组数据,两组数据逐一取平均,得 $\overline{l_i}$。

(2) L 的测量:用钢卷尺对待测细丝的长度作单次测量。

(3) d 的测量:考虑到细丝直径 d 在各处可能存在着不均匀性,用螺旋测微器在金属丝的上、中、下三个部位测量它的直径 d,每一部位都要在相互垂直的方向上各测一次,即共测量六次。

【数据记录及处理】

1. 将所有数据记录于自拟的表格内(见表 3-3-1)

表 3-3-1　数据记录参考表

$M=200$ g，$g=9.79$ m/s^2

序	负荷量	增荷 l_i/mm	减荷 l_i'/mm	$\overline{l_i}=(l_i+l_i')/2$/mm
1	1M			
2	2M			
3	3M			
4	4M			
5	5M			
6	6M			
7	7M			
8	8M			
L/cm		d/mm		

2. 数据处理参考

(1) 钢卷尺的最大误差取为 $\Delta_{卷尺}=0.05$ cm，写出单次测量值 L 的测量结果：

$$L=L_{测}\pm\Delta_{仪}=L_{测}\pm\Delta_{卷尺}=$$

(2) 对直径数据进行处理。

① 求出直径的平均值 $\overline{d}$：

$$\overline{d}=\frac{1}{6}\sum_{i=1}^{6}d_i=$$

② 求直径的不确定度 $U_{\overline{d}}$：

$$U_{\overline{d}}=\sqrt{\left(t_{0.68}\sqrt{\frac{1}{n(n-1)}\sum_{i=1}^{6}(d_i-\overline{d})^2}\right)^2+\left(\frac{1}{3}\Delta_{螺旋测微器}\right)^2}=$$

（t 因子请自行查表，$\Delta_{螺旋测微器}=0.004$ mm）

③ 写出直径的测量结果：$d=\overline{d}\pm U_{\overline{d}}=$　　　（$P=68\%$）

(3) 对金属丝的伸长量进行处理。

① 用逐差法求出伸长量的平均值 $\overline{\delta L}$：

$$\overline{\delta L}=\frac{1}{4}\left[\frac{1}{4}|\overline{l_5}-\overline{l_1}|+\frac{1}{4}|\overline{l_6}-\overline{l_2}|+\frac{1}{4}|\overline{l_7}-\overline{l_3}|+\frac{1}{4}|\overline{l_8}-\overline{l_4}|\right]=$$

② 求出伸长量的测量不确定度 $U_{\overline{\delta L}}$：

$$U_{\overline{\delta L}}=\sqrt{\left(t_{0.68}\sqrt{\frac{1}{n(n-1)}\sum_{i=1}^{4}(\Delta l_i-\overline{\delta L})^2}\right)^2+\left(\frac{1}{3}\Delta_{标尺}\right)^2}=$$

式中，$\Delta l_1=\frac{1}{4}(\overline{l_5}-\overline{l_1})$，其他依次类推；$\Delta_{标尺}=0.050$ mm。

③ 写出伸长量 δL 的测量结果：$\delta L=\overline{\delta L}\pm U_{\overline{\delta L}}=$　　　（$P=68\%$）。

(4) 计算弹性模量的测量结果。

① 将各量代入 $\overline{E}$ 的计算公式求出 $\overline{E}$：

$$\overline{E} = \frac{4MgL}{\pi \overline{d}^2 \overline{\delta L}} =$$

注意:要把各量的单位均化为国际单位,最后结果的单位为 N/m²。

② 求出 E 的相对不确定度 U_r:

$$U_r = \sqrt{\left(\frac{\Delta_{卷尺}}{L}\right)^2 + \left(2\frac{U_{\overline{d}}}{\overline{d}}\right)^2 + \left(\frac{U_{\overline{\delta L}}}{\overline{\delta L}}\right)^2} =$$

(忽略了 M 及 g 的误差影响)

③ 求出 E 的总不确定度 U_E:

$$U_{\overline{E}} = \overline{E} \cdot U_r =$$

(5) 最后写出 E 的测量结果:

$$\begin{cases} E = \overline{E} \pm U_E = & (单位) \\ U_r = \end{cases} \quad (P = 68\%)$$

说明:

(1) 本实验的数据可用多种方法处理,试用作图法处理数据,并与逐差法相比较,体会两种方法各自的优缺点。(选做)

(2) 有兴趣的同学可用光杠杆放大法重做本实验。(选做)

【注意事项】

(1) 实验过程要特别小心:轻拿轻放! 调节停当后一定要先锁紧两个磁性底座,再进行相关操作。

(2) 所有工具、器件用后归位,保持整齐、清洁。

(3) 使用 CCD 摄像机须知:CCD 器件不可正对太阳、激光或其他强光源;随机所附 12 V 电源是专用的,不要换用其他电源;要谨防视频输出短路或机身跌落;在炎热环境,使用间隙断电休息可避免 CCD 过热;要注意保护镜头,防潮、防尘、防污染;非特别需要,请勿随意卸下。

(4) 监视器:监视器屏幕无自动保护功能,应避免长时间高亮度工作,使用完毕即关电源,屏幕也应避免各种污染。

(5) 金属丝:钼丝、钢丝或其他待测金属丝都必须保持直线形态。测直径时要特别谨慎,避免由于扭转、拉扯、牵挂导致细丝折弯变形。

【学习总结与拓展】

1. 总结自己教学成果的达成度

参考成果导向教学设计内容。

2. 思考题

(1) 逐差法处理数据有什么好处? 怎样的数据才能用逐差法处理?

(2) 如何迅速地在监视器上同时得到清晰的分划板和十字叉丝像? 自己总结操作要点。

(3) 对连接框的防摆动装置的 2 个螺丝为什么不能调得太紧?

(4) 两根材料相同,粗细、长度不同的金属丝,在相同的加载条件下,它们的伸长量是否一样? 杨氏弹性模量是否相同?

3. 学习收获与拓展

(1) 从能力的培养、学习要点中选一个角度,谈谈你的收获。

(2) 你对本实验有什么意见和建议?

实验 3-4　空气比热容比的测定

根据热力学理论,比热容比等于摩尔定压热容与摩尔定容热容之比,即

$$\gamma = C_{p,\mathrm{m}}/C_{V,\mathrm{m}}$$

式中:γ 为比热容比;$C_{p,\mathrm{m}}$ 为摩尔定压热容;$C_{V,\mathrm{m}}$ 为摩尔定容热容。

$C_{p,\mathrm{m}}$ 与 $C_{V,\mathrm{m}}$ 之间的关系是

$$C_{p,\mathrm{m}} - C_{V,\mathrm{m}} = R$$

式中:$R = 8.31\ \mathrm{J \cdot mol^{-1} \cdot K^{-1}}$ 为气体普适常数。

比热容比是一个重要的热学物理量,在研究热力学过程特别是绝热过程时经常用到。空气比热容比的测量方法很多,比如声速测量法(通过测量空气中的声速,依据声速与比热容比的关系进行测定)、振动法(通过测量物体在特定容器中的简谐振动周期来测定)、绝热膨胀法等。本实验用绝热膨胀法测定空气的比热容比。

【成果导向教学设计】

通过本实验的学习,学生能了解以下知识,并培养以下能力。

知识:

(1) 基础知识:摩尔定压热容;摩尔定容热容;比热容比;绝热过程。

(2) 实验方法:绝热膨胀法。

(3) 测量工具的使用:电压表;气压计;温度传感系统。

(4) 调节技术:仪器初态调节。

(5) 减小系统误差方法:容器密封。

能力:

(1) 知识应用:应用热学知识于实际实验中。

(2) 实验总结:能建立数据与结果的关联;撰写完整的实验报告。

(3) 能力:安全实验;公民素质(个人能力、团队协作能力)(潜移默化地培养)。

【参考资料】

[1] 邓于,张家伟,吴强. 空气比热容比实验的原理和系统误差分析[J]. 重庆文理学院学报:自然科学版,2007,26(1):35-38.

[2] 鲁凯翔,邹俊生. 测定空气比热容比实验的探讨[J]. 井冈山师范学院学报,2002,23(6):16-18.

[3] FD-NCD-Ⅱ空气比热容比测定仪说明书.

【实验目的】

(1) 学习用绝热膨胀法测定空气的比热容比。

(2) 观测热力学过程中状态变化及基本物理规律。

*(3) 了解用外接法连接测温电路。

【实验仪器】

机箱(含数字电压表两只);贮气瓶;传感器两只(电流型集成温度传感器 AD590 和扩散硅

压力传感器各一只)。

【实验原理】

实验仪器如图 3-4-1 所示。

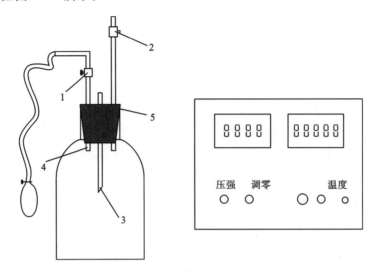

图 3-4-1　空气比热容比测定实验装置图
1. 进气活塞 C_1；2. 放气活塞 C_2；3. AD590 传感器；4. 气体压力传感器；5. 704 硅橡胶

空气比热容比测定装置由贮气瓶和机箱组成。贮气瓶进气活塞 C_1 连接着充气球，可以向瓶内充气。当瓶内气压大于外界气压时，打开放气活塞 C_2 后，气体会从 C_2 喷出，直至瓶内气压等于外界气压。瓶内放置着用来测量温度的 AD590 传感器和测量压强的气体压力传感器，测量值由机箱面板显示。

下面以贮气瓶内空气作为研究的热学系统，进行如下实验过程。

(1) 先打开放气阀 C_2，贮气瓶与大气相通，再关闭 C_2，瓶内充满与周围空气同温同压的气体(p_0，V_2，T_0)，其中 p_0 为环境大气压强，T_0 为室温，V_2 表示贮气瓶体积。

(2) 打开充气阀 C_1，用充气球向瓶内打气，充入一定量的气体，然后关闭充气阀 C_1。此时瓶内空气被压缩，压强增大，温度升高。等待内部气体温度稳定，且达到与环境温度相等，此时的气体处于状态(p_1，V_2，T_0)。

(3) 迅速打开放气阀 C_2，使瓶内空气与大气相通，当瓶内压强降至 p_0 时，立刻关闭放气阀 C_2，将体积为 ΔV 的气体喷泻出贮气瓶。把瓶中保留的气体作为研究对象，由于放气过程较快，瓶内剩下的气体来不及与外界进行热交换，可以认为是一个绝热膨胀过程。在此过程进行之后，瓶中剩下的气体由状态 I(p_1，V_1，T_0)转变为状态 II(p_0，V_2，T_1)，其中 V_1 为瓶中保留气体在状态 I(p_1，V_1，T_0)时所占的体积(注意：研究对象只是瓶内剩下的气体)。

(4) 由于瓶内气体温度 T_1 低于室温 T_0，所以瓶内气体慢慢从外界吸热，直至达到室温 T_0 为止，此时瓶内气体压强也随之增大至 p_2，气体状态变为 III(p_2，V_2，T_0)。从状态 II 至状态 III 的过程可以看作是一个等容吸热的过程。总之，由状态 I 至状态 II 再到状态 III 的过程如图 3-4-2(a)、(b)所示。

状态 I 至状态 II 是绝热过程，由绝热过程方程得

$$p_1 V_1^\gamma = p_0 V_2^\gamma \tag{3-4-1}$$

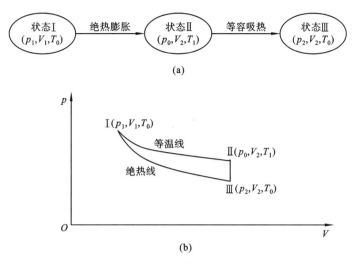

(a)

(b)

图 3-4-2　实验过程状态分析

状态 I 和状态 III 的温度均为 T_0，由气体状态方程得

$$p_1 V_1 = p_2 V_2 \tag{3-4-2}$$

合并式(3-4-1)、式(3-4-2)，消去 V_1、V_2 得

$$\gamma = \frac{\ln p_1 / p_0}{\ln p_1 / p_2} \tag{3-4-3}$$

由式(3-4-3)可以看出，只要测得 p_0、p_1、p_2 就可求得空气的 γ。

AD590 测温原理：AD590 接 6 V 直流电源后组成一个稳流源，如图 3-4-3 所示，它的测温灵敏度为 1 μA/℃，若串接 5 kΩ 电阻后，可产生 5 mV/℃ 的电压信号，接 0～2 V 量程四位半数字电压表，可检测到最小 0.02 ℃ 温度变化。

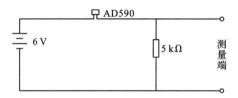

图 3-4-3　AD590 温度传感器测温原理图

【实验内容与要求】

(1) 按图 3-4-3 接好仪器的电路，AD590 的正负极不要接错。用 Forton 式气压计测定大气压强 p_0，用水银温度计测环境室温 θ_0。开启电源，将电子仪器部分预热 20 min，然后用调零电位器调节零点，把三位半数字电压表示值调到 0，记录反映温度的电压值 T_0'。

(2) 把活塞 C_2 关闭，活塞 C_1 打开，用打气球把空气稳定地慢慢压入贮气瓶 B 内，用压力传感器和 AD590 温度传感器测量空气的压强和温度，记录瓶内压强均匀稳定时的压强 p_1' 和温度 T_1' 值(T_1' 近似为 T_0'，但往往高于 T_0')。

(3) 突然打开活塞 C_2，当贮气瓶的空气压强降低至环境大气压强 p_0 时(这时放气声消失)，迅速关闭活塞 C_2。

(4) 当贮气瓶内空气的温度上升至室温 θ_0 时记下贮气瓶内气体的压强 p_2'。(因实验过程中室温可能有变化,故只需等瓶内压强 p_2' 稳定即可记录,此时瓶中温度 T_2' 近似为 T_0' 。)

(5) 重复以上过程两次。

*(6) 自接电路(选做)。

利用 AD590 温度传感器测温时可以利用机箱内部的现成电路(称为内接法),也可以自己动手练习接 AD590 温度传感器测温电路(称为外接法)。两种方法的测量原理图分别如图 3-4-4、图 3-4-5 所示。试用外接法自己连接电路。

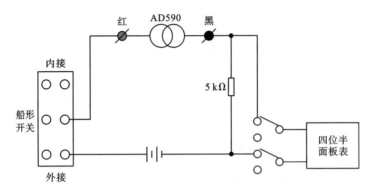

图 3-4-4　外接法

外接法:如果实验需要改变测量电阻,则把机箱后面的船形开关接向外这一边,在外面把甲电池、测量电阻、AD590 串联起来,把测量电阻两端分别接在面板的红、黑输入端即可进行测量。若采用外接法,外接电池可采用四节电池串联作为 6 V 直流电源。

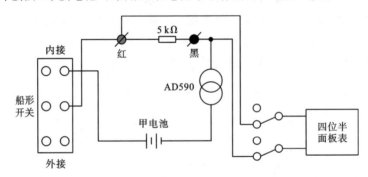

图 3-4-5　内接法

内接法:使用时如果采用内接电阻和电源,则把机箱后面的船形开关接向内这一边即可。这时把 AD590 输出端的红、黑分别接在面板的红、黑输入端,即可进行测量。

【注意事项】

(1) 实验内容(3)中,打开活塞 C_2 放气时,当听到放气声结束应迅速关闭活塞,提前或推迟关闭活塞 C_2,都将造成误差。

(2) 实验要求环境温度基本不变,如发生环境温度不断下降的情况,可在远离实验仪处适当加温,以保证实验正常进行。不要靠近窗口、太阳光照射较强处做实验,以免影响实验进行。

(3) 密封装配后必须等胶水变干且不漏气,方可做实验。

(4) 由于各只硅压力传感器灵敏度不完全相同,一台仪器配一只专用传感器,上有号码相对应,各台仪器之间不可互相换用。实验时硅压力传感器勿用手压,以免影响测量准确性。

（5）玻璃活塞如有漏气，可用乙醚将油脂擦干净，重新涂真空油脂。橡皮塞与玻璃瓶或玻璃管接触部位等处若有漏气，只需涂上 704 硅橡胶即可防止漏气。

【数据处理】

（1）用式(3-4-3)进行计算，分别求得各次测量的空气比热容比数值 γ_1、γ_2、γ_3。

（2）求出测量平均值 $\bar{\gamma} = \dfrac{\gamma_1 + \gamma_2 + \gamma_3}{3}$。

（3）参照已做过的实验数据处理，自己求出本实验的相对不确定度公式。计算测量的相对不确定度，给出结果表达。

【学习总结与拓展】

1. 总结自己教学成果的达成度

参考成果导向教学设计内容。

2. 思考题

（1）本实验中的绝热过程是否做了一定近似？对实验结果有什么影响？

（2）本实验的热力学过程与大学物理课程中学习的理想气体的热力学过程有何区别？本实验中对实际热力学过程的处理对你有什么启示？

3. 学习收获与扩展

（1）从能力的培养、学习要点中选一个角度，谈谈你的收获。

（2）你对本实验有什么意见和建议？

（3）各种不同的仪器各采用什么方法防止漏气？自己查找资料，结合本实验进行简单的总结。

实验 3-5　固体线膨胀系数的测定

　　物体因温度改变而发生的体积膨胀现象叫热膨胀。在外界压强不变的情况下，大多数物质在温度升高时体积增大，温度降低时体积缩小。在相同条件下，固体的热膨胀比气体和液体的小得多。固体热膨胀规律可以用体膨胀或者一个方向上的线膨胀来表征，固体线膨胀系数就是一个表征固体线膨胀规律的物理量。

实验 3-5

　　线膨胀系数是表征材料性质的一个重要热学参数，在生产中，选择和应用材料时必须加以考虑。它的测量可以追溯到 18 世纪 Musschenbrock 最早设计的热膨胀系数测量装置，此后，出现了多种测量固体线膨胀系数的方法和装置，20 世纪末，随着激光和计算机的出现，固体线膨胀系数的测量精度大大提高，已经可以达到 10^{-9} 数量级。

　　现在常用的固体线膨胀系数测量装置和方法有激光干涉膨胀仪、顶杆膨胀仪、衍射膨胀装置、显微膨胀装置、瞬态法等。本实验是用 FD-LEA 固体线膨胀系数测定仪测量特定形状的金属材料的固体线膨胀系数。

【成果导向教学设计】

通过本实验的学习，学生能了解以下知识，并培养以下能力。

知识：

（1）基础知识：固体线膨胀系数；微小长度变化测量；千分表读数方法；温控仪控温原理，温度传感系统；隔热；均匀升温。

（2）测量方法：参量转换法。

（3）测量工具的使用：千分表。

（4）数据处理：最小二乘法；作图法。

能力：

（1）调节技术：千分表的安装与初态调节。

（2）实验总结：能建立数据与结果的关联；撰写完整的实验报告。

（3）能力：安全实验；公民素质（个人能力、团队协作能力）（潜移默化地培养）。

【参考资料】

　　[1] 杨新圆，孙建平，张金涛. 材料线热膨胀系数测量的近代发展与方法比对介绍 [J]. 计量技术，2008（7）：33-36.

　　[2] 上海复旦天欣科教仪器有限公司，FD-LEA 固体线膨胀系数测定仪说明书.

　　[3] 广西科技大学大学物理课程网站-云课堂-微课.

【实验目的】

（1）了解 FD-LEA 固体线膨胀系数测定仪的基本结构和工作原理。

（2）掌握使用千分表和温度控制仪的操作方法。

（3）掌握测量固体线膨胀系数的基本原理。

（4）学会用图解图示法处理实验数据。

【实验仪器】

FD-LEA 固体线膨胀系数测定仪(一套)(含电加热箱、千分表、温控仪)。

【实验原理】

在一定温度范围内,原长为 l_0 的固体受热后伸长量 Δl 与其温度的增加量 Δt 近似成正比,与原长 l_0 也成正比。通常定义固体在温度每升高 1 ℃时,在某一方向上的长度增量 $\Delta l / \Delta t$ 与 0 ℃时该方向上的固体长度 l_0 之比,称为固体的线膨胀系数 α,即 $\alpha = \dfrac{\Delta l}{l_0 \cdot \Delta t}$。

实验证明,不同材料的线膨胀系数是不同的。本实验要求对实验室配备的实验铁棒、铜棒、铝棒分别进行测量并计算其线膨胀系数。

【仪器介绍】

本实验使用 FD-LEA 固体线膨胀系数测定仪进行测量,该仪器主要由电加热箱和温控仪两部分组成。

1. 电加热箱结构

打开电加热箱(见图 3-5-1)后可以看到一横放的圆柱形紫铜管,紫铜管外贴有三个电加热块。通电后加热块释放出大量热量,并通过紫铜管将热量均匀传导到整个电加热箱内。待测金属棒可从电加热箱右侧中心孔处放入,然后塞入隔热棒,进行加热。在电加热箱右侧还有一个小孔,从这里放入一个温度传感器,并连接温控仪进行控温。

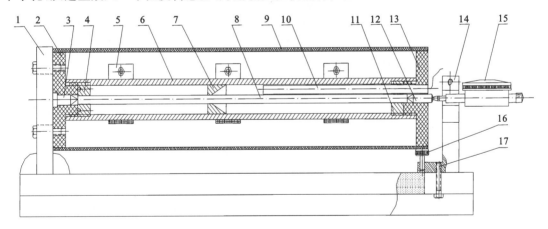

图 3-5-1 电加热箱结构图

1.托架;2.隔热盘 A;3.隔热顶尖;4.导热衬托 A;5.加热器;6.导热均匀管;
7.导向块;8.被测材料;9.隔热罩;10.温度传感器;11.导热衬托 B;12.隔热棒;
13.隔热盘 B;14.固定架;15.千分表;16.支撑螺钉;17.紧固螺钉

2. 温控仪面板

温控仪面板(见图 3-5-2)上有复位、确定、升温、降温四个按钮,用于控制温度。面板右下角是电源开关,右上角是液晶显示板。另外,面板上有一指示灯,当电加热器处于加热状态时,指示灯发光频闪与加热速率成正比。

(1)当面板电源接通时,数字显示为 FdHc(表示生产公司产品的符号),随即自动转向 R××,表示当时传感器温度,继而显示 b==,进入设定温度状态。

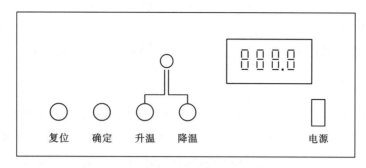

图 3-5-2　温控仪面板图

（2）按升温键,数字即由零逐渐增大至所需的设定温度值。如果数字显示值高于所需要设定的温度值,可按降温键,直至所需要的设定值。

（3）当正确设定温度后,即可按确定键,开始对样品加热,同时指示灯亮。确定键的另一用途可作选择键,可选择观察当时的温度值和先前的设定值。

（4）如果需要改变设定值,则可按复位键重新设置。

【实验内容与要求】

1. 仪器的安装和调试

（1）接通电加热器与温控仪输入/输出接口和温度传感器的插头。

（2）旋松千分表固定架螺栓,转动固定架至使被测样品(φ8×400 mm 金属棒)能插入紫铜管内,再插入隔热棒,用力压紧后转动固定架。

（3）将千分表安装在固定架上,并且扭紧螺栓,使千分表固定在支架上,在安装千分表时注意被测物体与千分表测量头保持在同一直线。然后再向前移动固定架,使千分表短指针读数值在 0.2～0.4 mm 之间,对固定架予以固定。

2. 数据测量

（1）稍用力压一下千分表滑络端,使千分表测量头能与隔热棒有良好的接触,再转动千分表圆盘,使千分表长指针指向零。

（2）接通温控仪的电源,设定目标温度值,一般可分别设定温度为 40.0 ℃、50.0 ℃、60.0 ℃、70.0 ℃。按确定键开始加热,同时记下初次显示的温度值,即为初始温度值。

（3）当温控仪的显示值上升到大于设定值时,电脑将自动控制温度降到设定值。待千分表读数基本不变后(一般温度在设定温度值±0.3℃内波动三次以上后,可认为基本达到要求),分别记录每个温度对应的千分表读数 l_1、l_2、l_3、l_4。注意不要在温度刚达到设定值时就读数,否则将产生较大误差。

* 3. 利用降温过程测量(选做)

在完成以上实验内容后,利用金属棒降温过程进行测量。将温度依次设定为 60.0 ℃、50.0 ℃、40.0 ℃、30.0 ℃,重复以上实验过程,记录实验数据。根据记录的实验数据计算该金属的线膨胀系数。将此结果与升温过程的测量结果相比较,自己总结利用降温过程测量的缺陷和不足,并分析原因。

【注意事项】

（1）实验中仪器整体要求平稳,因被测物体伸长量极小,故仪器不应有振动;读数时不要用力压桌面。

（2）千分表安装须适当固定且与隔热棒有良好的接触（读数在 0.2～0.4 mm 处较为适宜），然后再转动表壳校零。

【数据记录及处理】

1. 将所测数据记入自制表格中（参考表 3-5-1）

表 3-5-1　固体线膨胀系数测定数据记录表

温度/℃ 千分表 读数/mm 金属样品	40.0	50.0	60.0	70.0
铁棒				
铜棒				
铝棒				

初始温度值　　　　铁棒：　　　　铜棒：　　　　　　铝棒：

2. 用作图法处理数据

（1）在同一平面直角坐标系中用图示图解法分别表示出铁棒、铜棒、铝棒受热后伸长量与其温度增加量之间的函数关系（以温度 t 为横轴，l/l_0 为纵轴（l 是千分表读数），用所测得数据在坐标系中描点、作直线，分别使同种材料所测得数据点尽量靠近所作直线）。

（2）分别计算并比较铁棒、铜棒、铝棒的 α 值（即所作直线的斜率，任取直线上两点进行计算即可）。

（3）将测量值分别与各自理论值相比较，计算每种金属线膨胀系数测定的相对不确定度：

$$U_r = \frac{|\alpha_{测} - \alpha_{公}|}{\alpha_{公}} \times 100\%$$

（4）给出结果表示 $\begin{cases} \alpha = \alpha_{测} = \quad\quad （单位） \\ U_r = \end{cases}$

（5）进行误差分析。

【学习总结与拓展】

1. 总结自己教学成果的达成度
参考成果导向教学设计内容。

2. 思考题
（1）在本实验中对千分表读数时为什么可以不读取短指针所示的数值？
（2）如果温度刚刚达到设定温度就读取数据，测量结果会出现什么情况？为什么？

3. 学习收获与拓展
（1）从能力的培养、学习要点中选一个角度，谈谈你的收获。
（2）你对本实验有什么意见和建议？
（3）本实验中的长度的微小改变量还可以用什么方法测量？查找资料，总结各种测量方法的优缺点及适用范围。选取其中一种方法，自己设计实验方案动手实验。

附

固体线膨胀系数理论值

物 质	温度范围/℃	线膨胀系数/($\times 10^{-6}$℃$^{-1}$)
铝	0~100	23.8
铜	0~100	17.1
铁	0~100	12.2

拓展阅读 3

物理学发展简史与物理学的五次大综合(下)

3. 第三次物理学史上的大综合——电磁场理论的确立(电、磁、光现象本质的统一)

人们对于电磁本质的认识远远在力学、热学之后,这当然与现实生活和科学技术的发展水平有很大的关系。1600 年英国的医生、物理学家吉尔伯特出版了《论磁石》一书,被认为是近代电学的开始。1660 年德国的格里凯发明制成了第一个起电机,1709 年经豪克斯克改进,并得到较强的电火花。1729 年英国人格雷引入了导体的概念。1745 年荷兰莱顿大学教授马森布洛克(1692—1761)发明了第一个蓄电器——莱顿瓶。美国人富兰克林(1706—1790)在电学领域取得了突出的成就,他用实验证实了天上的雷电与起电机上产生的电是同样的;他创造了许多电学上的专门词汇,如正电、负电、电容器、充电、放电、电击、电枢、电刷等概念,发明了避雷针;他还用平行板电容器解释了莱顿瓶的原理,建立了电现象的第一个理论。不过这一时期牛顿等巨人们的才智并没有用在对电磁学的研究方面,静电学理论的系统研究是从库仑开始的。

1775 年法国物理学家库仑(1736—1806)利用扭秤原理制成了一个静电计。库仑利用万有引力定律公式进行类比推理,于 1785 年从大量实验中发现库仑定律;后来,库仑又把电荷之间的相互作用规律推广到磁场,得到了磁极之间相互作用的规律(事实上早在 1771 年,英国物理学家卡文迪许就通过实验得到了库仑定律的结论,只是没有发表出来,后来由麦克斯韦整理他的遗物时发现并发表)。库仑定律是电学中的第一个定量的定律,由于库仑把力学方法移植到了电学领域,打开了数学通向这个领域的道路,在数学的参与下,电学开始成为一门独立的学科。经过高斯、韦伯等物理学家们的共同努力,终于建立了以库仑定律、高斯定律和环流定律等三条基本电学定律为基础的静电学理论体系,构成了整个电学理论的基础。

物理学对动电(即电流)的研究是从发现电池并且得到稳定电流开始的,1786 年意大利波伦亚大学解剖学和医学教授伽伐尼(1737—1798)从解剖青蛙的实验研究中提出了"动物电"的概念;1791 年意大利帕维亚大学教授伏打(1745—1807)发明了伏打电池,而且立即在实践中得到了广泛的应用。伏打电池为科学研究提供了稳恒电流,也促进了科学理论的发展。经过德国的两位科学家欧姆(1787—1854)、基尔霍夫(1824—1887)的共同努力,"动电"的理论得以完整地建立,并且为电磁学开启了新的研究领域。

对于电与磁的关系的研究是在奥斯特、安培、法拉第、特斯拉等人的卓越工作之下完成的。1820 年丹麦教授奥斯特发现了电流的磁效应,他的发现使人们认识到电与磁不是独立无关的事件,而是有联系的。奥斯特的发现使当时的许多物理学家受到鼓舞并且开始沿着两个不同的方向开拓电磁学领域。思想敏锐的法国数学家、物理学家安培(1775—1853)立刻懂得了奥斯特发明的重要意义,1820 年 9 月他就转而研究电磁学问题。他先后得出了右手安培定则、左手安培定则以及磁场对电流的作用力的规律。后来经过毕奥和沙伐尔等物理学家的共同努力,从宏观上奠定了电动力学的数学理论基础。

当奥斯特发现电流的磁效应之后,年轻敏锐的英国著名的物理学家法拉第(1791—1867)立即开始进入这个领域进行研究,从 1821 年开始,经过 10 年的研究,终于实现了"磁变电"。

从 1831 年到 1855 年,法拉第详细地阐述了电力线、磁力线、电场、磁场以及电磁感应定律等方面的电磁学理论,为麦克斯韦经典电磁学理论的建立奠定了坚实的基础。

19 世纪 60 年代,麦克斯韦(1831—1879)把从库仑定律开始一直到法拉第电磁感应定律等所有的电磁学理论系统进行系统的归纳和总结,在此基础上提出了联系电荷、电流、电场和磁场的 4 个偏微分方程组。他提出了位移电流的假设,认为变化的电场能产生磁场,变化的磁场也能产生电场,电场和磁场的相互转化产生电磁波。在这个理论的基础上他推导出电磁波在真空中的速度与光在真空中的速度相等,在此启发下,麦克斯韦又提出光的电磁场理论,即光是频率介于某一范围内的电磁波。在这个意义上,麦克斯韦把电磁、光现象的本质统一起来了,完成了物理学的第三次大综合。在他死后 10 年,德国的物理学家赫兹通过实验产生了电磁波,并且计算出电磁波的波长,结果与麦克斯韦的理论完全吻合。

第三次物理学理论的大综合即电磁理论的建立对人类社会的影响是非常深远的,它直接导致了第二次动力革命。电力技术的发展是在电磁学有关理论建立起来以后自觉地运用科学原理并进行科学实验的结果。蒸汽时代的动力靠的是蒸汽机,而电力时代的动力靠的是电动机。电力的应用促进了第二次动力革命。

随着电磁学的发展,人类获得了一种新能源手段——发电,发电机、电动机的发明,电报机、电话、电灯的使用,使人类进入了电气化时代,促进了第二次工业革命。

4. 第四次大综合——爱因斯坦相对论的建立(物质与运动、时间与空间的统一、质能的统一,人们对物理学的认识实现了由低速到高速的飞跃)

随着科学技术的飞速发展,经典力学出现了无法解释的微粒子高速运动的现象:19 世纪末三大发现,即 1895 年德国的伦琴发现"伦琴射线"即"X 射线",1896 年英国的汤姆生发现电子,1897 年法国的贝克勒尔发现天然放射现象。还有黑体辐射和 1888 年发现的"光电效应"现象,特别是迈克尔逊-莫雷的实验,动摇了经典物理学的基础。为了解释新的物理现象和规律,必须抛弃牛顿的绝对时空观,建立新的物理理论。这是一个需要新人、需要巨人而产生新人、产生巨人的时代。在 48 岁的麦克斯韦死于癌症的那一年,又一个伟大的巨人诞生了,他就是德国的物理学家阿尔伯特·爱因斯坦(1879—1955)。第四次物理学理论的大综合就是由洛伦兹、彭加勒和爱因斯坦等物理学家完成的。

1887 年迈克尔逊和莫雷的实验宣判了"静止以太"的不存在,同时也宣判了以太学说的死刑。1892 年著名的物理学家洛伦兹提出了著名的"洛伦兹变换"和"长度收缩假设"。与此同时,彭加勒也在进行着变换性质方面的研究,他着重强调了相对性,在彭加勒的关于重要的物理学原理的表述中已经包含了相对论的思想。在这些物理学家研究的基础上,爱因斯坦于 1905 年创立了狭义相对论。他在《关于光的产生和转化的一个启发性观点》论文中,用普朗克提出的能量量子理论解释了光电效应,为量子理论的发展作出了重大的贡献,因此获得 1921 年度的诺贝尔奖;他在《热的分子运动所要求静液体中悬浮粒子的运动》一文中阐明了分子热运动可以直接观察的可能性;他在《关于布朗运动的理论》一文中从理论上解释了 1827 年发现的布朗运动;他在《论物体的电动力学》中建立了狭义相对论;他还在《物体的惯性同它所包含的能量有关吗?》中作为相对论的一个推论,导出了质能相当的关系式 $E = cm^2$(即能量等于光速和质量的平方的乘积),在理论上为原子能的利用开辟了道路。又经过多年的艰苦探索于 1916 年创立了"广义相对论",他提出了"一切物理定律在所有的惯性系中其形式保持不变的狭义相对性原理"和"引力场同参照系的相当的加速度在物理上完全等价"的广义等效原理,把物质和运动、时间和空间进一步统一起来,把物体的物理本质和时空的几何描述统一起来,完成了物理学的第四次大综合。质能相互转化的统一,推动了原子物理学的发展,导致原子弹、核弹的出现和核能的利用。

5. 第五次大综合——量子力学的建立(人们对物理学世界的认识实现了由宏观领域到微观领域的飞跃)

在普朗克量子学说的基础上,以爱因斯坦光量子理论为先导,1924 年法国物理学家德布罗意提出和发展了波粒二象性的思想,提出了物质波的假设,指出一切物质微粒都像光一样,既有粒子性,又有波动性(这样的假设被后来的电子衍射实验所证实)。1926 年奥地利物理学家薛定谔根据物质波的思想,建立了著名的薛定谔方程并且创建了波动力学。与此同时,丹麦物理学家玻尔与德国海森堡、波恩等从另一个角度建立了微观粒子的矩阵力学。德布罗意经过证明,他建立的波动力学与矩阵力学完全等效,人们称它为量子力学。自此,人们对物理学世界的认识实现了由宏观领域到微观领域的飞跃,描述宏观现象的牛顿力学成了量子力学的一种极限情况,这是物理学理论的又一次大综合。

量子力学和狭义相对论结合形成原子核物理学,指导制造原子弹、氢弹和建立核电站。量子力学还为电子技术、半导体技术、晶体技术和激光技术等领域奠定了理论基础。

总之,物理学的发展,极大地推动着人类社会的进步,人类历史上三次技术革命起关键性作用的都是物理科学的创新成果:第一次,主要标志是蒸汽机的广泛应用,这是牛顿力学和热力学发展的结果;第二次,主要标志是电力的广泛应用,这是电磁感应现象成果的体现;第三次,产生了一系列高新技术,核能、电子计算机等,为 20 世纪物理学的发展奠定了基础。

历史的长河是不会停止的,更不会倒流!物理学的大江、大河也将会随着历史的发展滚滚向前,波澜壮阔。一代一代的物理学家们以他们的聪明、才智、胆量、气魄……使物理学的明天更加灿烂辉煌,更加绚丽多姿,使人类文明更加丰富多彩,更加璀璨夺目。科学技术与人类文明将会使我们的生活更加美好,使我们居住的地球更加美丽和谐。

第 4 章　电磁学实验

电学实验仪器、仪表及器件是组成电路的最基本的设备,也是测量电路中电学量(电流、电压、电阻等)的专用设备。为此,我们必须首先熟悉它们的基本结构、性能、使用方法和注意事项。下面对电磁学实验仪器及器件作些介绍。

4.1　电　　源

1. 交流电源

常用的电网电源是交流电源,交流电的电压可通过变压器来调节,实验室常用的交流电压为 220 V。使用交流电源时,应特别注意人身安全。

2. 直流电源

实验室常用的直流电源有蓄电池、干电池、直流稳压电源等,用符号 DC 或"—"表示。使用电源时,要注意电源电压和可能供给的额定电流,使用电流不允许超过其额定值。

1) 蓄电池

常用蓄电池是铅蓄电池,用来供给高稳定度的电压与电流。每个铅蓄电池的电动势略大于 2 V。通常根据需要将几个蓄电池连接成蓄电池组使用。

使用蓄电池时应注意:

(1) 使用电流一般不超过容量的 1/20,更不能短路。例如,一个容量为 60 A·h 的蓄电池组使用电流不能超过 3 A。

(2) 电动势降到 2 V 时(即正常使用时,端电压降到 1.8 V 左右),不能再继续使用,应进行充电。

2) 干电池

干电池有甲电池(A 电池)和乙电池(B 电池)两种。甲电池的电动势约 1.5 V,连续使用时,电流不得超过 100 mA。乙电池由叠层电池组成,电压有 9 V、15 V、22.5 V 等规格,连续使用时,电流不要超过 20 mA。

3) 晶体管稳压电源

以 1731SC3A 型直流稳压电源为例,输出电压为 0～30 V,连续可调,最大输出电流为 3 A。这是一种高稳定度的低压晶体管稳压电源。使用时,接上电源后,打开电源开关,此时指示灯亮,说明仪器已正常工作。调节面板上的旋钮,可输出所需的电压值。面板上的电压表和电流表是用来监视输出电压和电流的。实验过程中应注意要避免电源短路或超过其额定值。

4.2　直 流 电 表

实验室常用的直流电表是毫安表和伏特表。毫安表用来测量电路中的电流强度,伏特表用来测量电路两端的电压。它们都是由表头和附加的一些元件构成的。

最常用的是磁电式毫安表和伏特表,其表头的工作原理如图 4.2.1 所示,实际结构如图 4.2.2 所示。

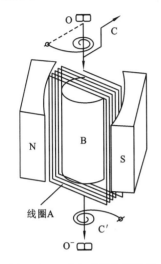

图 4.2.1　磁电式表头原理图

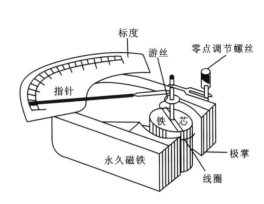

图 4.2.2　磁电式表头结构图

N、S 极为永久磁铁,中间有一个软铁芯 B 和一个线圈。线圈可以绕轴转动,平时被螺旋形弹簧的游丝 C、C'(两螺旋方向相反)固定在平衡位置上,C、C' 也是使电流流入线圈的导流片。

当线圈中有电流通过时,磁场对线圈产生一个与电流强度成正比的电磁力矩,线圈受电磁力矩作用而转动。同时游丝 C、C' 亦被扭转变形,产生一个与电磁力矩方向相反的弹性力矩。当电磁力矩和弹性力矩平衡时,线圈停止转动,指针指在一定位置,由指针在刻度盘上偏转位置便可观察到电流的大小。不通电时,指针应指在刻度盘的零点上。若不指零,则利用外壳上带槽口的调零器,把指针调到零点上。

当表头并联上一定大小的电阻时,就构成了能测量较大电流的安培表;而当表头串联上一定大小的电阻时,就构成了伏特表。

在电表的面板上,通常标记有各种表示电表的主要技术性能及规格的符号。表 4.2.1 中给出了一些常见电表面板上的性能标记。

表 4.2.1　常用电气仪表面板上的标记

名　　称	符　号	名　　称	符　号
指示测量仪表的一般符号	○	磁电系仪表	∩
检流计	⊕	静电系仪表	⇡
安培表	A	直流	—
毫安表	mA	交流(单相)	∽
微安表	μA	直流和交流	≃
伏特表	V	以标度尺量限百分数表示的 准确度等级,如 1.5 级	1.5

续表

名　称	符　号	名　称	符　号
毫伏表	mV	以指示值的百分数表示的 准确度等级,如 1.5 级	⑴⑸
千伏表	kV	标度尺位置为垂直的	⊥
欧姆表	Ω	标度尺位置为水平的	⌐
兆欧表	MΩ	绝缘强度试验电压为 2 kV	☆
负端钮	—	接地用的端钮	⏚
正端钮	+	调零器	⌒
公共端钮	*	Ⅱ级防外磁场及电场	Ⅲ

使用电表时必须注意以下几点:

(1)安培表是串联接在线路中测量电流强度的,伏特表则是并联接在被测电压的两端测量电压的。

(2)电表接线柱旁标有"+"和"—"极性,连接电路时注意电表的正负极性不能接反,以免表头指针反打,损坏指针。

(3)注意电表量程的选取。选用量程时应先对待测电学量进行估测,然后再选择电表的量程,使电表的指针落在满刻度的 1/3 至满刻度之间,以减小测量误差。如选用多量程电表可先用大量程粗测一下,然后再选择合适的量程。一般多量程的电表上只有一行刻度值,读数时,必须注意电表指针所指刻度值乘上相应倍数。例如,实验室所用的 C43 型电表就属多量程电表,如图 4.2.3 所示。如果被测电流强度在 20 mA 左右,则选用 25 mA 量程,此时毫安表上满刻度值为 25 mA,即每小格为 0.5 mA;若测量时指针处在 42.3 格(虚线),则电流强度值应读为(0.5×42.3)

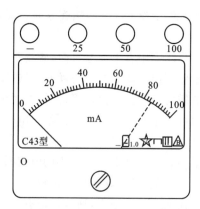

图 4.2.3　C43 型毫安表面板

mA=21.15 mA,其他量程的使用以此类推。伏特表的量程选取与读数方法与上述相同。实际测量中,没有必要对指示值内的所有小格计数,利用刻度线上标的数值,就可以很方便地进行读数。

(4)电表的标准等级按国家计量机构规定为 0.1、0.2、0.5、1.0、1.5、2.5、5.0 七级。它表示了仪器误差的大小。0.5 级以上的电表可作标准电表,在使用电表时严禁震动和随意摆动及不必要的搬动,以免降低电表的标称级别。如果以 a 表示等级指数,A_m 表示量程,ΔA 表示示值误差($\Delta A=$ 示值—实际值),则 ΔA 应满足

$$|\Delta A| \leqslant A_m a\% = \Delta_A$$

由上式可见,$\Delta_A = A_m a\%$ 对于确定的电表来说是个常量,它表示电表基本允许误差极限。电表示值相对误差限表示为

$$E_r = \frac{\Delta_A}{A} \times 100\% = \frac{A_m a\%}{A} \times 100\%$$

式中,A 为电表示值。显然当示值 $A=A_m$ 时,$E_r=a\%$。例如,某一电表,$A_m=100.0$ mA,$a=1.0$,当示值 $A=50.0$ mA 时,其示值误差限为

$$\Delta_A=(100.0\times1.0\%)\ mA=1.0\ mA$$

相对示值误差限为

$$E_r=\frac{1.0}{50.0}\times100\%=2.0\%$$

物理实验中,可粗略地用示值误差限估算电表测量结果高置信概率($P\geqslant95\%$)的 B 类测量不确定度 U_B。

4.3　电　阻

实验室常用的电阻是电阻箱和滑线变阻器。

1. 电阻箱

电阻箱在实验室中一般作已知电阻用,它是由许多个定值电阻装在一起构成的,其内部结构如图 4.3.1 所示。这些电阻是用锰铜丝绕制而成。锰铜电阻率大,电阻随温度变化小,电阻值较稳定。实验室常用的 ZX21 型电阻箱为十进旋钮式电阻箱,如图 4.3.2 所示。9.9 Ω 以上电阻由“0”与“99999.9 Ω”两接线柱(A、B)给出;9.9 Ω 以下的电阻由“0”与“9.9 Ω”两接线柱(B、D)给出;0.9 Ω 以下的电阻由“0”与“0.9 Ω”两接线柱(B、C)给出。

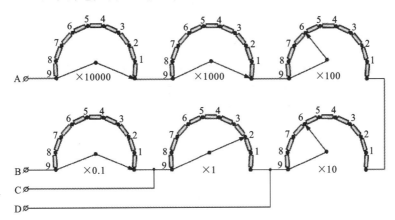

图 4.3.1　电阻箱内部结构图

图 4.3.2　ZX21 型旋钮式电阻箱

电阻箱的主要参数是其总电阻、额定电流和准确度等级。ZX21 型电阻箱的主要参数如下：

(1) 调节范围：如果六个转盘所对应的电阻全部用上(使用"0"和"99999.9 Ω"两个接线柱,六个转盘均置于最高位),总电阻为"99999.9 Ω",此时残余电阻(内部导线电阻和电刷接触电阻)最大。如果只需要 0.1~0.9 Ω(或 9.9 Ω)的阻值范围,则应接"0"和 0.9 Ω(9.9 Ω)两接线柱,这样可减少残余电阻对使用低电阻的影响。

(2) 额定电流：使用电阻箱不允许超过其额定电流。ZX21 型电阻箱额定功率为 0.25 W,各挡允许通过的电流如表 4.3.1 所示。

表 4.3.1　ZX21 型电阻箱各挡额定电流

阻值/Ω	×10000	×1000	×100	×10	×1	×0.1
允许负载电流/A	0.005	0.015	0.05	0.15	0.5	1.5

(3) 电阻箱的准确度等级：电阻箱的准确度等级由基本误差和影响量(环境温度、相对湿度等)引起的误差来确定。对等级指数的划分有两种。

旧标准中一个电阻箱有一个共同的等级指数,示值误差限可按下式估算：

$$\Delta_R = a\%R + 0.005m$$

式中,R 为电阻箱示值,a 为等级指数,m 为所用步进盘个数。例如,使用"0"和"9.9 Ω"两个接线柱时,$m=2$;而使用"0"和"99999.9 Ω"两接线柱时,$m=6$。

新标准中,可用下式估算其示值误差：

$$\Delta_R = \sum a_i\%R_i + 0.005m$$

式中,a_i、R_i 分别表示第 i 个十进盘的等级指数和示值,m 为所用到的测量盘个数。

ZX21 型电阻箱各测量盘准确等级如表 4.3.2 所示。

表 4.3.2　ZX21 型电阻箱各测量盘准确度等级

测量盘/Ω	9×10000	9×1000	9×100	9×10	9×1	9×0.1
准确度/(%)	±0.1	±0.1	±0.2	±0.5	±2	±5

使用电阻箱时应注意：使用前应先来回旋转一下各转盘,使电刷接触可靠,减小接触电阻。

2. 滑线变阻器

滑线变阻器是一种阻值可以连续改变的电阻,它的主要部分为密绕在瓷管上的涂有绝缘漆的电阻丝。电阻丝两端与固定接线端相连,并有一滑动触头通过瓷管上的金属导杆与滑动接线柱相连,如图 4.3.3 所示。A、B 为固定接线柱,C 为滑动端接线柱。

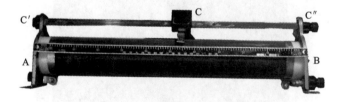

图 4.3.3　滑线变阻器

滑线变阻器的主要技术指标为全电阻和额定电流(功率),应根据外接负载的大小和调节要求选用合适的变阻器,尤其要注意,通过变阻器任一部分的电流均不允许超过其额定电流。

实验室常用滑线变阻器改变电路中的电流和电压,分别连接成限流电路和分压电路,如图 4.3.4、图 4.3.5 所示。在图 4.3.4 中,当 C 向 A 滑动时,R 中的电流增大,向 B 滑动时,R 中的电流变小;在图 4.3.5 中,当 C 向 A 滑动时,输出电压增大,向 B 滑动时,输出电压变小。使用滑线变阻器时应注意,接通电源前,滑动触头 C 应处于使电路最安全的位置,即在限流电路中滑动端 C 应置于电阻最大位置(B 端);分压电路中,滑动端 C 应置于电阻最小位置(B 端)。

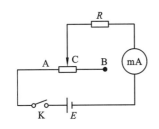　　　　　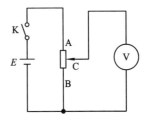

图 4.3.4　变阻器的限流接法　　　　　　　图 4.3.5　变阻器的分压接法

4.4　电磁学实验的基本规则

电磁学实验的基本操作规则概括为"布局合理,操作方便;初态安全,回路接线;认真复查,瞬态试验;断电整理,仪器还原"。

1. 布局合理,操作方便

根据电路图,精心安排仪器布局,做到走线合理,操作安全方便。一般应将经常操作的仪器放在近处,读数仪表放在便于观察的位置,开关尽量放在最易操作的地方。

2. 初态安全,回路法接线

正式接线前,仪器应预置在最安全的状态。例如,电源开关应断开,用于限流和分压的滑线变阻器滑动端的位置应使电路中电流最小或电压最低,电表量程选择合理挡位等。回路法接线即是按回路连接线路。首先分析电路图可分为几个回路,然后从电源正极开始,由高电位到低电位顺序接线,最后回到电源的负极(此线端先置于电源附近不接,待全部线路接完后,经检查无误,最后才连接),完成一个回路。接着从已完成的回路中某高电位点出发,完成下一个回路。一边接线,一边想象电流走向,顺序完成各个回路的连接。用回路法连接电路,可保证连线"不重不漏",即既不会重复连线,也不会漏接导线。这是电磁学实验的一项基本功,务必熟练掌握。切忌盲目乱接,严禁通电试接碰运气。

3. 认真复查,瞬态试验

接线完毕后,应按照回路认真检查一遍,确认电路无误并且电路处于最安全状态下接通电源,同时密切注意仪表示值、电路状态等,观察有无异常。若发现异常,则立刻断电,认真分析,查找原因,排除故障;若无异常,则可调节电路参数至电路所需状态,正式开始实验。

4. 断电整理,仪器还原

实验完毕后,应先使电路恢复到最安全状态,然后关闭总电源,再拆除电路导线。把导线理顺整齐,仪器还原归位。

5. 交流市电电压较高,要注意人身安全

各种仪器、仪表在接入交流市电前,必须弄清仪器、仪表的额定输入电压、频率、环境要求等。

实验 4-1　测量二极管的伏安特性

通过一个元件的电流随外加电压的变化关系曲线称为伏安特性曲线,电压与电流的比值称为该元件的电阻。线性电阻元件与非线性电阻元件的特点:若一个元件的两端电压与通过它的电流成正比,则伏安特性曲线为一直线,这类元件称为线性电阻元件,线性电阻元件的电阻值在一定温度下是一定的;若元件的伏安特性曲线是一条曲线,则称之为非线性电阻元件,如二极管、热敏电阻、压敏电阻等,非线性电阻元件的电阻值不再是常量,它的电阻特性一般用伏安特性曲线来描述。

【成果导向教学设计】

通过本实验的学习,学生能了解以下知识,并培养以下能力。

知识:

(1) 基础知识:PN 结的形成;二极管单向导电性;二极管的基本特性及参数。

(2) 测量方法:伏安法。

(3) 实验原理:PN 结的形成及其特性。

(4) 数据处理:作图法。

能力:

(1) 测量仪器的使用:电压表、电流表;电流表的内接、外接。

(2) 调节技术:回路接线;电路初态与安全。

(3) 实验总结:能建立数据与结果的关联;撰写完整的实验报告。

(4) 能力:安全实验;公民素质(个人能力、团队协作能力)(潜移默化地培养)。

【参考资料】

[1] 王至正,等.电子技术基础[M].北京:高等教育出版社,1993.

[2] 贾玉润.大学物理实验[M].上海:复旦大学出版社,1987.

[3] 李天应.物理实验[M].武汉:华中理工大学出版社,1998.

[4] 杨介信.普通物理实验[M].北京:高等教育出版社,1987.

【实验目的】

(1) 了解二极管的伏安特性。

(2) 正确使用滑线变阻器,直流电压、电流表。

(3) 了解二极管的应用。

【实验仪器】

(1) 直流稳压电源;(2) 直流电流表(毫安表、微安表);(3) 直流电压表;(4) 滑线变阻器;(5) 二极管、导线等。

【实验原理】

1. PN 结的形成及其特性

1）N 型和 P 型半导体

在常用的锗（Ge）、硅（Si）四价本征半导体中,有选择地掺入如磷、砷、锑等五价元素,这种半导体称为 N 型半导体;而掺入如硼、铝、铟等三价元素,则形成 P 型半导体。在 N 型半导体中电子为多数载流子,而空穴为少数载流子;在 P 型半导体中,空穴为多数载流子,而电子为少数载流子,如图 4-1-1 所示。

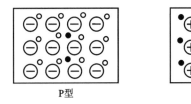

图 4-1-1　P 型和 N 型半导体

2）PN 结的形成

若将 P 型半导体和 N 型半导体接触,由于电子和空穴浓度差的存在,在它们交界的地方,电子和空穴就发生扩散运动,如图 4-1-2(a)所示。靠近接触界面的 N 区的电子,向 P 区扩散,并与 P 区的空穴复合,这样在 N 区界面处,剩下不能移动的施主正离子,构成一个正电荷区。同样,P 区的空穴向 N 区扩散,并与 N 区电子复合,在 P 区界面处出现不能移动的受主负离子,形成一个负电荷区。结果在 PN 结边界附近形成一个空间电荷区,在 PN 结中产生一个内电场 E_i,内电场的方向由 N 区指向 P 区,如图 4-1-2(b)所示。内电场有阻碍电子、空穴扩散运动的作用,在扩散过程结束时建立起动态平衡关系。

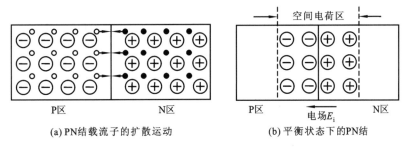

(a)PN结载流子的扩散运动　　　　　(b)平衡状态下的PN结

图 4-1-2　PN 结的形成

3）PN 结的单向导电特性

如图 4-1-3(a)所示,沿 PN 结加上正向电压,即电源正极接 P 区,负极接 N 区,电源电压在 PN 结形成的外电场 E_F 与内电场 E_i 的方向相反,这样有利于 N 区的自由电子扩散到 P 区,P 区的空穴扩散到 N 区,从而形成较大的电流,呈现出较小的内阻;若加反向电压,即电源的正极接 N 区,负极接 P 区,此时外加电场 E_F 与 E_i 同向,阻止电子与空穴扩散运动的作用被加强,如图 4-1-3(b)所示,因而电流很小,呈现出较大的内阻。由此可见,PN 结具有单向导电性。

2. 二极管的基本特性

把一个 PN 结的 P 区和 N 区分别焊上金属电极,再用一个外壳密封起来便成为一个完整的二极管。接 P 区的电极为正极,接 N 区的电极为负极,符号如图 4-1-4 所示。二极管的主要特点是具有单向导电性。这一特性被广泛应用在整流、检波等电路中。

给二极管加正向电压时,二极管有正向电流,随着正向电压的增加,电流亦随之增加。开始时电流随电压变化很慢,当正向电压增至接近二极管的导通电压(锗管为 0.2 V,硅管为 0.7 V)时,电流有较大变化。导通后,若电压有少许变化,电流则会有更大变化(在额定电流范围内)。

若给二极管加反向电压,电压较小时,二极管截止,但一般有极小的反向电流,其值随反向电压的增高而增加,但特别缓慢,几乎保持一恒定值,当反向电压增至二极管击穿电压时,电流猛增,此时二极管被击穿。

二极管的上述变化特性可绘成如图 4-1-5 所示的伏安特性曲线。使用二极管时,不能超过其额定工作电流,以免烧坏二极管。

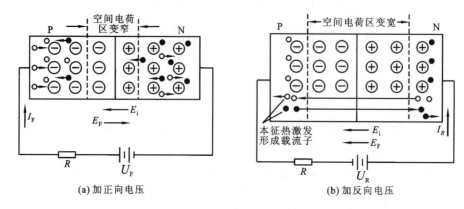

(a) 加正向电压   (b) 加反向电压

图 4-1-3　PN 结单向导电原理

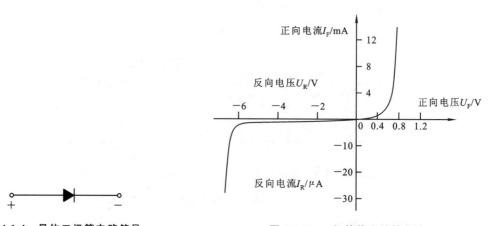

图 4-1-4　晶体二极管电路符号　　　**图 4-1-5　二极管伏安特性曲线**

【实验内容与要求】

1. 测量二极管的正向伏安特性

(1) 按图 4-1-6 所示电路连线,电源电压取 1.5 V;

(2) 测量时,从 0 V 开始,在 0～0.6 V 区间每隔 0.1 V 测一次电流值,在 0.6～0.8 V(不一定能达到 0.8 V)区间,每隔 0.05 V 测一次电流值;

(3) 最大电流不能超过二极管的额定电流。

2. 测量二极管的反向伏安特性

(1) 按图 4-1-7 电路所示连线,电源电压取 6 V;

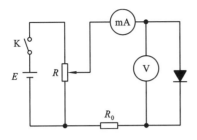 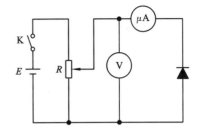

图 4-1-6 测量二极管正向伏安特性电路图   图 4-1-7 测量二极管反向伏安特性电路图

(2) 测量时,从 0 V 开始,每隔 0.5 V 测一次电流值;

(3) 当反向导通电流有明显变化时,再多测几个点以便于作出反向曲线。

* 3. 根据二极管的特性,设计一个简易的整流滤波稳压电路(选做)

【数据记录及处理】

(1) 自拟表格记录数据。

(2) 将测得的数据在坐标纸上绘出二极管的伏安特性曲线。因为正反向电压、电流值相差较大,作图时可选用不同的单位,但必须分别标注清楚。根据伏安特性曲线指出二极管有哪些特点。

(3) 利用正向特性曲线,分别求出电流为 1 mA 和 5 mA 时相应的直流电阻。由此说明,在额定电流范围内,二极管的直流电阻不是常量,而是随工作电流的增加而减小的。

【学习总结与拓展】

1. 总结自己学习成果的达成度

参考成果导向教学设计内容。

2. 思考题

(1) 如何用万用表判别二极管的极性及检验其基本性能?

(2) 用万用表的电阻挡测量二极管的正向导通电阻时,在不同的倍率挡位得到的直流电阻将各不相同,试实际测量并说明原因。

3. 学习收获与拓展

(1) 从能力的培养、学习要点中选一个角度,谈谈你的收获。

(2) 查找相关资料,了解各类二极管的基本特性及实际应用实例。

实验 4-2　用直流电桥测电阻

　　电桥是用比较法测量物理量的电磁学基本测量仪器，它通过电桥平衡条件，将待测电阻与标准电阻进行比较以确定其值，与伏安法、电位差计法相比，具有测试灵敏、精确和使用方便等特点，被广泛应用于电工技术和各种非电量测量之中。

实验 4-2

　　对不同阻值和精度要求的电阻有不同的测量方法。惠斯登电桥法是测量中值电阻（$10 \sim 10^5$ Ω）的常用方法之一，对于低值电阻（1 Ω 以下）可采用开尔文电桥（双臂电桥）法或四端法进行测量，而对于高值电阻（$>10^5$ Ω）则要采用兆欧表和数字万用表进行测量。

【成果导向教学设计】

通过本实验的学习，学生能了解以下知识，并对以下能力得到培养。

知识：

（1）基础知识：电路分析；欧姆定律；电桥平衡条件；电桥的灵敏度。

（2）测量方法：比较法；补偿法（也称均衡法、平衡法或示零法）；交换法。

（3）实验原理：用直流电桥测电阻的实验原理。

（4）数据处理方法：最小二乘法。

能力：

（1）测量仪器的使用：QJ47 直流电桥；电阻箱；灵敏检流计。

（2）调节技术：回路法接线；仪器初态与安全；跃接法；先定性后定量。

（3）实验总结：能建立数据与结果的关联；撰写完整的实验报告。

（4）能力：安全实验；公民素质（个人能力、团队协作能力）（潜移默化地培养）。

【参考资料】

［1］成正维. 大学物理实验［M］. 北京：高等教育出版社，2003.

［2］王廷兴，等. 大学物理实验［M］. 北京：高等教育出版社，2002.

［3］何捷，陈继康，金昌祚. 基础物理实验［M］. 南京：南京师范大学出版社，2003.

［4］葛松华，唐亚明. 大学物理实验教程［M］. 北京：电子工业出版社，2004.

［5］阎旭东，徐国旺. 大学物理实验［M］. 北京：科学出版社，2003.

［6］李学金. 大学物理实验教程［M］. 长沙：湖南大学出版社，2001.

［7］广西科技大学大学物理课程网站-云课堂-微课.

【实验目的】

（1）掌握直流电桥的工作原理及其结构。

（2）学会用电桥法测量电阻。

（3）了解电桥的灵敏度。

*（4）了解用自搭电桥测检流计内阻。（选学）

*（5）了解用最小二乘法求电阻的大小。（选学）

【实验仪器】

（1）滑线变阻器；（2）直流稳压电源；（3）电阻箱；（4）灵敏检流计；（5）单刀开关；（6）待测电阻（5 只）；（7）自搭电桥试验板；（8）QJ47 直流电桥；（9）电流表；（10）电压表。

【实验原理】

实验室所用直流单臂电桥又称惠斯登电桥，主要用于精确测量中值电阻（$10 \sim 10^5$ Ω）。

1. 惠斯登电桥的线路原理

惠斯登电桥的基本电路如图 4-2-1 所示。它是由四个电阻 R_1、R_2、R_S、R_x 连成一个四边形 $ABCD$，在对角线 AB 上接上电源 E，在对角线 CD 上接上检流计 G 组成。接入检流计（平衡指示）的对角线称为"桥"。四个电阻称为"桥臂"。在一般情况下，桥路上检流计中有电流通过，因而检流计的指针有偏转。适当调节电阻值（如改变 R_S 的大小），可使 C、D 两点的电位相等，此时流过检流计 G 的电流 $I_g = 0$，这称为电桥平衡。即有

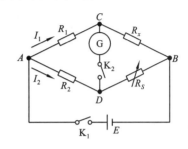

图 4-2-1　直流电桥电路图

$$U_C = U_D \tag{4-2-1}$$

$$I_{R_1} = I_{R_x} = I_1 \tag{4-2-2}$$

$$I_{R_2} = I_{R_S} = I_2 \tag{4-2-3}$$

由欧姆定律知

$$U_{AC} = I_1 R_1 = U_{AD} = I_2 R_2 \tag{4-2-4}$$

$$U_{CB} = I_1 R_x = U_{DB} = I_2 R_S \tag{4-2-5}$$

由上两式可得

$$R_x = \frac{R_1}{R_2} R_S \tag{4-2-6}$$

此式即为电桥的平衡条件。若 R_1、R_2、R_S 已知，R_x 即可由上式求出。取 R_1、R_2 为标准电阻，通常称 R_1、R_2 为比率臂，$\frac{R_1}{R_2}$ 为桥臂比，常用符号 K 来表示（即 $K = \frac{R_1}{R_2}$）。改变 R_S 使电桥达到平衡，即检流计 G 中无电流流过，便可测出被测电阻 R_x 之值。

2. 用交换法减小和消除系统误差

分析电桥线路和测量公式可知，用惠斯登电桥测量电阻 R_x 的误差，除其他因素外，与标准电阻 R_1、R_2 的误差有关。我们可以用交换法来消除这一系统误差。方法是：先连接好电桥电路，调节 R_S 使 G 中无电流，记下 R_S 值；然后将 R_S 与 R_x 交换位置，再调节 R_S 使 G 无电流，记下此时的 R'_S，可得：

交换前
$$R_x = \frac{R_1}{R_2} R_S \tag{4-2-7}$$

交换后
$$R_x = \frac{R_2}{R_1} R'_S \tag{4-2-8}$$

将式（4-2-7）、式（4-2-8）相乘后得

$$R_x = \sqrt{R_S \cdot R'_S} \tag{4-2-9}$$

这样就消除了由于 R_1、R_2 本身的误差对 R_x 引入的测量误差。R_x 的测量误差只与电阻箱

R_S 的仪器误差有关,而 R_S 可选用高精度的标准电阻箱,这样系统误差就可减小。

3. 电桥的灵敏度

式(4-2-6)是在电桥平衡的条件下推导出来的,而电桥是否平衡,实际是看检流计是否有偏转来判断。检流计的灵敏度总是有限的,如我们实验中所用的检流计,指针偏转一格所对应的电流大约为 10^{-6} A。当通过它的电流比 10^{-7} A 还要小时,指针的偏转小于 0.1 格,就很难觉察出来。假设电桥在 $\dfrac{R_1}{R_2}=1$ 时调到了平衡,则有 $R_x=R_S$。这时,若把 R_S 改变 ΔR_S,电桥就应失去平衡,检流计中有电流 I_g 流过。但是,如果 I_g 小到使检流计觉察不出来,那么我们就会认为电桥还是平衡的。因而得出 $R_x=R_S\pm\Delta R_S$,ΔR_S 就是因为检流计灵敏度不够而带来的测量误差,因此,我们引进电桥灵敏度的概念,其定义为

$$S = \frac{\Delta n}{\dfrac{\Delta R_x}{R_x}} \tag{4-2-10}$$

ΔR_x 是在电桥平衡后 R_x 的微小改变量(实际上是改变 R_S。改变任一桥臂所得出的电桥灵敏度是一样的),Δn 是由于电桥偏离平衡而引起的检流计的偏转格数。S 越大,说明电桥越灵敏,带来的误差也就越小。例如,$S=100$ 格,一般我们可以觉察出检流计有 0.2 格的偏转,这样,只要 R_S 改变 0.2%,我们就可以觉察出来。也就是说,由于检流计灵敏度的限制所带来的误差小于 0.2%。

S 的定义式可变换为

$$S = \frac{\Delta n}{\Delta I_g} \cdot \frac{\Delta I_g}{\dfrac{\Delta R_x}{R_x}} = S_i S_l \tag{4-2-11}$$

式中,S_i 为检流计的电流灵敏度,S_l 为电桥线路的灵敏度。即电桥的灵敏度不仅与检流计的灵敏度有关,而且与线路参数(R_1、R_2、R_S、R_x、E)的取值有关。

一般在用电桥测电阻时,应保证较高的电桥灵敏度。在检流计、电源一定的情况下,桥臂电阻的取值及桥臂比,都会影响电桥的灵敏度。同时,要合理确定桥臂比 $\dfrac{R_1}{R_2}$ 之值,使测量结果的有效数字位数足够多,一般应比由误差决定的位数多一位。但在测量时,还应保证在改变 R_S 最小可调挡两次,或改变量为仪器误差 Δ_l 时,应能觉察出检流计指针的偏转(0.2 格)。否则,位数再多也是不实际的。

【实验内容与步骤】

1. 用自搭电桥测电阻

(1)按图 4-2-2 连接线路。将 K_1 断开,滑线变阻器 R_H 的滑动端 E 调至 H 端。

(2)从电阻标称值或用万用表估测其阻值,考虑尽量将电阻箱各旋钮都用上的情况下,通过移动插头 A 的位置,选择合适的桥臂比 K;将电阻箱 R_S 的读数预调到使式(4-2-7)成立的值上;电源电压取 6 V。

(3)粗调:断开 S,闭合 K_1、K_2 接通电源,调节电阻箱 R_S,使检流计指零。

(4)细调:将 S 闭合(短路 R_m),调节电阻箱 R_S,使检流计指零;减小 R_H 阻值,再次调节电阻箱 R_S,使检流计指零。开关 K_2 应采用"跃接法",以确认检流计是否在平衡位置。记下此时电阻箱的示值 R_S。

（5）断开 K_1、K_2，将被测电阻 R_x 与电阻箱 R_S 的位置互换，将电阻箱 R_S 的读数预调到使式（4-2-8）成立的值上；按照步骤（3）、（4）的方法，记下互换桥臂后，电阻箱的示值 R'_S。

（6）再选择 3～4 个不同阻值的电阻，重复步骤（1）～（5），分别进行测量。

*（7）测定实验中测 R_x 时的电桥灵敏度，并计算或测定由电桥灵敏度引入的误差 ΔR_S（取用人眼能判断偏转的界限为 0.2 格）。（选做）

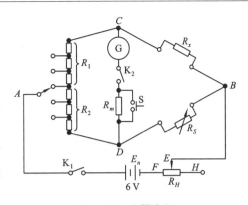

图 4-2-2　自搭电桥

2. 用 FBQJ47 型便携式直流单双臂电桥（市电型）测量电阻

用箱式电桥测量实验内容 1 中所使用的三个电阻。

FBQJ47 型电桥是便携式直流单双臂电桥，其"单桥"的基本原理参阅本实验原理部分，"双桥"可参阅有关参考书。图 4-2-3 所示的是其面板结构，在本实验中仅作为单臂电桥使用。

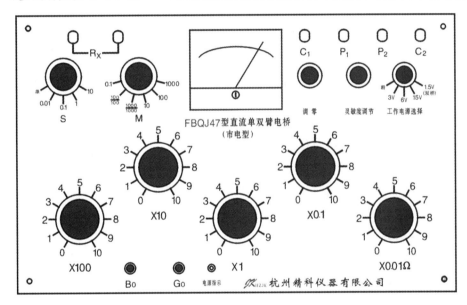

图 4-2-3　QJ47 型直流单双臂电桥面板图

面板中主要有 11 个大件（见图 4-2-3）：

①检流计调零旋钮；②检流计灵敏度调节旋钮；③B_0：工作电源按钮开关；④G_0：检流计按钮开关；⑤C_1、P_1、P_2、C_2：双桥四端连接被测电阻接线柱；⑥R_x：单桥被测电阻接线柱；⑦S：双桥比例臂开关；⑧M：单桥比例臂开关；⑨×100～×0.01 Ω：比较臂测量盘；⑩单双桥工作电源选择开关；⑪检流计表头。

操作方法如下：

（1）连接被测电阻至"R_x"接线柱（测量下限 10 Ω 时应注意考虑连接导线的阻值）。

（2）在机箱后部接通 220 V 市电，打开电源开关，指示灯亮。

（3）调节"调零"旋钮使检流计指零，待稳定数分钟后，再次调至零位。

（4）将"S"旋钮置于"单"，"M"旋钮视被测电阻大小置于适当位置，测量时必须用上比较臂的×100 测量盘,否则将降低准确度。

(5)按下(锁住)"G₀"按钮开关,再按下"B₀"按钮开关,调节测量盘使检流计指零,测量时,先将检流计灵敏度放较低位置,待电桥平衡时,再调高检流计灵敏度,再次调节测量盘,使检流计指零。即

$$R_x = R_M \cdot R$$

式中:R_x 为被测电阻示值(Ω);R_M 为比例臂示值 0.1、$\frac{100}{100}$、$\frac{1000}{1000}$、10、100、1000;R 为测量盘示值(Ω)。

(6)估计被测电阻大小而选择 R_M,工作电压及等级指数见表 4-2-1。

(7)测量中,应随时调整检流计零位(电气零位)。

表 4-2-1 FBQJ47 型直流单双臂电桥有关参数

R_x/Ω	R_M	等级指数/(%)	工作电源电压/V
$10 \sim 10^2$	0.1		3
$10^2 \sim 10^3$	$\frac{1000}{1000}$	0.05	
			6
$10^3 \sim 10^4$	10		
$10^4 \sim 10^5$	$10 \sim 100$		15
$10^5 \sim 10^6$	$100 \sim 1000$	0.2	

*3. 用自搭电桥测检流计内阻(选做)

滑线变阻器采用分压接法,将检流计接入待测电阻位置,用单刀开关搭桥。根据电桥平衡条件,用交换法可测检流计内阻。

*4. 试用最小二乘法求电阻的大小(选做)

用伏安法测量电阻,获得多组电压和电流值,相应的一元线性回归方程应为 $I = a + bU$,直线斜率 b 的倒数即为被测电阻值 R。把测量数据通过最小二乘法公式计算即可得 b 的值。

【数据记录及处理】

(1)自拟表格记录实验数据。

(2)用自搭电桥测量电阻。

用式(4-2-9)计算各个电阻的阻值 R_{x_i},并求出不确定度 $U_{\bar{R}_{x_i}}$,分别写成如下形式:

$$\begin{cases} R_{x_i} = \bar{R}_{x_i} \pm U_{\bar{R}_{x_i}} \\ U_r = \end{cases} \quad (P = 68\%)$$

(3)用箱式电桥测量电阻。

用 $R_x = KR_S$,$U_{电桥} = K(a\% \cdot R_S + 0.002)$ 计算 R_x 和 $U_{电桥}$,给出结果:

$$\begin{cases} R_x = \bar{R}_x \pm U_{电桥} \\ U_r = \end{cases}$$

式中,K 为比例系数,R_S 为调节臂读数示值(Ω),a 为准确度等级(单桥 0.2),$U_{电桥}$ 为电桥的基本误差。

【学习总结与拓展】

1. 总结自己教学成果的达成度

参考成果导向教学设计内容。

2. 思考题

(1) 电源 E_n 与检流计 G 的位置互换,是否会影响电桥的平衡,为什么?

(2) 为什么电桥法比伏安法测电阻准确? 如何提高电桥灵敏度?

(3) 用伏安法测电阻亦可以用作图法处理数据,试比较最小二乘法与图解法的优缺点。

3. 学习收获与拓展

(1) 从能力的培养、学习要点中选一个角度,谈谈你的收获。

(2) 本实验适合于中值电阻的测量,请对高值电阻和低值电阻的测量方法做个概括性的了解。

实验 4-3　示波器的使用

示波器能够简便地显示各种电信号的波形，一切可以转化为电压的电学量和非电学量及它们做周期变化的过程都可以用示波器来观测。示波器一般由示波管、衰减和放大系统、扫描和整步系统以及电源等部分组成。为了适应各种测量的要求，示波器的电路结构多种多样而且很复杂，但其基本功能是相同的。本实验主要学习示波器及信号发生器的基本使用方法。

实验 4-3

【成果导向教学设计】

通过本实验的学习，学生能了解以下知识，并培养以下能力。

知识：

（1）基础知识：示波器的基本结构；理解示波器面板上"灵敏度"旋钮、"扫描时基"旋钮标称值的含义。

（2）测量方法：比较法、转换法。

（3）实验原理：显示波形、李萨如图形的原理。

（4）数据处理：列表法。

能力：

（1）测量仪器的使用：示波器、信号发生器的使用方法。

（2）调节技术：信号发生器输出频率、电压调节；示波器各旋钮的功能和调节技巧。

（3）实验总结：能建立数据与结果的关联；撰写完整的实验报告。

（4）能力：安全实验；公民素质（个人能力、团队协作能力）（潜移默化地培养）。

【参考资料】

［1］赵家凤.大学物理实验［M］.北京：科学出版社，2000.

［2］吴怀选.示波器使用初探［J］.大学物理实验，2006.

［3］YB4320F 示波器、DS1052E 数字示波器、DG1022（U）波形发生器用户手册.

［4］广西科技大学大学物理课程网站-云课堂-微课.

【实验目的】

（1）了解示波器的基本结构和工作原理。

（2）掌握示波器及信号发生器的基本使用方法。

（3）观察周期信号的波形和李萨如图形。

（4）了解示波器在其他测量方面的应用。

【实验仪器】

（1）YB4320F 双踪示波器；（2）DG1022 信号发生器；（3）DS1052E 数字示波器。

【实验原理】

1. 示波管的基本结构

示波管主要由电子枪、偏转系统和荧光屏三部分组成,如图 4-3-1 所示。

(1) 电子枪:由灯丝 H、阴极 C、栅极 G、第一加速极 A_1、聚焦极 F_A、第二加速极 A_2 等组成。电位器 W_1 调节光点的亮度,即"辉度"调节,调节聚焦电位器 W_4、W_5 使电子会聚在荧光屏上,从而使荧光屏上的亮点最清晰。

(2) 偏转系统:由法线相互垂直的两对金属板即 X 偏转板和 Y 偏转板组成,当在偏转板上加偏转电压,电子通过偏转板时,电子在电场力的作用下发生偏转,改变偏转电压就能改变亮点在荧光屏上的位置。

(3) 荧光屏:荧光屏内表面涂有荧光物质,荧光物质在电子撞击时发光,能在荧光屏上形成亮斑。荧光物质发光后,即使电子停止撞击,荧光物质还能继续发光一段时间,这个时间就是荧光物质的余辉时间,不同的荧光物质有不同的余辉时间。

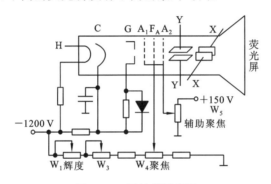

图 4-3-1　示波管示意图

2. 电压放大器和衰减器

由于示波管本身的 X、Y 轴的偏转灵敏度不高(0.1～1 mm/V),当加于偏转板的信号电压较小时,电子束不能发生足够大的偏转,致使荧光屏上光点位移过小。为此,设置了 X 轴和 Y 轴放大器,用放大器把小的电压信号放大,再将放大后的信号加到偏转板上,以便观察;衰减器的作用是使过大的输入电压信号减小,以适应放大器的要求,否则,放大器不能正常工作,甚至损坏。图 4-3-2 是示波器原理示意图。YB4320F 双踪示波器的衰减器共有十二挡,通常用垂直偏转因数(垂直输入灵敏度)表示,范围为 1 mV/div～5 V/div,按 1—2—5 进位。div 为荧光屏上的一大格。

3. 扫描、波形显示与整步

1) 显示正弦波形

通常情况是要在示波器上观测从 Y 轴输入的电压信号的波形,即必须将电压信号随时间的变化情况,稳定地显示在荧光屏上。

如果 X、Y 偏转板不加任何信号电压,电子束没有受到任何方向的作用,荧光屏中间只有一个亮点,如图 4-3-3(a)所示。

如果仅在 X 偏转板上加锯齿波扫描信号电压,而 Y 偏转板不加任何信号电压,光点只在 X 方向作周期振动,当振动频率较高时,屏上只显示水平一条直线,如图 4-3-3(b)所示。

如果仅把一个交变信号加到 Y 轴偏转板上,而 X 轴偏转板不加任何信号电压,则屏上的

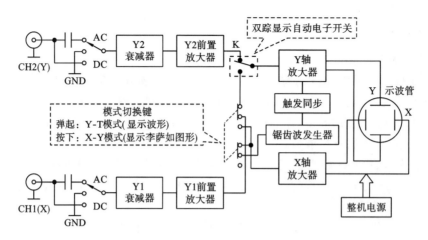

图 4-3-2　双踪示波器原理示意图

光点只作上下方向的振动,振动较快时,看到的只是竖直一条直线,如图 4-3-3(c)所示。

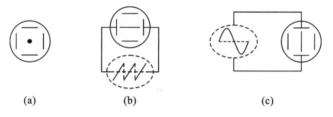

(a)　　　　　　　　(b)　　　　　　　　(c)

图 4-3-3　X、Y 偏转板不加或单独加信号电压的显示情况

　　如果把一个交变信号电压如 $u_y = \sin\omega t$ 加到 Y 轴偏转板上,同时在 X 轴偏转板上加线性锯齿波扫描电压,光点既在 Y 轴方向作正弦运动,也在 X 轴方向上匀速运动,光点在 X、Y 轴两个方向的位移,决定了光点在屏上的位置,即 Y 轴方向的正弦运动沿 X 轴方向随时间展开,屏上即出现正弦波形,这个展开

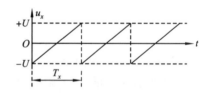

图 4-3-4　锯齿波扫描电压波形

过程称为扫描。图 4-3-4 所示的为锯齿波扫描信号电压波形。若 X 轴方向的扫描信号电压波形发生非线性失真,则屏上显示的也将是失真的波形。

　　图 4-3-5 所示的为展开的正弦波形,如果扫描电压周期是 Y 轴方向信号周期的 n(整数)倍,每个扫描周期得到的波形都相同,也即每个波形都重合,屏上将稳定地出现 n 个完整的 u_y 函数波形。在图 4-3-5 中,$T_x = T_y$,因此,完成一次扫描,在屏上即显示一个稳定的完整正弦波形。

　　如果 T_x、T_y 不成整数倍关系,例如 $T_x = 1.9T_y = 1\frac{9}{10}T_y$,如图 4-3-6 所示。图 4-3-6(a) 第一次扫描 0~19,第二次扫描 19~38,第三次扫描 38~57,…,分别对应图 4-3-6(b)的波形 ①,②,③,…,屏上即按时间顺序依次显示波形 ①,②,③,…,如图 4-3-6(c)所示。由图中可以看出,任意相邻两次扫描出的波形都不相同,也即任意相邻两次显示的波形不能重合。随时间连续扫描,最终给观察者在视觉上看到的效果便是,屏上的波形不断向右移动。同理,如果 $T_x = 2.1T_y = 2\frac{1}{10}T_y$,则观察到屏上的波形向左移动。

　　在实际电路中,两个不关联的独立信号的振荡频率是不可能自然形成并始终保持准确的

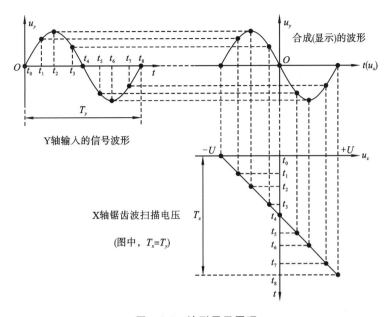

图 4-3-5　波形显示原理

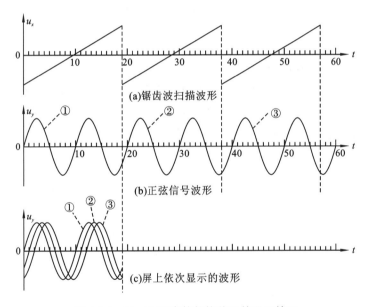

图 4-3-6　T_x、T_y 不成整数倍关系的显示情况

整数倍关系的,因而屏上的波形将发生横向移动,无法稳定,难于观测。在示波器中,为稳定显示波形,用 Y 轴的被测信号去控制锯齿波扫描发生器的频率,使扫描频率的整数倍准确地等于 Y 轴信号频率(即 $nf_x = f_y$,n 为整数),电路的这个作用称为整步(同步)。

现代的示波器设计中,通常利用触发电路,按照设定的触发条件,如用边沿触发,将被测信号的上升沿(或下降沿)与设定电平比较,只有当信号的电平达到设定电平并且触发电路产生触发信号时,才启动一次扫描,以保证每一次扫描的起始时刻总是对应着被测信号(波形)相同的位置,从而使屏上观察到稳定的波形。

2)双踪显示原理

对于双踪示波器,除上述基本原理外,由于需要同时显示两路信号波形,因而设计有 Y1、

Y2 两个输入端，由电子开关自动将两路信号间歇交替地将其中一路（Y1 或 Y2）送入 Y 轴放大器，如图 4-3-7 所示。

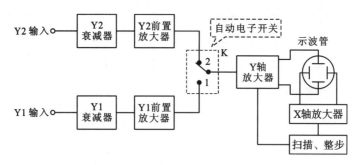

图 4-3-7　双踪显示原理

当电子开关 K 接至位置 1 时，示波管电子束受 Y1 信号的控制，荧光屏上显示 Y1 信号波形；当电子开关 K 接至位置 2 时，则显示 Y2 信号波形。这样，就能在荧光屏上两个不同位置交替显示两个信号波形。当 K 的切换速度足够快时，由于人眼的视觉暂留，就可同时在荧光屏上看到两个稳定的波形。双踪示波器的电子开关有"交替"与"断续"两种受控的切换方式，当两路信号为不相关的信号时，必须使用"交替"方式，两路不相关信号波形才能同时被稳定同步显示。

4. 显示李萨如图形

在 X 偏转板和 Y 偏转板上同时加正弦信号时，荧光屏上光点的轨迹是两个相互垂直的谐振动的合成，合成的轨迹是一条闭合曲线，这种曲线称为李萨如图形，如图 4-3-8 所示。封闭的李萨如图形在水平、垂直方向的切点数目分别为 N_x、N_y，输入到 X、Y 偏转板的频率分别为 f_x、f_y，则频率与切点数的关系为 $\dfrac{f_y}{f_x} = \dfrac{N_x}{N_y}$。

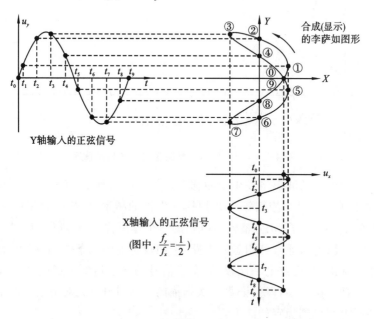

图 4-3-8　李萨如图形显示原理

上述介绍的是一种对信号波形进行实时显示的示波器——模拟示波器。随着科学技术的进步与发展,人们制造了一种新型示波器——数字示波器。有关数字示波器的基本使用方法见本实验后的附录 2。

【实验内容与要求】

1. 信号发生器的基本调节方法

DG1022 信号发生器面板如图 4-3-9 所示。以通道 CH1 输出正弦信号为例,简述其基本调节方法。

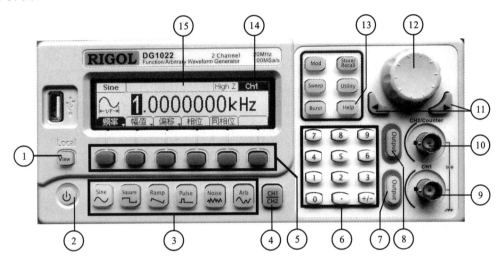

图 4-3-9　DG1022 信号发生器面板

(1) 打开仪器的电源开关(背面),接通仪器电源。

(2) 轻触电源键②,待仪器自检完成后,即进入正常的工作状态。

(3) 轻触视图切换键①,选择显示模式。图 4-3-9 为单通道常规显示模式。

(4) 轻触通道切换按钮④,选择通道 CH1,当前活动通道在界面有相应的显示⑭。

(5) 波形选择:轻触波形选择键③,选择正弦波形,Sine 按键指示灯点亮。

(6) 频率调节:用菜单键⑤选择"频率"选项,由数字键盘⑥直接输入频率的数值,再由菜单键⑤选择频率的单位。若需要微调频率,利用方向键⑪将光标移动至需改变的数字上,然后调节旋钮⑫至所需的频率值。若交替轻触"频率"("周期")选项按键,将交替显示"周期""频率"选项。

(7) "幅值"选项为输出电压,用类似上述方法调节输出电压。交替轻触"幅值"("高电平")选项按键,将交替显示"高电平""幅值"选项。

(8) 轻触按键⑦,Output 按键指示灯点亮,CH1 信号电压从输出端⑨输出。

需要注意的是,所有按键只能轻按触发,不要长时间按压。若长时间按压,只显示该按键的"帮助"信息,不显示信号参数。轻触帮助键⑬,即可关闭"帮助"功能。

2. 示波器常用旋钮的功能和基本调节方法

YB4320F 型示波器面板如图 4-3-10 所示,各开关、旋钮的基本功能参阅本实验后的附录 1。

3. 测量内容

1) 显示正弦波形并测量周期及峰-峰值电压

(1) 按下示波器电源开关⑥,预热仪器约 1 min,分别调节旋钮②、③,使辉度、聚焦合适。

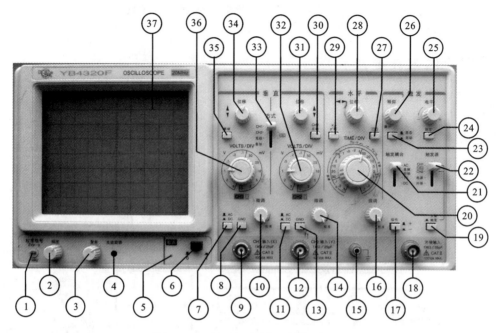

图 4-3-10　YB4320F 型示波器面板

注意：辉度不能太亮，以免损伤荧光物质。

（2）在信号发生器上调出频率 f_0、峰-峰值电压 $V_{\text{P-P}_0}$ 的正弦信号作为被测信号，将被测信号输入到 CH1⑨（或 CH2⑫）输入端。

（3）先对示波器面板上的开关、旋钮作如下设置，同时观察屏幕上显示的变化情况。

"X—Y"㉗——弹起。

"垂直方式"㉝——CH1（或 CH2 或双踪，按测量需要拨至相应的挡位）。

"自动/常态"㉓——按下。

"AC/DC"⑦⑪、"GND"⑧⑬——弹起。

"微调"⑩⑭⑯——顺时针旋至"关"校准位置。

灵敏度"VOLTS/DIV"㉜㊱d_y（垂直方向偏转一格的电压值）——预设 2 V/div（按测量需要选择合适的挡位）。

扫描时基"TIME/DIV"⑳d_x（水平方向扫描一格的时间值）——预设 0.2 ms/div（按测量需要选择合适的挡位）。

"位移"㉘㉛㉞——预设居中（按测量需要将波形或图形移动到屏上合适的位置）。

"极性"⑰——弹起。

"交替触发"⑲——按下。

"断续"㉟——弹起（注意："交替"⑲与"断续"㉟不要同时按下）。

"触发耦合"㉑——AC 或高频抑制。

"触发源"㉒——CH1（或 CH2）。

"释抑"㉖——逆时针旋到最小或居中。

"×5 扩展"㉙——弹起。

"CH2 反相"㉚——弹起。

（4）调节"电平"旋钮㉕或按下"锁定"㉔键，使波形稳定。

（5）分别调节扫描时基⑳d_x、垂直灵敏度㊱（或㉜）d_y，使屏上显示最适合观察测量的波形。一般情况下，在满足测量的前提下，应使所显示的波形尽可能大一些，即选择合适的 t/div 挡级，使波形沿水平方向尽可能展开但又至少能显示一个完整的周期；选择合适的 V/div 挡级，使垂直方向的幅度尽可能大但又不能超出屏幕刻度范围，以提高测量精度。此时，应视具体情况，重新调节辉度、聚焦最佳状态。通常的做法是，适当降低辉度，调节聚焦，以使波形线条更加精细。调节水平位移㉘、垂直位移㉞（或㉛），将波形移动到屏上合适位置，以方便观察读数，如图 4-3-11 所示。

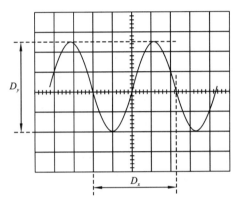

图 4-3-11　正弦波形

（6）记下扫描时基挡级⑳t/div 的标称值 d_x，垂直灵敏度挡级㊱（或㉜）V/div 的标称值 d_y，读出屏上波形一个周期的水平距离 D_x(div)，峰-谷间高度 D_y(div)。div 是显示屏上的一个大格。

（7）将信号发生器显示的频率 f_0、电压 $V_{P\text{-}P_0}$ 及从示波器读出的数据 d_x、d_y、D_x、D_y 记录到表 4-3-1。

（8）改变信号发生器的输出频率、电压，仿上述方法，再次进行测量。

表 4-3-1　数据记录参考表

信号发生器示值		示波器读数			
f_0/kHz	$V_{P\text{-}P_0}$/V	d_x/(ms/div)	D_x/(div)	d_y/(V/div)	D_y/div

周期：
$$T = d_x D_x$$

电压峰-峰值：
$$V_{P\text{-}P} = d_y D_y$$

通常从电压表读出的电压是其有效值 V_{eff}(V_{rms})，与 $V_{P\text{-}P}$ 的关系为 $V_{eff} = \dfrac{V_{P\text{-}P}}{2\sqrt{2}}$。

2）显示李萨如图形并测量信号的频率

在李萨如图形中，频率与切点数的关系为

$$\frac{f_y}{f_x} = \frac{N_x}{N_y}$$

利用这一关系式，可以用已知的正弦信号频率测量另一个未知的正弦信号频率。如果其中一信号频率已知且连续可调，则把两个正弦信号分别输入 X 轴、Y 轴，调出稳定的李萨如图形，如图 4-3-12 所示。从李萨如图上数出切点数 N_x、N_y，记下已知信号的频率，即可由上式计算出待测信号的频率。

(1) 将两个信号发生器的输出端分别连接到示波器的CH1(X)、CH2(Y)的输入端,并使两个正弦信号同时输入到示波器。

(2) 对示波器面板上的开关、旋钮作如下设置,同时观察屏幕显示的变化。

"X—Y"㉗——按下。

"垂直方式"㉝——CH2。

"触发源"㉒——CH1。

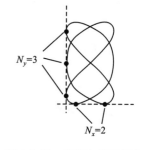

图 4-3-12　李萨如图形切点数的确定

其余开关、旋钮按上述"显示正弦波形"设置。

此时,示波器即工作在"X—Y"方式。CH1(X)为 X 轴输入端,由此输入的频率记为 f_x;CH2(Y)为 Y 轴输入端,由此输入的频率记为 f_y。

(3) 固定 f_y 不变(如取 $f_y=f_{y_0}=2$ kHz),作为待测的未知频率,f_x 作为已知频率。调节示波器灵敏度旋钮㉜、㊱或信号发生器的输出电压,使屏上的图形大小合适;调节㉘、㉛,将图形移动到屏幕上方便观察的位置。此时,还应视具体情况,将辉度、聚焦调节至合适状态。

(4) 选取适当的频率值 f_x,并微调 f_x,使图形简单、稳定,记下 N_x、N_y、f_x,并画出对应的李萨如图形。

(5) 改变 f_x,重复步骤(4)。

上述的未知频率 $f_y(f_{y_0})$ 是个定值,当频率 f_x 取不同的值时,则比值 f_x/f_y(或 f_y/f_x)不同,将得到不同形状的李萨如图形。由李萨如图形频率与切点的关系式可知,当比值 f_x/f_y(或 f_y/f_x)为简单整数比时,显示的李萨如图形较为简单。表 4-3-2 中图例是一些较为简单的李萨如图形。

本次实验中,合成李萨如图形的两个信号,是互不相关的两个独立信号,它们的相位差不是恒定值,而是时刻发生变化的,因此,图形不可能完全稳定。实验测量时,对已知频率进行微调,使图形的转动方向刚好改变或变化最缓慢时即可。

表 4-3-2　图例及数据记录参考表

N_x	1	1	1	2	2	3
N_y	1	2	3	1	3	2
f_x/kHz						
李萨如图形						
$f_y=\dfrac{N_x}{N_y}f_x$ /kHz						
f_{y_0}/kHz						

* 3) 测量两信号的相位差(选做)

频率为 f 的正弦信号,通过含有电抗元件的电路后,输出信号是一个与输入信号频率相同、具有一定相位差的正弦信号。利用双踪示波器可观察到两信号超前或滞后的情况,并能方便地测出两信号的相位差,如图 4-3-13 所示。分别读出一个周期的宽度 D_x、两特定点的水平距离 ΔD_x,则相位差 $\varphi = 2\pi \dfrac{\Delta D_x}{D_x}$。

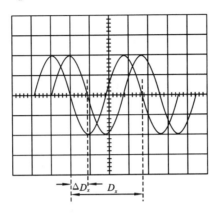

图 4-3-13　测量两信号的相位差

【数据处理要求】

1. 对于测量内容 1)

利用测量数据计算出周期 T、电压峰-峰值 $V_{\text{P-P}}$,并与实际值(理论值)比较,求出相对不确定度,并给出结果。

(1)

$$\begin{cases} T = d_x D_x \\ U_r = \dfrac{|T - T_0|}{T_0} \times 100\% \end{cases}$$

式中,$T_0 = \dfrac{1}{f_0}$。

(2)

$$\begin{cases} V_{\text{P-P}} = d_y D_y \\ U_r = \dfrac{|V_{\text{P-P}} - V_{\text{P-P}_0}|}{V_{\text{P-P}_0}} \times 100\% \end{cases}$$

2. 对于测量内容 2)

求出 $\overline{f_y}$,并与信号发生器显示的频率值 f_{y_0} 比较,计算相对不确定度,并给出结果。

$$\begin{cases} \overline{f_y} = \dfrac{f_{y_1} + f_{y_2} + \cdots + f_{y_n}}{n} \\ U_r = \dfrac{|\overline{f_y} - f_{y_0}|}{f_{y_0}} \times 100\% \end{cases}$$

【学习总结与拓展】

1. 总结自己学习成果的达成度

参考成果导向教学设计内容。

2．思考题

（1）如果示波器是正常的，但屏上无任何图像，可能的原因是什么？

（2）在本实验中，利用李萨如图形测量频率时，为什么屏上的图形在时刻转动？

3．学习收获与拓展

（1）从能力的培养、学习要点中选一个角度，谈谈你的收获。

（2）给出用单踪示波器测量两个信号相位差的方法。

附录1：YB4320F 示波器各开关、旋钮的基本功能

YB4320F 示波器（见图 4-3-14）各开关、旋钮的基本功能如下。

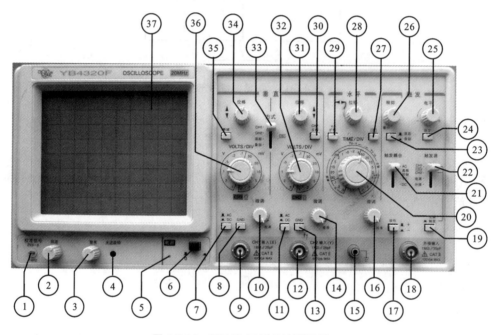

图 4-3-14　YB4320F 型示波器面板

① 校准信号（探头补偿），方波 1 kHz/2V_{P-P}。

② 辉度调节旋钮：顺时针方向转动，辉度加亮，反之减弱，直至辉度消失。如光点长期停留在屏上不动时，应将辉度减弱或熄灭，以延长示波管的使用寿命。

③ 聚焦调节旋钮：用以调节扫描线会聚最清晰。

④ 光迹旋转：由于磁场的作用，光迹在水平方向可能发生倾斜。调节该旋钮，可以使光迹与水平刻度线平行。

⑤ 电源指示灯。

⑥ 电源开关：当此开关按下置"1"时，指示灯发光，经预热后，仪器即可正常工作。

⑦ ⑪AC—DC：输入信号与放大器耦合方式的选择开关。弹出 AC，表示交流耦合，放大器的输入端与信号连接由电容器耦合，信号中的直流成分被隔离；按下 DC，表示直流耦合，放大器的输入端与信号直接耦合。

⑧ ⑬GND（接地）：按下则输入信号与放大器断开，并且放大器的输入端接地。

⑨ CH1(X)：Y1 输入插座；X—Y 方式时则为 X 轴输入端。

⑩ ⑭垂直微调旋钮：用于连续改变垂直灵敏度，该旋钮顺时针旋满至"关"位置，垂直方向即处于"校准"状态。微调范围大于 2.5 倍。

⑫ CH2(Y)：Y2 输入插座；X—Y 方式时为 Y 轴输入端。

⑮ 示波器外壳接地端。

⑯ 扫描微调旋钮：用于连续调节时基扫描速率，该旋钮顺时针旋满至"关"位置，水平扫描即处于"校准"状态。微调扫描的调节范围大于 2.5 倍。

⑰ 触发极性选择按钮：弹出为正极性，触发电平产生在信号的上升沿；按下为负极性，触发电平产生在信号的下降沿。

⑱ 外部触发信号输入插座。

⑲ 交替触发：在双踪交替显示时，触发信号来自于两个垂直通道(CH1、CH2)，电子开关按扫描信号周期在两个通道间切换，也即一个扫描周期电子开关在两个通道间切换一次，用于同时观察两路不相关信号波形。此方式适用于显示较高频率信号波形。

⑳ TIME/DIV(t/div,时间/格)：主扫描时间系数选择开关，表示在水平方向扫描一格的时间值。扫描速率范围由 0.1 μs/div～0.5 s/div 按 1—2—5 进位分二十一挡，可根据被测信号的频率，选择适当的挡级。当扫描"微调"旋钮⑯位于校准位置(顺时针旋满至"关"位置)时，"t/div"挡级的标称值即可视为时基扫描速率。

㉑ 触发信号耦合方式选择开关。

AC：交流耦合方式，隔离触发信号中的直流成分，可得到稳定的触发，该方式的最低截止频率为 10 Hz(-3 dB)。

DC：直流耦合方式，触发信号直接耦合到触发电路。需要用触发信号的直流成分或需要显示低频信号以及信号占空比很小或使用交替方式且扫速较慢导致抖动时，选择 DC 方式。

高频抑制：触发信号中的高频成分通过低通滤波器被抑制，只有低频信号部分能作用到触发电路。

TV(电视)：将电视信号送入同步分离电路，并以分离出的同步信号作为示波器的触发信号，使视频信号稳定显示。

㉒ 触发信号源选择开关。

CH1(X—Y)：CH1 通道信号为触发信号，当工作在 X—Y 方式时，拨动开关应设置于此挡。

CH2：CH2 通道信号为触发信号。

电源触发：电源为触发信号。

外接：用外部信号作为触发信号，用于特殊信号的触发。

㉓ 触发方式选择。

自动：在没有信号输入时，屏幕上仍然可以显示扫描线。

常态：有输入信号才能扫描，否则屏幕上无扫描线显示。当输入的信号频率低于 50 Hz 时，一般使用"常态"方式。

㉔ 电平锁定：无论信号如何变化，触发电平无需人工调节，自动保持在最佳位置。

㉕ 触发电平旋钮：用于调节被测信号在某选定电平触发。当旋钮向"+"方向时触发电平上升，向"-"方向时触发电平下降。

㉖ 释抑：也称触发释抑，即为"释放"与"抑制"。在一个大周期内含有多个脉冲(波形)，电路触发后，在大周期内，即使还有多个满足触发条件的点，电路也不触发，而是处于"抑制"状

态;下一个大周期,在与前一大周期相同的点重新触发,电路处于"释放"状态。从开始触发到下次重新触发所等待的时间,称为释抑时间。当信号波形复杂,用电平旋钮不能稳定触发时,可用释抑旋钮使波形稳定同步。

㉗ X—Y 控制键:弹出此键,示波器工作在 Y—T 模式(显示波形);按下此键,示波器工作在 X—Y 模式(显示李萨如图形)。此时,CH1 为 X 轴输入端,CH2 为 Y 轴输入端。

㉘ 水平位移旋钮:用以调节屏幕上光点或波形在水平方向上的位置。

㉙ ×5 扩展:按下此键,当前的扫描时间系数是按下此键前的扫描时间系数的 1/5。

㉚ CH2 反相:显示 CH2 相对地电位翻转 180°后的信号波形。

㉛ ㉞垂直位移旋钮:用以调节屏幕上光点或波形在垂直方向上的位置。

㉜ ㊱VOLTS/DIV(V/div,伏/格),垂直输入灵敏度(衰减器)步进式选择开关,表示在垂直方向上偏转一格的电压值。输入灵敏度自 1 mV/div～5 V/div 按 1—2—5 进位分十二个挡级,可根据被测信号的电压幅度,选择适当的挡级以便观测。当⑩⑭的"微调"旋钮位于校准位置(顺时针旋满至"关"位置)时,"V/div"挡级的标称值即可视为垂直输入灵敏度。

㉝ 垂直方式工作开关。

CH1:屏幕上仅显示 CH1 的信号波形。

CH2:屏幕上仅显示 CH2 的信号波形。

双踪:以交替或断续方式,同时显示 CH1 和 CH2 的信号波形。

叠加:显示 CH1 和 CH2 输入信号的代数和的波形。

㉟ 断续方式:CH1、CH2 两个通道按断续方式工作,电子开关在每个扫描周期内以一定的断续频率在两个通道间切换,也即在一个扫描周期内,电子开关在两个通道间进行多次切换。不同型号的示波器断续频率不同,YB4320F 的断续频率为 250 kHz。此方式适用于显示较低频率信号波形。

注意:双踪显示时,"交替""断续"键不要同时按下。否则,将无法正常显示波形。

㊲ 6 英寸显示屏,有效测量范围为 10(H)×8(V)div,最小分度值为 0.2 div。

附录 2:DS1052E 数字示波器简介

数字示波器应用了集成电路、液晶显示器及贴片技术等,整机体积小、重量轻,携带方便。在电路性能上,有多种触发方式,能长时间贮存波形,对波形有极强的处理能力,能对信号的参数,如周期(频率)、峰-峰值、有效值、上升时间、脉冲宽度、占空比等进行自动测量,并且可方便地与计算机、打印机等外围设备连接。因此,在科学研究、工程技术上,数字示波器获得广泛应用。有关数字示波器详细的结构、原理等内容,请自行查阅相关资料。

数字示波器与模拟示波器在使用方法上是基本相同或相似的。因此,当了解模拟示波器各个开关、旋钮的作用并理解各项参数的含义,熟悉其调节测量方法后,对学习数字示波器的使用方法将有极大的帮助。虽然来自不同生产商或不同型号的数字示波器,在外观、性能、功能等方面可能有较大差异,但基本的使用方法是相通的。图 4-3-15 是数字示波器基本原理示意图,图 4-3-16 是实验室 DS1052E 数字示波器面板图。

1. DS1052E 数字示波器各旋钮、按键的基本功能简介

DS1052E 数字示波器(见图 4-3-16)各旋钮、按键的基本功能介绍如下。

① 电源开关。

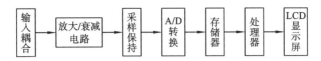

图 4-3-15　数字示波器原理示意图

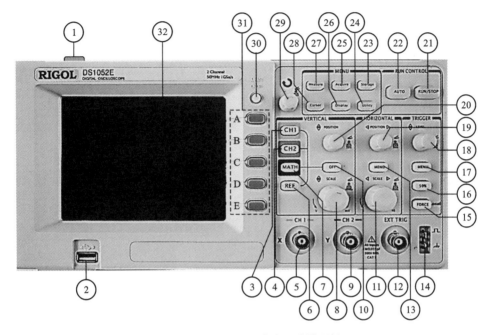

图 4-3-16　DS1052E 数字示波器面板

② USB 接口。

③ 获取 CH1(通道 1)控制权按键。

④ 获取 CH2(通道 2)控制权按键。

⑤ CH1 信号输入通道。

⑥ 用 REF 功能调出存于示波器内部或外部存储设备中的波形作为标准参考波形,将观察的信号波形与此参考波形作比较,从而判别信号的性质。参考波形在示波器中以白色显示。

⑦ 数学运算功能键。可以将 CH1、CH2 两个通道的信号进行加、减、乘、傅里叶变换等数学运算。

⑧ 垂直灵敏度控制旋钮。按压该旋钮,垂直灵敏度参数可以在粗调/微调间切换。

⑨ CH2 信号输入通道。

⑩ 选择关闭 CH1、CH2 通道或 MATH、REF 功能。

⑪ 水平时基调节旋钮。按压该旋钮,可以开/关延迟扫描功能。打开延时扫描时,用来放大一段波形,以便查看波形细节。注意:延迟扫描时基设定值不能慢于主时基的设定值。

⑫ 外部触发输入端。

⑬ 水平控制菜单键,结合㉛"时基"选项,可选择 Y—T(显示波形)、X—Y(显示李萨如图形)等常用模式。当工作在 X—Y 模式时,CH1 为 X 轴,CH2 为 Y 轴。

⑭ 探头补偿测试信号,方波 1 kHz/3 V_{P-P}。

⑮ 强制触发键。强制产生一个触发信号,主要应用于触发方式中的"普通"和"单次"模

式。

⑯ 设定触发电平在被测信号峰-峰值的垂直中点。

⑰ 触发控制菜单键。

⑱ 触发电平调节旋钮。按压该旋钮,触发电平快速归零。

⑲ 水平位移调节旋钮。按压该旋钮,波形快速返回水平中点。

⑳ 垂直位移调节旋钮。按压该旋钮,波形快速返回垂直中点。

㉑ 运行/停止键,示波器连续采集/停止采集波形。轻触该按键,可以静止观察某一波形;再轻触该按键,则又连续采集波形。

㉒ 自动设置垂直、水平、触发等控制值,使波形达到最佳状态。在此基础上,可以进一步手动调节垂直、水平挡位,使波形符合测量要求。

㉓ 波形存储选择键。可以对存储设备上的波形、设置文件进行保存、调出、删除等操作。使用存储功能时,示波器停止采集波形。

㉔ 辅助系统功能键,可以对接口、声音、频率计、语言、打印等选项设置。

㉕ 采样设置菜单键。

㉖ 显示系统设置键。如显示类型(矢量/点)、波形亮度、网格亮度、菜单保持时间等。

㉗ 自动测量键。对电压量(峰-峰值、平均值等)、时间量(周期、上升/下降时间等)的自动测量。

㉘ 光标测量功能键。结合㉛选择光标模式。

㉙ 多功能旋钮。直接旋转调节波形亮度;结合㉛的二级菜单,旋转可选择选项,按下则确定选项。较常用的是调节光标功能。

㉚ 屏幕操作菜单开/关键。

㉛ 屏幕菜单选择键。可以设置当前菜单的不同选项或进入不同的功能菜单或直接获得特定的功能应用。

㉜ 5.6英寸液晶显示屏。

2. 数字示波器的基本使用方法

1) 显示正弦波形

(1) 将被测信号连接至⑤CH1(⑨CH2)输入端,轻触⑬MENU调出Time屏幕菜单,轻触㉛—C调出二级菜单,旋转㉙选择"Y—T"后,按下㉙确认。此时,示波器工作在Y—T模式。

(2) 轻触③CH1(④CH2),屏上即显示正弦波形。

(3) 轻触⑰MENU调出Trigger屏幕菜单,仿上述步骤(1),分别轻触㉛—A、B、C、D调出相应的二级菜单,触发模式选择"边沿触发"、信源选择"CH1(CH2)"、边沿类型选择"上升沿"(或"下降沿")、触发方式选择"自动",旋转㉙选择相应选项后,按下㉙确认对应选项。其他选项按默认方式。

(4) 旋转或按下⑱调节触发电平,使波形稳定显示。

(5) 分别调节⑲水平位移、⑳垂直位移,将波形移动到屏幕合适位置;分别调节⑧灵敏度、⑪扫描时基,使波形的幅度、宽度适合观察测量。灵敏度、扫描时基的值,显示在屏幕下部。

(6) 读数测量方法。

a. 手动光标测量。轻触㉘Cursors调出光标屏幕菜单,轻触㉛—A键调出二级菜单,旋转㉙选择"手动"后,按下㉙确认,屏幕即显示光标及光标菜单。信源选择"CH1",测量CH1信号的参数;信源选择"CH2",测量CH2信号的参数。按测量要求,选择光标类型"X",测量水平量(时间量);选择光标类型"Y",测量垂直量(电压量)。调节㉙多功能旋钮,可移动屏上的光标,同时可从屏幕读出相应的参数。选择㉛—D(CurA)可控制 A 光标;选择㉛—E(CurB)可控制 B 光标;若 CurA、CurB 全选,则可同时控制 A、B 光标。

b. 自动测量。轻触㉘Measure 键,屏幕显示自动测量菜单,示波器进入自动测量模式。信源选择"CH1",测量 CH1 信号的参数;信源选择"CH2",测量 CH2 信号的参数。选择㉛—B"电压测量"选项,可对有关电压量的测量;选择㉛—C"时间测量"选项,可对有关时间量进行测量。测量结果直接在屏上显示。

2) 显示李萨如图形

(1) 将频率为 f_x、f_y 的两个正弦信号分别连接到⑤CH1、⑨CH2 的输入端。

(2) 轻触⑬MENU 调出 Time 屏幕菜单,轻触㉛—C 调出二级菜单,旋转㉙选择"X—Y"后,按下㉙确认,屏上即出现李萨如图形。此时,示波器工作在 X—Y 模式,CH1 为 X 轴输入端,CH2 为 Y 轴输入端。调节⑪旋钮选取适当的采样率,一般取 250.0 kSa/s,使屏上显示效果最佳的李萨如图形。

(3) 轻触③CH1 键,获取 X 轴方向的控制权,用旋钮⑧改变图形在水平方向上的大小,用旋钮⑳改变图形在水平方向上的位置;轻触④CH2 键,获取 Y 轴方向的控制权,用旋钮⑧改变图形在垂直方向的大小,用旋钮⑳改变图形在垂直方向上的位置。

(4) 选取适当的频率 f_x、f_y,当两个频率的比值 f_x/f_y(或 f_y/f_x)为简单整数比时,屏上的李萨如图形较为简单;微调 f_x 或 f_y,使李萨如图形转动最缓慢。

数字示波器正常工作时,轻触㉑RUN/STOP 键,可进行"连续采集数据"/"停止采集数据"切换,利用这一功能,可以观察某一静止波形(图形),同时该键显示红色;在任何模式下,轻触㉚键可关闭/调出屏幕菜单。

实验 4-4　*RC* 串联电路的暂态过程

在含有电容的电路中,由于电容的充、放电,电路需要一定的时间才能从一个稳定状态转变到另一个稳定状态,这个转变过程称为暂态过程。暂态过程在电子学特别是在脉冲技术中有广泛的应用。

【成果导向教学设计】

通过本实验的学习,学生能了解以下知识,并培养以下能力。

知识:

(1) 基础知识:电阻、电容的基本特性;*RC* 时间常数。

(2) 测量方法:比较法、转换法。

(3) 实验原理:*RC* 串联电路特性。

(4) 数据处理:列表法。

能力:

(1) 测量仪器的使用:示波器、信号发生器的使用方法。

(2) 调节技术:用示波器观察电路中波形并测量时间常数。

(3) 实验总结:能建立数据与结果的关联;撰写完整的实验报告。

(4) 能力:安全实验;公民素质(个人能力、团队协作能力)(潜移默化地培养)。

【参考资料】

[1] 吴锋,王若田.大学物理实验教程[M].北京:化学工业出版社,2003.

[2] 李天应.物理实验[M].武汉:华中理工大学出版社,1998.

[3] 王惠棣,等.物理实验[M].天津:天津大学出版社,1987.

【实验目的】

(1) 通过对 *RC* 串联电路暂态过程的研究,加深对电容特性的认识。

(2) 学习测量 *RC* 串联电路的时间常数 τ。

【实验仪器】

(1) 双踪示波器;(2) 方波信号发生器;(3) 标准电阻箱;(4) 标准电容箱。

【实验原理】

如图 4-4-1 所示,当 K 扳向 1 时,电源 *E* 通过电阻 *R* 对电容器 *C* 充电,经过一定时间,*C* 上的电压从 0 达到 *E*;当 K 扳向 2 时,*C* 通过 *R* 放电,同样,经过一定的时间,*C* 上的电压又从 *E* 降为 0。

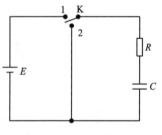

图 4-4-1　*RC* 串联电路

1. 充电过程

当 K 扳向 1 时,*E* 通过 *R* 对 *C* 充电,此时有

$$u_R + u_C = E \tag{4-4-1}$$

或
$$iR + u_C = E \tag{4-4-2}$$

因为 $i = \dfrac{\mathrm{d}q}{\mathrm{d}t}$，$u_C = \dfrac{q}{C}$，所以 $i = C\dfrac{\mathrm{d}u_C}{\mathrm{d}t}$，代入式(4-4-2)得

$$\frac{\mathrm{d}u_C}{\mathrm{d}t} + \frac{1}{RC}u_C = \frac{E}{RC} \tag{4-4-3}$$

由初始条件知，当 $t=0$ 时，$u_C=0$，得式(4-4-3)的解为

$$u_C = E(1 - \mathrm{e}^{-\frac{t}{RC}}) = E(1 - \mathrm{e}^{-\frac{t}{\tau}}) \tag{4-4-4}$$

式中，$\tau = RC$ 称为时间常数，单位为秒(s)。

电容上的电量：
$$Q = Q_0(1 - \mathrm{e}^{-\frac{t}{\tau}}) \tag{4-4-5}$$

电路中的电流：
$$i = \frac{\mathrm{d}q}{\mathrm{d}t} = \frac{E}{R}\mathrm{e}^{-\frac{t}{\tau}} \tag{4-4-6}$$

电阻上的电压：
$$u_R = iR = E\mathrm{e}^{-\frac{t}{\tau}} \tag{4-4-7}$$

2. 放电过程

当 K 扳向 2 时，C 通过 R 放电，此时有
$$iR + u_C = 0 \tag{4-4-8}$$

或
$$\frac{\mathrm{d}u_C}{\mathrm{d}t} + \frac{1}{\tau}u_C = 0 \tag{4-4-9}$$

由初始条件，当 $t=0$ 时，$u_C=E$，得

$$u_C = E\mathrm{e}^{-\frac{t}{\tau}} \tag{4-4-10}$$

可得到 Q、i、u_R：

$$Q = Q_0 \mathrm{e}^{-\frac{t}{\tau}} \tag{4-4-11}$$

$$i = -\frac{E}{R}\mathrm{e}^{-\frac{t}{\tau}} \tag{4-4-12}$$

$$u_R = -E\mathrm{e}^{-\frac{t}{\tau}} \tag{4-4-13}$$

由上述可知，在 RC 串联电路中，在充电时，电容器上的电压 u_C、电量 Q 随时间指数增长，如图 4-4-2(a)所示；而电流 i 与电阻上的电压 u_R 则随时间指数衰减，如图 4-4-2(b)所示。

在放电时，Q、u_C、i、u_R 都随时间指数衰减，式(4-4-12)、式(4-4-13)中的负号表示 i、u_R 的方向与充电时相反，如图 4-4-3 所示。

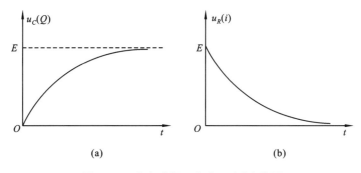

(a)　　　　　　　　　　　　　　(b)

图 4-4-2　充电过程 $u_C(Q)$、$u_R(i)$ 变化图

3. 关于时间常数 $\tau = RC$

τ 是 RC 电路中重要的特征常数，用以表示充、放电速度。τ 越小，充、放电速度越快，反之

越慢。

（1）在充电过程中：

① 当 $t=\tau$ 时，电容上的电压为

$$u_C = E(1-e^{-1}) = 0.632E$$

由此可见，当充电时间 t 等于电路中的时间常数 τ 时，电容器上的电压达到最终值 E 的 63.2%。

② 当 $t \to \infty$ 时，

$$u_C = E$$

从理论上讲，要使电容器上的电压充电至电源电压 E，所需时间无限长。而实际上，当 $t=4\tau \sim 5\tau$ 时，充电过程已经结束。

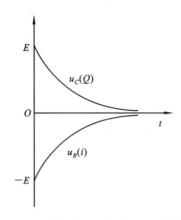

图 4-4-3　放电过程 $u_C(Q)$、$u_R(i)$ 变化图

③ 当 $t=T_{1/2}$ 时，设电容器在充电过程中，当 $u_C = \dfrac{1}{2}E$ 时所需时间为 $T_{1/2}$，由式（4-4-4）得

$$u_C = \frac{1}{2}E = E(1-e^{-\frac{T_{1/2}}{\tau}})$$

解上式得

$$T_{1/2} = \tau\ln2 = 0.693\tau \tag{4-4-14}$$

或

$$\tau = 1.44T_{1/2} \tag{4-4-15}$$

（2）放电过程中：

当 $t=\tau$ 时，由式（4-4-10）得

$$u_C = 0.368E$$

即表示在放电过程中，经过时间 $t=\tau$ 后，电容器两端的电压下降到初始值的 36.8%。

在图 4-4-1 中，用扳动 K 的方法使电容器 C 充、放电进行实验，但在实际操作中是利用如图 4-4-4 所示的方波信号自动完成的。图中 $0 \sim t_1$ 相当于 K 扳向 1，即充电过程；$t_1 \sim t_2$ 相当于 K 扳向 2，即放电过程。

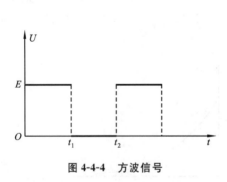

图 4-4-4　方波信号

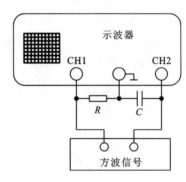

图 4-4-5　观察 RC 暂态过程连线图

【实验内容与步骤】

1. 观察方波信号波形

使信号发生器输出一定幅度和频率的方波信号，输入示波器输入端，调节示波器，使屏上出现稳定的方波。描下波形图，并标出 E、t_1、t_2 值。

2. 观察 u_C、u_R 波形

按图 4-4-5 所示连接线路,选择一定的 R、C 值,调节示波器,使屏上出现稳定的 u_C、u_R 波形。波形分别如图 4-4-6(a)、(b)所示。注意,CH2 极性应置于"—",使 CH2 波形反相。由上可得,一个方波信号,经过含有电容的电路时,波形会发生畸变。

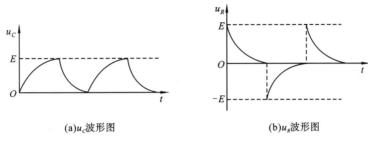

(a)u_C波形图　　　　　　　　　(b)u_R波形图

图 4-4-6　u_C、u_R 波形图

3. 测量时间常数 τ

(1) 选择适当的 R、C 值及方波信号频率与幅度。

(2) 调节示波器,使屏上出现清晰、稳定的充、放电波形图。

(3) 描下 u_C 波形图,如图 4-4-7 所示,读出 $u_C = \frac{1}{2}E$ 对应的 ΔD_x,记下水平方向的扫描时间因数 d_x。

* **4. 取不同的 R、C 值,观察波形情况(选做)**

取不同的 R、C 值,即保持 $R(C)$ 不变,改变 $C(R)$,观察波形的变化情况,在同一张坐标纸上描下相应的波形图。

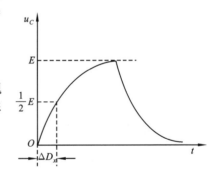

图 4-4-7　u_C 波形图

【数据记录及处理】

(1) 根据实验内容 2,分别画出 u_C、u_R 波形,并在图上标出相应的 R、C 值,说明 R、C 值对充、放电速度的影响情况。

(2) 根据实验内容 3(3),自拟表格记录 ΔD_x、d_x 及实验时的 R、C 值。

(3) 计算时间常数 $\tau = 1.44 d_x \cdot \Delta D_x$,与 $\tau_0 = RC$ 比较,求出相对不确定度:

$$U_r = \left| \frac{\tau - \tau_0}{\tau_0} \right| \times 100\%$$

【学习总结与拓展】

1. 总结自己学习成果的达成度

参考成果导向教学设计内容。

2. 思考题

(1) τ 的物理意义是什么?

(2) 怎样用万用表鉴别电容器的好坏? 若有两个都是性能良好的电容器,如何用万用表定性地比较它们容量的大小?

3. 学习收获与拓展

(1) 从能力的培养、学习要点中选一个角度,谈谈你的收获。

(2) 利用电容器的充、放电特性,设计一个具有延时功能的开关电路。

拓展阅读4

卡文迪许实验室简介

以英国物理学家和化学家 H·卡文迪许（Henry Cavendish）命名的卡文迪许实验室（Cavendish Laboratory）被誉为诺贝尔奖的"孵化器"和科技成果的摇篮，孕育了将近 30 多位诺贝尔物理学奖金获得者。

英国剑桥大学（University of Cambridge）建于 1209 年，历史悠久，与牛津大学（University of Oxford）遥相呼应。卡文迪什实验室创建于 1871 年，1874 年建成，由当时剑桥大学校长 W.卡文迪许（William Cavendish）私人捐款兴建的（他是 H.卡文迪许的近亲），这个实验室就取名为卡文迪许实验室。当时用捐款建了一座实验室楼，并配备了一些仪器设备。

卡文迪许实验室是英国剑桥大学的物理实验室，实际上它又是这所大学的物理系，由于它创立后的 130 多年中取得了一系列举世闻名的辉煌成果，以及在传统和学风上的卓著名声，所以它在学术界一直享有盛誉。

人们时常用出成果和出人才作为评判一个科学家和一个科学组织的贡献大小和成败的尺度，卡文迪许实验室不仅可以称为是出人才的苗圃和出成果的摇篮，而且曾被誉为世界"物理学家的圣地"。在选择和培养人才、科研教学的理论和实验结合、科学管理、传统与学风的形成与发展上，都积累了十分丰富的经验。

卡文迪许实验室的主任，历届都是由有建树的著名的科学家担任。首届主任是麦克斯韦，后来，瑞利、汤姆逊、卢瑟福都担任过这个职务。这个实验室有优良的传统，如领导者精通业务，善于指挥，科研人员精明强干，有自由讨论学术问题的气氛，有艰苦奋斗、苦干实干的精神。从这些优良传统中，我们就可以理解卡文迪许实验室为什么有如此重大影响的原因了。

下表是卡文迪许实验室历任实验室主任及实验室成就。

卡文迪许实验室历任实验室主任及实验室主要成就

实验室主任	指 导 思 路	实验室主要成就
第一任： 著名物理学家麦克斯韦（James Clerk Maxwell，1831—1879） 任期： 　1871—1874，1874—1879	主张物理教学在系统讲授的同时，还辅以表演实验，并要求学生自己动手自制仪器。麦克斯韦说过："这些实验的教育价值，往往与仪器的复杂性成反比，学生用自制仪器，虽然经常出毛病，但他们却会比用仔细调整好的仪器，学到更多的东西。学生用仔细调整好的仪器易产生依赖而不敢拆零件。"表演实验要求结构简单，学生易于掌握。重视科学方法的训练，也很注意前人的经验。	1871 年负责筹建，1874 年建成。开展了教学和科学研究，初具规模。 　改进卡文迪许做过的一些实验。同时，卡文迪许实验室还进行了多种实验研究，例如：地磁、电磁波的传播速度、电学常数的精密测量、欧姆定律、光谱、双轴晶体等，这些工作为后来的发展奠定了基础。

续表

实验室主任	指导思路	实验室主要成就
第二任： 瑞利（James William Rayleigh，1842—1919） 任期： 1879—1884	系统地开设了学生实验。	瑞利因在气体密度的研究中发现氩而获 1904 年度的诺贝尔物理学奖。瑞利在声学和电学方面很有造诣。在他的主持下，卡文迪许实验室系统地开设了学生实验。（注：1884 年，瑞利因被选为皇家学院教授而辞职）
第三任： J. J. 汤姆逊（J. J. Thomson，1856—1940） 任期： 1884—1919	汤姆逊对卡文迪许实验室的建设有卓越贡献。在他的建议下，从 1895 年开始，卡文迪许实验室实行吸收外校及国外的大学毕业生当研究生的制度，建立了一整套培养研究生的管理体制，树立了良好的学风。一批批优秀的年轻学者陆续来到这里，在汤姆逊的指导下进行学习和研究。 他培养的研究生中，有许多后来成了著名科学家，如卢瑟福、朗之万、W. L. 布拉格、C. T. R. 威尔逊、里查森、巴克拉等人，其中多人获得了诺贝尔奖，对科学的发展有重大贡献，有的成为各重要研究机构的学术带头人。	汤姆逊因通过气体电传导性的研究，测出电子的电荷与质量的比值获 1906 年度的诺贝尔物理学奖。 汤姆逊领导的 35 年间，卡文迪许实验室的研究工作取得了如下成果：进行了气体导电的研究，从而促进了电子的发现；放射性的研究，导致了 α、β 射线的发现；进行了正射线的研究，发明了质谱仪，从而促进了同位素的研究；膨胀云室的发明，为核物理和基本粒子的研究准备了条件；电磁波和热电子的研究促进了真空管的发明和改善，促进了无线电电子学的发展和应用。这些引人注目的成就使卡文迪许实验室成了物理学的圣地，世界各地的物理学家纷纷来访，把这里的经验带回去，对各地实验室的建设起了很好的指导作用。
第四任： 实验物理学家卢瑟福（Ernest Rutherford，1871—1937） 任期： 1919—1937	卢瑟福更重视对年轻人的培养。	卢瑟福是一位成绩卓著的实验物理学家，是原子核物理学的开创者。他因在揭示原子奥秘方面做出的卓越贡献而获 1908 年度的诺贝尔化学奖。 在卢瑟福的带领下，查德威克发现了中子；考克拉夫特和沃尔顿发明了静电加速器；布拉凯特观测到核反应；奥里法特发现氚；卡皮查在高电压技术、强磁场和低温等方面取得硕果，另外还有电离层的研究，空气动力学和磁学的研究等。

实验室主任	指 导 思 路	实验室主要成就
第五任： W. L. 布拉格(William Lawrence Bragg) 任期： 1938—1953	第二次世界大战期间,实验室的主攻方向由主要从事原子物理和核物理基础研究转向对雷达、核武器的军事研究。 第二次世界大战后,鉴于从科学研究和对于国家安全的重要性出发,英国政府把核物理研究由大学的一个实验室里转到了专门成立的一个国家实验室。相应的从事核物理研究的科学家也转移到国家实验室去了,钱也转移过去了。在新形式下,布拉格将主攻方向由核物理改为晶体物理学、生物物理学和天体物理学,实现了战略转移。同时他又从医学研究委员会争取到一笔经费。	W. L. 布拉格与其父 W. H. 布拉格(William Henry Bragg)因在 X 射线衍射分析晶体结构方面的成就同获 1915 年度的诺贝尔物理学奖。 由于布拉格的远见,在困难的条件下保证了实验室在新兴学科上取得了辉煌的成果,发现了类星体、脉冲星、DNA 双螺旋结构,确定了血红蛋白质的结构等,造就了一大批诺贝尔奖获得者,为战后英国的科学争得了极高的荣誉。
第六任： 固体物理学家莫特(Nevill Mott, 1905—1996) 任期： 1954—1971	布拉格实现了战略转移后,莫特继续拓宽了研究的领域。	莫特因对磁性与不规则系统的电子结构所作研究的贡献,于 1977 年与其他两位科学家共获诺贝尔物理学奖。 先后在原子碰撞理论、固体物理学、晶体缺陷及其对力学性质的影响、发展无序体系及非晶态物质的电子理论等方面的研究,做了许多有影响的工作。
第七任： 超导物理学家派帕德(A. Brian Pippard,1920—) 任期： 1971—1982	重视对年轻人的培养。	派帕德 1953 年根据在一系列超导体上所作的微波表面阻抗的测量结果,提出了相干长度的概念。 派帕德收约瑟夫森为研究生,指导他进行实验和理论研究。22 岁的约瑟夫森从理论上预言了以后以他名字命名的约瑟夫森超导隧道效应并在第二年得到多人的实验证实,因此项工作而获 1973 年度诺贝尔物理学奖。

实验室主任	指　导　思　路	实验室主要成就
第八任： 理论凝聚态物理学家爱德华兹（Samuel Frederick Edwards,1928—） 任期： 1983—1995	爱德华兹于 1972 年到卡文迪许实验室任教授。1992—1995 年任剑桥大学副校长。主张人才培养与科研相促进。	爱德华兹先后从事电动力学和量子场论,粉末材料及玻璃的流动、拉胀性,神经网络的信息传递等领域的研究,在理论高分子物理方面的成就尤为突出,其标志便是国际公认的爱德华兹-哈密顿量的问世。
第九任： 实验物理学家弗伦德（Richard H. Friend,1953—） 任期： 1995—今	在实验中研究。	弗伦德在实验中发现,有机聚合物在电场中可以发光,这个将电转化成光的新途径为有机聚合物的应用开辟了广阔的前景。

　　20 世纪 70 年代以后,古老的卡文迪许实验室已经大大扩建,研究的领域包括天体物理学、粒子物理学、固体物理学以及生物物理学等。卡文迪许实验室在近代物理学的发展中做出了杰出的贡献,近百年来培养出众多的诺贝尔奖获得者,卡文迪许实验室至今仍不失为世界著名的实验室之一。

第 5 章　光　学　实　验

5.1　光学实验预备知识

　　光学实验是大学物理实验的一个重要组成部分。光学实验的主要特点有：①在基本技能的训练上，着重于光学仪器的调节技术和光路的调整技术；②通常要先对实验中的光学现象进行认真的观察、比较、思考和判断，然后才能进行定性的分析或定量测量；③实验中使用的光学仪器一般较为精密和贵重，光学元件大都为玻璃制品，较易损坏。初学者在光学实验以前，应认真准备，熟悉有关内容，并且在实验中遵守有关规则和灵活运用有关知识。

1. 光学元件和仪器的维护

　　透镜、棱镜等光学元件，大多数是用光学玻璃制成的。它们的光学表面都是经过精细的研磨和抛光，有些还镀有一层或多层薄膜。对这些元件或其材料的光学性能（如折射率、反射率、透射率等）都有一定的要求，而它们的力学性能和化学性能可能很差，若使用和维护不当，则会降低其光学性能甚至损坏报废。造成损坏的常见原因有摔坏、磨损、污损、发霉、腐蚀等。为了安全使用光学元件和仪器，必须遵守以下规则：

　　（1）必须在了解仪器的操作和使用方法后方可使用。

　　（2）轻拿轻放，勿使仪器或光学元件受到冲击或震动，特别要防止摔落。不使用的光学元件应随时装入专用盒内。

　　（3）切忌用手触摸元件的光学表面。如必须用手拿光学元件时，只能接触其磨砂面，如透镜的边缘、棱镜的上下底面等，如图 5.1.1 所示。

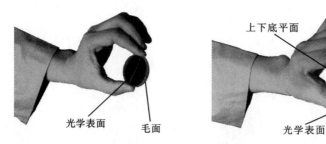

图 5.1.1　光学器件的正确拿法

　　（4）光学表面上如有灰尘，用实验室专备的干燥脱脂棉轻轻拭去或用橡皮球吹掉。

　　（5）光学表面上若有轻微的污痕或指印，用清洁的镜头纸轻轻拂去，但不要加压擦拭，更不准用手帕、普通纸片、衣服等擦拭，若表面有较严重的污痕和指印，应由实验室人员用丙酮或酒精清洗。所有镀膜面均不能触碰或擦拭。

　　（6）防止唾液或其他溶液溅落在光学表面上。

（7）调整光学仪器时，要耐心细致，一边观察一边调整，动作要轻、慢，严禁盲目及粗鲁操作。

（8）仪器用完后应放回箱（盒）内或加罩，防止灰尘玷污。

（9）在暗室做实验时，首先要熟悉有关仪器用具的安放位置，做各种准备，拿取或放回各种物件时一定要小心谨慎，以免损坏东西。一定要注意人身安全。

2. 消视差

光学实验中经常要测量像的位置和大小。经验告诉我们，要测准物体的大小，必须将量度标尺与被测物体紧贴在一起。如果标尺远离被测物体，读数将随眼睛的位置不同而有所改变，难以测准，如图 5.1.2 所示。在光学实验中被测物往往是一个看得见摸不着的像，怎样才能确定标尺和待测像是紧贴在一起的呢？利用"视差"现象可以帮助我们解决这个问题。为了认识"视差"现象，读者可做一简单实验：双手各伸出一只手指，并使一指在前一指在后相隔一定距离，且两指互

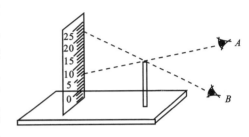

图 5.1.2　眼睛位置不同，所得测量结果不同

相平行。用一只眼睛观察，当左右（或上下）晃动眼睛（眼睛移动方向应与被观察手指垂直）时，就会发现两指间有相对移动，这种现象称为"视差"。而且还会看到，离眼近者，其移动方向与眼睛移动方向相反；离眼远者则与眼睛移动方向相同。若将两指紧贴在一起，则无上述现象，即无"视差"。由此可以利用视差现象来判断待测像与标尺是否紧贴。若待测像与标尺间有视差，说明它们没有紧贴在一起，则应该稍稍调节像或标尺位置，并同时微微晃动眼睛观察，直到它们之间无视差后方可进行测量。这一调节步骤，我们常称之为"消视差"。在光学实验中，"消视差"常常是测量前必不可少的操作步骤。

3. 共轴调节

光学实验中经常要用一个或多个透镜成像。为了获得质量好的像，必须使各个透镜的主光轴重合（即共轴）并使物体位于透镜的主光轴附近。此外，透镜成像公式中的物距、像距等都是沿主光轴计算长度的，为了测量准确，必须使透镜的主光轴与带有刻度的导轨平行。为达到上述要求的调节我们统称为共轴调节。调节方法如下：

1）粗调

将光源、物和透镜靠拢，调节它们的取向和上下左右位置，凭眼睛观察，使它们的中心处在一条和导轨平行的直线上，使透镜的主光轴与导轨平行，并且使物（或物屏）和成像平面（或像屏）与导轨垂直。这一步因单凭眼睛判断，调节效果与实验者的经验有关，故称为粗调。通常应再进行细调（要求不高时可只进行粗调）。

2）细调

这一步骤要靠其他仪器或成像规律来判断和调节。不同的装置可能有不同的具体调节方法。下面介绍利用共轭原理进行调节的方法。

如图 5.1.3 所示，移动透镜 L，其光心在 O_1 时，在固定的像屏上可得一放大倒立的实像；再继续移动透镜 L，其光心在 O_2 处时，在同一像屏上得到一缩小倒立的实像。如果物点 A 在主光轴上，那么两次成像对

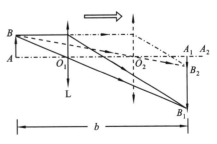

图 5.1.3　共轴调节的光路图

应的像点 A_1 和 A_2 是重合的，且都在主轴上；如物点 A 不在主轴上，像点 A_1 和 A_2 是分开的，调节物点 A 的高度，使经过透镜两次的像重合，即达到同轴等高状态。

若固定物点 A，调节透镜高度，也可满足上述要求，如果有两个以上的透镜，则应先调节包含一个透镜在内的系统共轴，然后加入另一个透镜在不破坏原已调好共轴的条件下，只调节加入透镜的方位，使其与原系统共轴，同理可依次使所有其他零件均满足同轴等高。

5.2　常用光源

光源是光学实验中不可缺少的组成部分。对于不同的观测目的常选用不同的光源，根据光源尺寸的大小，可将光源分为点、线、面三种。

1. 白炽灯

白炽灯是以热辐射形式发射光能的光源。它通常用钨丝作为发光体，为防止钨丝在高温下蒸发，在真空玻璃泡内充进惰性气体，通电后温度约 2500 K 达到白炽灯发光。白炽灯的光谱是连续光谱，其光谱能量分布曲线与钨丝的温度有关。白炽灯可做白光光源和一般照明用。光学实验中所用的白炽灯一般多属于低电压类型，常用的有 3 V、6 V、12 V。使用低压灯泡时，要特别注意供电电压，必须与灯泡的标称值相等，否则会使灯泡亮度不足、烧毁甚至发生爆炸。在白炽灯中加入一定量的碘、溴就成了碘钨灯（统称卤素灯），这种灯有其特别的优点：①泡壳不发黑、光较稳定；②玻壳清洁，允许使用较高的稀有气体气压；③灯的体积小，可选用氩气达到高光效。卤素灯常被用作强光源，使用时除注意工作电压外，还应考虑到电源的功率。

2. 汞灯

汞灯是一种气体放电光源。它是以金属蒸气在强电场中发生游离放电现象为基础的弧光放电灯。

汞灯有低压汞灯与高压汞灯之分，实验室中常用低压汞灯。这种灯的水银蒸气压通常在一个大气压以下，正常点燃时发出汞的特征光谱，其波长见表 5.2.1。

表 5.2.1　低压汞灯光谱线波长表

	颜色	波长/nm	相对强度	颜色	波长/nm	相对强度
低压汞灯	紫	404.6	弱	绿	546.07	很强
	紫	407.78	弱	黄	579.07	强
	蓝	435.83	很强	黄	579.96	强
	青	491.61	弱			

在低压汞灯内壁上涂荧光粉，使涂层转变成可见辐射、选择适当的荧光物质，则发出的光与日光接近，这种荧光灯称为日光灯。日光灯点燃时发出的光谱既有白光光谱又有汞的特征光谱线。使用汞灯时必须在电路中串联一个符合灯管参数要求的镇流器后才能接到交流电源上去。严禁将灯管直接并联到 220 V 的市电上，否则即烧坏灯丝，灯管点燃后，一般要等 10 min 甚至 30 min 发光才趋稳定，灯管熄灭后若再次点燃，则必须等待灯管冷却，汞蒸气压降到适当程度之后，才可以重复点燃。为了保护眼睛，不要直接注视强光源。

3. 钠光灯

钠光灯也是一种气体放电光源。它是以金属钠蒸气在强电场中发生游离放电现象为基础的弧光放电灯,实验室常用低压钠灯,点燃后,当管壁温度为 260 ℃时,管内钠蒸气压为 3×10^{-3} 托,发出波长为 589.0 nm 和 589.6 nm 的两种黄光谱线,由于这两种单色黄光波长较接近,一般不易区分,故常以它们的平均值 589.3 nm 作为钠黄光的波长值。钠光灯可作为实验室的一种重要的单色光源,钠光灯的使用方法与汞灯的相同。

4. 氦氖激光器

氦氖激光器是 20 世纪 60 年代发展起来的一种新型光源。它与普通光源相比,具有单色性强、发光强度大、干涉性强、方向性好(几乎是平行光)等优点。它能输出波长为 632.8 nm、激光功率从 0.5 mW 到几个 mW 的橙红色偏振激光束。

实验室常用的氦氖激光器,由激光工作物质(He、Ne 混合气体)、激励装置和光学谐振腔三部分组成。放电管内的 He、Ne 混合气体,在直流高压激励作用下产生受激辐射形成激光,经谐振腔加强到一定程度后,从谐振腔的一块反射镜反射出去。谐振腔的两端各装有一块镀有多层介质膜的反射镜面对面地平行放置,它是激光管的重要组成部分,必须保持清洁,防止灰尘和油污的污染。由于激光管两端加有高压(1200～8000 V),操作时应严防触及,以免造成电击事故。

在光学实验中,可以利用各种光学元件将激光管射出的激光束进行分束、扩束或改变激光束的方向以满足实验的不同要求。

由于激光管射出的激光束,光波能量集中,故切勿迎着激光束直接观看激光,未充分扩束的激光将造成人眼网膜的永久损伤。

实验 5-1　薄透镜焦距的测定

透镜是组成各种光学仪器的基本光学元件,由于生产和生活的需要,一直应用于实际。反映透镜特性的一个基本参数是焦距。因此,掌握测量薄透镜焦距的方法、熟知其成像规律及学会光路的调节技术是对光学实验工作的起码要求。

【成果导向教学设计】

通过本实验的学习,学生能了解以下知识,培养以下能力。

知识:

(1) 基础知识:几何光学;透镜成像原理;透镜的焦距。

(2) 测量方法:自准法;物距像距法;共轭法。

(3) 实验原理:薄透镜焦距测量的几何光学原理。

(4) 数据处理方法:列表法。

能力:

(1) 测量仪器的使用:光具座的调节和使用。

(2) 调节技术:调焦、消视差调整;水平、铅直调整;共轴等高调节。

(3) 实验总结:能建立数据与结果的关联;撰写完整的实验报告。

(4) 能力:安全实验;公民素质(个人能力、团队协作能力)(潜移默化地培养)。

【参考资料】

[1] 吴泳华,霍剑青,熊永红. 大学物理实验[M]. 北京:高等教育出版社,2001.

[2] 钱峰,潘人培. 大学物理实验[M]. 北京:高等教育出版社,2005.

[3] 何捷,陈继康,金昌祚. 基础物理实验[M]. 南京:南京师范大学出版社,2003.

[4] 阎旭东,徐国旺. 大学物理实验[M]. 北京:科学技术出版社,2003.

【实验目的】

(1) 学会测量薄透镜焦距的原理和方法。

(2) 掌握光学系统同轴等高的调整技术。

*(3) 学习凹透镜焦距的测定。(选做)

【实验仪器】

(1) 光具座一套;(2) 光源;(3) 凸透镜;(4) 凹透镜;(5) 平面反射镜;(6) 物屏;(7) 像屏;(8) 光阑。

【实验原理】

1. 薄透镜成像

薄透镜是指透镜中心厚度 d 比透镜焦距 f 小很多的透镜。例如,一个厚度 d 约为 4 mm 而焦距 f 约为 150 mm 的透镜,在我们实验中就可以认为是薄透镜。

透镜分为两大类。一类是凸透镜(也称为正透镜或会聚透镜),对光线起会聚作用,焦距越短，会聚本领越大；另一类是凹透镜（也称负透镜或发散透镜），对光线起发散作用，焦距越短，发散本领越大。

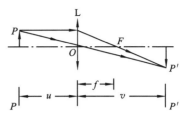

在近轴光线（靠近光轴并且与光轴的夹角很小的光线）条件下，透镜的成像规律（见图 5-1-1）可用下列公式（常称它为透镜成像公式）表示：

$$\frac{1}{u} + \frac{1}{v} = \frac{1}{f} \tag{5-1-1}$$

图 5-1-1　薄透镜成像原理

式中，f 是薄透镜焦距，u 是物距，v 是像距，测出 u 和 v 即可计算出凸透镜的焦距 f。其符号法则为：实物 u 为正值，虚物 u 为负值；实焦点（凸透镜焦点）f 为正值，虚焦点（凹透镜焦点）f 为负值；实像 v 为正值（倒立），虚像 v 为负值（正立）。

2. 凸透镜焦距的测量原理

1）自准法

它是光学仪器调节中的一个重要方法，也是一些光学仪器进行测量的依据。

平面反射镜 M 和物屏 S 分别位于凸透镜 L 的两侧，均与通过透镜光心的光轴垂直，由物屏孔 A 处发出光，将透镜沿光轴缓慢移动，根据成像规律，当物位于 L 焦平面上时，在物屏上即生成与 A 等大的倒立实像 A'，记录物屏和透镜之间的距离，即为待测透镜的焦距 f，如图 5-1-2 所示。

2）物距像距法

根据透镜成像原理，当物距 u 的大小为 $f < u < 2f$ 时，在透镜的另一侧，像屏上将出现放大倒立的实像；当 $u > 2f$ 时，像屏上出现倒立缩小的实像；当 $u = 2f$ 时，像屏上将得到与原物大小相等的倒立实像，如图 5-1-3 所示。测定 u 和 v 值，代入式（5-1-1），可计算出 f 值。

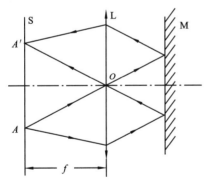

图 5-1-2　自准法测凸透镜焦距

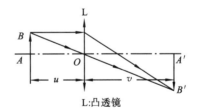

图 5-1-3　物距像距法测凸透镜焦距

3）共轭法（二次成像法或贝塞尔法）

如图 5-1-4 所示，当物与像屏之间的距离大于 4 倍焦距（即 $a > 4f$）时，透镜置于固定物与像屏之间，移动透镜，则一定能在像屏上得到两次成像。当透镜在 O_1 位置时，像屏上出现清晰放大的实像，而在 O_2 位置时，像屏上出现清晰缩小的实像，而且这两个位置是对称的或共轭的，即透镜在 O_1 位置时的物距和像距，分别等于透镜在 O_2 位置时的像距和物距，即

$$a = u_1 + v_1, \quad b = v_1 - v_2, \quad u_1 = v_2, \quad u_2 = v_1$$

$$u_1 = \frac{a-b}{2}, \quad v_1 = \frac{a+b}{2} \tag{5-1-2}$$

将式(5-1-2)代入式(5-1-1)得

$$f = \frac{a^2 - b^2}{4a} \tag{5-1-3}$$

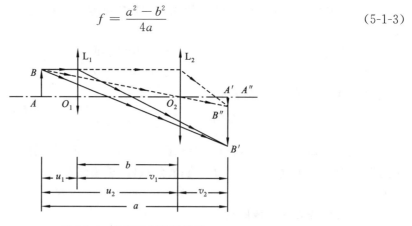

图 5-1-4　共轭法测透镜焦距

测定 a 和 b，即可计算出 f 值。共轭法的优点在于把焦距测量归结于 a、b 较精细的测量，可消除因透镜的光心估计不准，而给 u 和 v 的测量带来误差。

*3. 凹透镜焦距的测量原理(选做)

如图 5-1-5 所示，物 AB 置于凸透镜 L_1 的二倍焦距以外，AB 的像为 $A'B'$，然后在凸透镜 L_1 与 $A'B'$ 之间放置凹透镜 L_2，像 $A'B'$ 成了凹透镜 L_2 的虚物，经 L_2 后成像于 $A''B''$。虚物 $A'B'$ 到 L_2 的物距为 u，像 $A''B''$ 到 L_2 的距离为 v，代入式(5-1-1)可计算出凹透镜 L_2 的焦距 f_2 值。

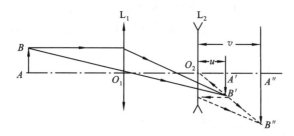

图 5-1-5　凹透镜焦距测定的光路图

【实验内容与要求】

1. 共轴等高调节

从以上光路图可见到 u、v 和透镜移动的距离等，都是沿光轴计算它们的长度，而长度的测量是靠光具座上的刻度读数来计算的。为了减少测量误差，必须要求透镜光轴平行于光具座导轨。若实测中使用多个透镜，则要求这些透镜必须共光轴且与导轨平行。这些调节称为"共轴等高"调节。其调节分如下两步。

(1)粗调：将光源、物屏、光阑、透镜以及像屏置于光具座上靠近光源的一端，先将它们靠拢，调节以上各部件，使它们等高，大体上在同一个中心轴上，即处于"共轴"并且与导轨平行；然后调整各部件与导轨垂直。因为这一调节依靠肉眼观察判断，故称之为粗调。

(2)细调：利用成像规律来判断。在像屏上正中央画一十字，利用原理中共轭法使物屏与像屏之间距离大于 $4f$，移动透镜可在像屏上得到放大与缩小的清晰成像，两次成像的中心都必须落在十字中央交点上,说明调节工作已做好,光具座上各部件已"共轴"且平行于导轨,若不能做到,必须上下、左右重复调节各部件。

2. 自准法测凸透镜的焦距

(1) 在光具座上依次放好光阑凸透镜、平面镜和物屏。打开光源,照亮光阑。

(2) 调节各元器件使之共轴等高。

(3) 沿导轨移动透镜,使平面镜反射回来的光经透镜在物屏上的"1"字附近成一清晰的像,这时透镜到物屏的距离就是焦距 f。记下透镜和物屏的位置,重复测量三次,将数据填入表 5-1-1 内。

3. 物距像距法测凸透镜的焦距

在光具座上,将物屏、光阑、透镜和像屏按顺序排列好,根据实验原理 2,依次测量 $u>2f$,$u=2f,2f>u>f$ 时的 v 值,数据列表记录,三种情况各测一次,并计算出各次的 f 值,将数据填入表 5-1-2 内。

4. 共轭法测凸透镜的焦距

(1) 取物屏与像屏间的距离 $a>4f$,实验过程中保持不变,沿导轨移动透镜,使屏上能先后出现放大和缩小的清晰像。

(2) 记下物屏的位置、像屏的位置和先后两次成像时透镜的位置,求出 a 和 b,代入式 (5-1-3)计算出焦距 f。

(3) 改变物屏与像屏的距离 a,重复测量五次,将数据填入表 5-1-3 内。

* 5. 凹透镜焦距的测定(选做)

(1) 调节凸透镜和像屏的位置,使 $u>2f$,移动像屏,使在屏上出现一清晰的像,记下物屏、凸透镜和像屏的位置。

(2) 在凸透镜和像屏之间放一待测焦距的凹透镜。调节其光轴位置使之与原系统的光轴共轴等高(此时物屏、凸透镜的位置不可移动)。

(3) 移动像屏,直到在像屏上看见清晰的像为止。记下凹透镜和像屏的位置读数,求出物距 u 和像距 v,代入式(5-1-1)求出焦距 f。

(4) 改变物屏和凸透镜之间的距离,重复测量三次,自拟表格记录数据。

【数据记录与处理】

(1) 参考表 5-1-1、表 5-1-2、表 5-1-3 记录用三种方法测量的有关数据。

表 5-1-1 自准法测凸透镜焦距　　　　　　　　　　　　　　　　　　　　　单位:cm

次　　数	物屏位置	透镜位置	焦距 f
1			
2			
3			

$$\bar{f}= \qquad \text{cm}$$

表 5-1-2 物距像距法测凸透镜焦距　　　　　　　　　　　　　　　　　　　单位:cm

次数	物屏位置	透镜位置	像屏位置	物距 u	像距 v	焦距 f
1						

续表

次数	物屏位置	透镜位置	像屏位置	物距 u	像距 v	焦距 f
2						
3						

$$\bar{f} = \qquad \text{cm}$$

表 5-1-3　共轭法测凸透镜焦距　　　　　　　　　　　　　　单位：cm

次数	物屏位置	像屏位置	透镜位置		a	b	f
			成放大像	成缩小像			
1							
2							
3							
4							
5							

（2）进行数据处理。

① 用列表法分别处理实验内容 2、实验内容 3 的实验数据，并给出各测量结果的平均值（见表 5-1-1、表 5-1-2）。

② 计算出实验内容 4（见表 5-1-3 中数据）的测量均值 $\bar{f}$，求出其不确定度 $U_{\bar{f}}$、相对不确定度 U_{r}，并给出测量结果的正确表示：

$$\begin{cases} f = \bar{f} \pm U_{\bar{f}} \\ U_{r} = \end{cases} \quad (P = 68\%)$$

【学习总结与拓展】

1. 总结自己教学成果的达成度

参考成果导向教学设计内容。

2. 思考题

（1）为什么光学系统要进行共轴调节？怎样用平行光法（直接法）测量凸透镜焦距？

（2）比较本实验中测量凸透镜焦距的几种不同方法所得结果，说明它们各自的优缺点。

（3）用共轭法测凸透镜焦距时，为什么必须满足条件 $a > 4f$？

3. 学习收获与拓展

（1）从能力的培养、学习要点中选一个角度，谈谈你的收获。

（2）你对本实验有何改进意见？用本套仪器还能测量哪些物理量？

实验 5-2　等厚干涉及其应用——牛顿环

　　牛顿环干涉和劈尖干涉都是用分振幅方法产生的干涉,其特点是同一级干涉条纹处两反射面间的厚度相等,故牛顿环和劈尖干涉都属于等厚干涉。它们广泛应用于科学研究和工业技术上,如检验光学元件表面的光洁度、平整度等,研究零件内应力分布等。本实验以牛顿环干涉为例来学习等厚干涉知识。

实验 5-2

【成果导向教学设计】

通过本实验的学习,学生能了解以下知识,并培养以下能力。

知识：

(1) 基础知识:光的干涉理论;相干光;分振幅法;等厚干涉。

(2) 测量方法:等厚干涉法。

(3) 实验原理:用读数显微镜测量牛顿环的曲率半径的实验原理。

(4) 数据处理方法:列表法;逐差法。

能力：

(1) 测量仪器的使用:JCD$_{\text{III}}$型读数显微镜的调节与使用。

(2) 调节技术:调焦、消视差调整;空程误差消除调节。

(3) 实验总结:能建立数据与结果的关联;撰写完整的实验报告。

(4) 能力:安全实验;公民素质(个人能力、团队协作能力)(潜移默化地培养)。

【参考资料】

[1] 钱峰,潘人培. 大学物理实验[M]. 北京:高等教育出版社,2005.

[2] 何捷,陈继康,金昌祚. 基础物理实验[M]. 南京:南京师范大学出版社,2003.

[3] 吴泳华,霍剑青,熊永红. 大学物理实验[M]. 北京:高等教育出版社,2001.

[4] 杨俊才,何焰蓝. 大学物理实验[M]. 北京:机械工业出版社,2004.

[5] 葛松华,唐亚明. 大学物理实验教程[M]. 北京:电子工业出版社,2004.

[6] 阎旭东,徐国旺. 大学物理实验[M]. 北京:科学出版社,2003.

[7] 李学金. 大学物理实验教程[M]. 长沙:湖南大学出版社,2001.

[8] 广西科技大学大学物理课程网站-云课堂-微课.

【实验目的】

(1) 观察和研究等厚干涉现象及其特点。

(2) 学习利用干涉法测量平凸透镜的曲率半径。

【实验仪器】

(1) JCD$_{\text{III}}$型读数显微镜;(2) 钠光灯(波长 λ 取 5.893×10^{-4} mm)共用;(3) 牛顿环装置。

【实验原理】

利用透明薄膜上下两表面对入射光的依次反射,入射光的振幅将分解成有一定光程差的两个部分。若两束反射光在相遇时的光程差取决于产生反射光的薄膜厚度,则同一级干涉条纹所对应的薄膜厚度相同。这就是等厚干涉。

将一块曲率半径 R 较大的平凸透镜的凸面放置于一光学平玻璃板上,在透镜凸面和平玻璃板间就形成一层空气薄膜,其厚度从中心接触点到边缘逐渐增加。当以平行单色光垂直入射时,入射光将在此薄膜上下表面反射,产生具有一定光程差的两束相干光。显然,它们的干涉图样是以接触点为中心的一系列明暗交替的同心圆环——牛顿环,其光路示意图见图 5-2-1。

由光路分析可知,与第 K 级条纹对应的两束相干光的光程差为

$$\delta_K = 2e_K + \frac{\lambda}{2} \qquad (5\text{-}2\text{-}1)$$

式中,$\frac{\lambda}{2}$ 是光从光疏媒质到光密媒质的交界面上反射时产生的半波损失引起的附加光程差。

由图 5-2-1 可知

$$R^2 = r^2 + (R-e)^2$$

化简后得到

$$r^2 = 2eR - e^2$$

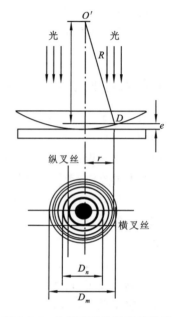

图 5-2-1　牛顿环结构及其光路图

如果空气薄膜厚度 e 远小于透镜的曲率半径 R,即 $e \ll R$,则可略去二级小量 e^2,于是有

$$e = \frac{r^2}{2R} \qquad (5\text{-}2\text{-}2)$$

式(5-2-2)说明 e 与 r 的平方成正比,所以离开中心愈远,光程差增加愈快,所看到的牛顿环条纹也变得愈密。

将 e 值代入式(5-2-1),得

$$\delta = \frac{r^2}{R} + \frac{\lambda}{2}$$

由干涉条件可知,当 $\delta = \frac{r^2}{R} + \frac{\lambda}{2} = (2K+1)\frac{\lambda}{2}$ 时干涉条纹为暗条纹。于是得

$$r_K^2 = KR\lambda \quad (K = 0,1,2,\cdots) \qquad (5\text{-}2\text{-}3)$$

如果已知入射光的波长 λ,并测得第 K 级暗条纹的半径 r_K,则可由式(5-2-3)计算出透镜的曲率半径 R。

观察牛顿环时,发现牛顿环中心不是一点而是一个不甚清晰的暗或亮的圆斑。其原因是平凸透镜和平玻璃板接触时,由于接触压力引起形变,使接触处为一圆面;又镜面上可能有微小灰尘等存在,从而引起附加的光程差,这都会给测量带来一定的系统误差。

我们通过取两个暗条纹半径的平方差值来消除附加光程差带来的误差。假设附加厚度为 a,则光程差为

$$\delta = 2(e \pm a) + \frac{\lambda}{2} = (2K+1)\frac{\lambda}{2}$$

即

$$e = K \cdot \frac{\lambda}{2} \pm a$$

将式(5-2-2)代入,得

$$r^2 = KR\lambda \pm 2Ra$$

取第 m、n 级暗条纹,则对应的暗环半径分别为

$$r_m^2 = mR\lambda \pm 2Ra$$
$$r_n^2 = nR\lambda \pm 2Ra$$

将上两式相减,得 $r_m^2 - r_n^2 = (m-n)R\lambda$。可见,$r_m^2 - r_n^2$ 的值与附加厚度 a 无关。

又因为暗环圆心不易确定,直接测量半径会有较大误差,故取暗环的直径替换,得

$$D_m^2 - D_n^2 = 4(m-n)R\lambda$$

因而,透镜的曲率半径为

$$R = \frac{D_m^2 - D_n^2}{4(m-n)\lambda} \tag{5-2-4}$$

【实验内容与步骤】

(1) 平凸透镜与光学平面玻璃组装成牛顿环,先用眼睛在牛顿环上观察,若牛顿环中心不是黑斑或偏离中部太远,可以轻轻地对牛顿环框架螺丝进行调节(切勿用力过大,以免损坏透镜)。

(2) 将目镜筒移动至标尺量程的中部(25 mm 左右,否则有可能测量了一部分数据后,由于条纹超出标尺量程以外,无法继续测量),把牛顿环放置在读数显微镜载物台上,如图 5-2-2 所示,打开钠光灯电源,移动整个显微镜,使 45° 半反镜对准钠灯窗口,调节 45° 半反镜的倾斜度,使目镜视野中的光线最强。

(3) 调节目镜,使十字线(叉丝)最清晰,转动测微刻度轮,使读数显微镜朝某方向移动,同时观察显微镜中十字线(叉丝)的垂直线是否与牛顿环相切,十字线(叉丝)的水平线是否与镜筒的移动方向相平行。若不平行,则需要旋转显微镜目镜筒以达到上述要求。旋转物镜调焦手轮使物镜接近被测物(牛顿环),缓慢扭动调节手轮,使显微镜筒自下而上缓慢地上升(这可避免物镜与被测物相碰),直到从显微镜目镜中清晰地看到牛顿环条纹为止。轻轻移动牛顿环装置使干涉环中心暗斑位于显微镜的视野中心。

(4) 测量各级牛顿环直径。为了方便起见,取 $m - n = 20$。转动测微刻度轮使镜筒向左移动,按顺序数出暗环的环数,直至第 35 环,然后反转至第 29 环(消除空转误差),记录此时读数显微镜的读数。继续转动测微刻度轮,依次读出第 28 环直至第 25 环的读数。由第 25 环数至第 9 环,只数环数不读数;再记下第 9 环至第 5 环等环的读数。继续转动测微刻度轮,使十字叉丝越过干涉环中心至右边的第 5 环,依次记下 5、6、7、8、9 环的读数。由第 9 环数至第 25 环,只数环数不读数;再读取第 25 环至第 29 环的读数。(整个读数过程严禁反向转动测微刻度轮)

(5) 用逐差法处理数据。先算出各级暗环的直径:

$$D_5 = |x_{5左} - x_{5右}|, \cdots, D_9 = |x_{9左} - x_{9右}|, \cdots$$
$$D_{25} = |x_{25左} - x_{25右}|, \cdots, D_{29} = |x_{29左} - x_{29右}|, \cdots$$

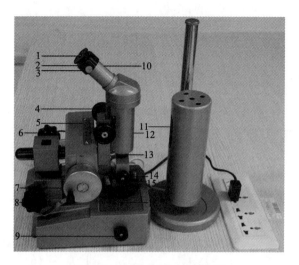

图 5-2-2　测量牛顿环的装置图

1.目镜;2.十字叉丝筒;3.十字叉丝锁紧螺钉;4.物镜调焦手轮;5.标尺;6.前后锁紧手轮;

7.测微刻度轮;8.转动锁紧手轮;9.反光镜调节手轮;10.目镜筒;

11.钠光灯;12.物镜筒;13.物镜;14.半反镜调节手轮;15.牛顿环;16.载物台

由式(5-2-4)求出 $R_1,R_2,\cdots,R_5$,求出其平均值 $\bar{R}$,计算测量结果的不确定度 $U_{\bar{R}}$、相对不确定度 U_r,并写出测量结果表示:

$$\begin{cases} R = \bar{R} \pm U_{\bar{R}} \\ U_r = \end{cases} \quad (P = 68\%)$$

【学习总结与拓展】

1. 总结自己教学成果的达成度

参考成果导向教学设计内容。

2. 思考题

(1)在调整牛顿环和读数显微镜时,发现干涉条纹一边很清晰,另一边视野昏暗,看不见条纹,造成这种现象的原因是什么? 应该怎么调节?

(2)读数显微镜的测微刻度轮刚开始反向旋转时会发生空转,因而造成读数误差。在实验中应如何避免?

(3)为什么牛顿环的干涉条纹是中疏边密的?

(4)用白光照射时能否看到牛顿环干涉条纹? 此时的条纹有何特征?

3. 学习收获与拓展

(1)从能力的培养、学习要点中选一个角度,谈谈你的收获。

(2)你对本实验有哪些改进意见? 用本套仪器还能测哪些物理量?

附录 1:仪器介绍——JCD$_Ⅲ$型读数显微镜

1. JCD$_Ⅲ$型读数显微镜结构

JCD$_Ⅲ$型读数显微镜是一种结构简单、操作方便、应用广泛的长度测量仪器。它由一个低倍数显微镜和一套能使显微镜微动的丝杆装置组成。JCD$_Ⅲ$型读数显微镜外形如图 5-2-3 所示。伸缩目镜(2)可使分划十字叉丝清晰;调焦手轮(4)用于调节显微镜镜筒的高低,使图像清晰;测微鼓轮(6)可以使显微镜左右平移,其位置可由标尺(5)和测微鼓轮上的刻度读出(原理和螺旋测微器相同,测微鼓轮的螺距为 1 mm,轮上有 100 个等分刻度,所以精度是 0.01 mm);半反镜(14)使单色光垂直入射到平台上的光学器件上。

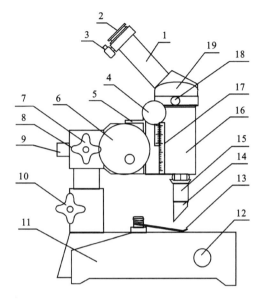

图 5-2-3　JCDⅢ型读数显微镜

1.目镜接筒;2.目镜;3.锁紧螺钉;4.调焦手轮;5.标尺;6.测微鼓轮;7.锁紧手轮;
8.接头轴;9.方轴;10.锁紧手轮;11.底座;12.反光镜旋轮;13.压片;14.半反镜组;
15.物镜组;16.镜筒;17.刻尺;18.锁紧螺钉;19.棱镜室

2. 显微镜的调整

(1) 目镜的调整:在平台上放置一白纸,转动目镜,使所看到的叉丝最清楚为止。松开目镜止动螺旋,旋动目镜套筒,使十字叉丝与叉丝的水平轴移动的方向(转动手轮时叉丝即移动)平行,然后固定目镜套筒。检查叉丝与叉丝的水平轴移动的方向是否平行的方法是:把画有"·"的白纸放在平台上,显微镜调焦后将叉丝的交叉点对准白纸上的"·",旋转叉丝套筒即转动叉丝,调整叉丝的取向,使转动手轮叉丝移动过程中白纸上的点始终处于叉丝的水平线上。

(2) 显微镜调焦:将被测物体放在平台上,转动半反镜,使视场最明亮。旋转调焦手轮,先使镜筒下降至离被测物体 0.50~1.00 cm 处,然后逐渐上升镜筒,直到从目镜中见到最清晰的像为止。同时左右移动眼睛,观察叉丝与物像之间有无相对移动或错开的现象(即视差)。若有视差,则微调调焦手轮,直到视差消失为止。

3. 注意事项

(1) 横丝与纵丝是相对的。一般以观测时的左右走向叉丝为横丝,与之垂直方向叉丝为纵丝。测量时必须使显微镜沿同一方向移动,以避免螺母套之间的间隙产生空转误差。若反转时,则应多转几圈。例如:测了 A 点后,再测 B 点,若不小心纵丝在移动中已超过了测量点 B 之外,需反向移回,反转时不是只旋至测量点,而应多反转几圈,然后再按正方向将纵丝旋至测量位置。

(2) 旋转横移手轮时要用力均匀、小心。切勿突然用力过猛。

(3) 显微镜一旦调好,所有螺丝不能松动。

附录 2:数据处理示例

测量各级牛顿环的直径并求出其曲率半径。

实验中用读数显微镜沿一个方向测得下列五组干涉环的直径:d_5、d_6、d_7、d_8、d_9 及 d_{25}、d_{26}、d_{27}、d_{28}、d_{29},其中 d 的下标数字为自中心数起的暗环环序。

环序	$x_{左}$/mm	$x_{右}$/mm	D/mm	D^2/mm²	$(D_m^2 - D_n^2)$/mm²	R/mm	$\overline{R}$/mm
5	20.094	16.428	3.666	13.440	$m-n=25-5$	872.07	
25	21.971	14.585	7.386	54.553	41.113		
6	20.239	16.289	3.950	15.602	$m-n=26-6$	869.55	
26	22.037	14.514	7.523	56.596	40.994		
7	20.371	16.159	4.212	17.741	$m-n=27-7$	862.44	867.8
27	22.091	14.449	7.642	58.400	40.659		
8	20.491	16.095	4.396	19.325	$m-n=28-8$	872.67	
28	22.155	14.379	7.776	60.466	41.141		
9	20.609	15.939	4.670	21.809	$m-n=29-9$	862.55	
29	22.222	14.318	7.904	62.473	40.664		

计算不确定度 $U_{\overline{R}}$:

$$U_{\overline{R}} = \sqrt{\left(\frac{1}{3}\Delta_{仪}\right)^2 + U_A^2} = \sqrt{\left(\frac{1}{3}\Delta_{仪}\right)^2 + \left[t_{0.68}\sqrt{\frac{1}{n(n-1)}\sum_{i=1}^{5}(R_i - \overline{R})^2}\right]^2}$$

式中的 U_A 综合反映了压线误差、估读误差以及测量过程中因温度、振动的微小变化造成干涉环漂移的误差等。

查 t 因子表得 $n=5$ 时,$t_{0.68}=1.14$,而 $\Delta_{仪}=0.01$ mm,所以有

$$U_{\overline{R}} = \sqrt{\left(\frac{0.01}{3}\right)^2 + \left[1.14\sqrt{\frac{1}{5(5-1)}\sum_{i=1}^{5}(R_i - 867.85)^2}\right]^2}$$

$$= \sqrt{\left(\frac{0.01}{3}\right)^2 + (1.14 \times 2.28)^2} \text{ mm} = 2.6 \text{ mm}$$

$$U_r = \frac{U_{\overline{R}}}{\overline{R}} \times 100\% = \frac{2.6}{867.8} \times 100\% = 0.30\%$$

测量结果表示:

$$\begin{cases} R = \overline{R} \pm U_{\overline{R}} = (867.8 \pm 2.6) \text{ mm} \\ U_r = 0.30\% \end{cases} \quad (P = 68\%)$$

实验 5-3　用分光计测定三棱镜的折射率

实验 5-3

1666 年牛顿磨制了一个三角形的玻璃棱柱镜,发现了色散现象,证明自然光是由各种颜色的光复合而成的。三棱镜对不同波长的光有不同的折射率,因而出射光有不同的偏向角,可将复色光展成光谱,三棱镜是摄谱仪中的重要部件。

折射率是三棱镜的重要物理参量,在普通物理实验中,测定材料折射率常用的方法有两类:一类是几何光学的方法,即根据折射定律,通过测定有关角度来计算折射率,如插针作图法、最小偏向角法、掠入射法、位移法等;另一类是物理光学的方法,即根据光波通过介质后,其相位的变化或偏振态的变化来计算折射率,如干涉法、衍射法、布儒斯特角法等。

【成果导向教学设计】

通过本实验的学习,学生能了解以下知识,并培养以下能力。

知识:

(1) 基础知识:偏向角;折射定律;偏心差。

(2) 实验方法:最小偏向角法。

(3) 测量仪器:分光计的结构及调节。

(4) 减小系统误差方法:半周期间测法。

能力:

(1) 测量仪器的使用:分光计的调节及使用方法、读数方法。

(2) 调节技术:调焦、消视差调整;光学系统的调节;望远镜调节技术;减半逼近法。

(3) 实验总结:能建立数据与结果的关联;撰写完整的实验报告。

(4) 能力:安全实验;公民素质(个人能力、团队协作能力)(潜移默化地培养)。

【参考资料】

[1] 赵家凤. 大学物理实验[M]. 北京:科学出版社,2004.

[2] 潘人培. 物理实验[M]. 南京:东南大学出版社,1990.

[3] 胡德敬,谢嘉祥,曹正东. 设计性物理实验集锦——创新教育之实践[M]. 上海:上海教育出版社,2002.

[4] 金逢锡,顾广瑞. 用三棱镜测量液体折射率的一种方法[J]. 延边大学学报(自然科学版),2005,31(2):100-102.

[5] 陈良锐,彭力,蔡招换,等. 测量三棱镜折射率的一种新方法[J]. 大学物理实验,2008,22(2):19-21.

[6] 长春禹衡时代光电科技有限公司 JJY-2 型分光仪使用说明书.

[7] 广西科技大学大学物理课程网站-云课堂-微课.

【实验目的】

(1) 了解分光计的结构,明确分光计的调整要求,掌握调整方法。

(2) 学习测量三棱镜的顶角(选做)和最小偏向角,学会计算三棱镜的折射率。

【实验仪器】

(1) 分光计;(2) 双面反射镜;(3) 低压汞灯(共用);(4) 三棱镜。

【实验原理】

折射率是物质重要的光学特性常数,测定折射率的方法很多,这里介绍利用分光计测定三棱镜的折射率的方法,并以此作为分光计调节和使用的练习。

如图 5-3-1 所示,等边三角形 ABC 表示三棱镜的横截面,AB、AC 是抛光的光学表面,其夹角称为三棱镜的顶角,记作 α。BC 是磨砂面,称为三棱镜的底面。

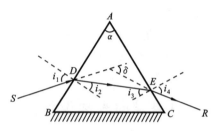

图 5-3-1　光通过三棱镜后偏折的光路

设有一束单色平行光束 SD 入射到 AB 面上,SD 与 AB 面法线的夹角 i_1 称为入射角。光线在棱镜两个光学表面经两次折射后沿 ER 从 AC 面射出,出射线 ER 与 AC 面法线的夹角 i_4 称为出射角,入射线 SD 与出射线 ER 的夹角称为偏向角,记作 δ。当单色光波长和棱镜顶角 α 一定时,偏向角的大小随入射角 i_1 的变化而变化。理论上可以证明,当入射角 i_1 等于出射角 i_4 时,偏向角最小,称为最小偏向角,记作 $\delta_{\min}$。

由图 5-3-1 可知

$$\delta = (i_1 - i_2) + (i_4 - i_3) = (i_1 + i_4) - (i_2 + i_3)$$

而

$$i_2 + i_3 = \alpha$$

所以

$$\delta = i_1 + i_4 - \alpha$$

当 δ 为最小偏向角 $\delta_{\min}$ 时,$i_1 = i_4$(或 $i_2 = i_3$),可得

$$\delta_{\min} = 2i_1 - \alpha = 2i_4 - \alpha$$

即

$$i_1 = \frac{\delta_{\min} + \alpha}{2}$$

此时,入射线、出射线相对于三棱镜对称。又因为

$$\alpha = i_2 + i_3 = 2i_2 = 2i_3$$

于是有

$$i_2 = i_3 = \frac{\alpha}{2}$$

由折射定律知 $n_1 \sin i_1 = n_棱 \sin i_2$(其中 n_1 为空气折射率,近似取为 $n_1 = 1$),即

$$\sin \frac{\delta_{\min} + \alpha}{2} = n_棱 \sin \frac{\alpha}{2}$$

有

$$n_棱 = \frac{\sin \dfrac{\delta_{\min} + \alpha}{2}}{\sin \dfrac{\alpha}{2}} \tag{5-3-1}$$

因此,只要测出顶角 α 和最小偏向角 $\delta_{\min}$,即可按式(5-3-1)求出三棱镜对入射单色光的折射率。

透明材料的折射率是光波波长的函数,同一棱镜对不同波长的光具有不同的折射率。所以当复色光经棱镜折射后,不同波长的光将产生不同的偏向角而被分散开来。以上公式的推

导是以单色光入射为前提,而实验中实际使用的汞灯发出的光是复色光,因此出射光由多种颜色(波长)的光构成,同学们在实验中所测出的三棱镜折射率需指明是相对于哪种颜色(波长)的光而言的。

本实验所用的光源为低压汞灯,汞灯发出的光在可见光范围内包含以下波长:

6.2344×10^{-7} m	橙	5.7907×10^{-7} m	黄
5.7696×10^{-7} m	黄	5.4607×10^{-7} m	绿
4.9160×10^{-7} m	绿蓝	4.3583×10^{-7} m	蓝
4.0778×10^{-7} m	蓝紫	4.0466×10^{-7} m	紫

其中:5.7907×10^{-7} m(黄)、5.7696×10^{-7} m(黄)、5.4607×10^{-7} m(绿)、4.3583×10^{-7} m(蓝)等为普通低压汞灯的四条特征谱线。

通常说的物质折射率是相对于钠黄光(波长 5.893×10^{-7} m)而言的。

【实验内容与要求】

1. 调节分光计

分光计是本实验的主要测量仪器,精度高,结构复杂,仪器调节难度较大。关于分光计的调节和使用方法,在本实验的附录中有详细的介绍,同学们在实验之前必须认真阅读。

*2. 三棱镜顶角 α 的测定(选做)

测量三棱镜顶角的方法有反射法及自准法两种,图 5-3-2 所示为反射法。将三棱镜放在载物台上,并使棱镜顶角对准平行光管,则平行光管射出的光束照在棱镜的两个折射面上,从棱镜左面和右面可以观察到由 AB、AC 面反射的狭缝像。将望远镜转至 T_1 处观测,使目镜叉丝对准狭缝像的中心,此时从左右两个游标处可读出刻度值,并记为 θ_1 和 θ'_1(之所以取两个读数,是为了消除偏心差,详见本实验附录)。再将望远镜转至 T_2 处观测从棱镜右面 AC 反射的狭缝像,将望远镜的叉丝对准狭缝像的中心,从左右两个游标处读取刻度值 θ_2 和 θ'_2。

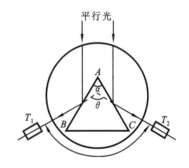

图 5-3-2 用反射法测定棱镜的顶角示意图

由图 5-3-2 可得顶角为

$$\alpha = \frac{\theta}{2} = \frac{1}{4}(|\theta_2 - \theta_1| + |\theta'_2 - \theta'_1|) \qquad (5-3-2)$$

这个结论与入射光是否垂直于底边 BC 入射无关。

稍微变动载物台的位置,重复测量多次,将数据填入表 5-3-1 内,求出顶角的平均值。

表 5-3-1 三棱镜顶角测量数据表

次 数	θ_1	θ'_1	θ_2	θ'_2	α
1					
2					
3					

注意：三棱镜顶点应靠近载物台中心，否则三棱镜 AB、AC 面的反射光可能不会进入望远镜。

3. 最小偏向角 $\delta_{\min}$ 的测量

将三棱镜放在载物台中央处，将平行光管正对着汞灯的射出窗口。转动载物台连同三棱镜，使入射光束与三棱镜的 AC 面法线成适当角（入射角不能太小），如图 5-3-3 所示。保持载物台连同三棱镜不动，即保持入射角不变，向底面 BC 所在方向转动望远镜寻找出射光。出射光是包含多种颜色光的一系列光谱，先选定其中一种颜色（波长）的光来测量，比如绿色谱线。注意此时的偏向角 δ 不是最小偏向角 $\delta_{\min}$，需慢慢转动载物台连同三棱镜，使绿色谱线往偏向角减小的方向移动（同学们要自己仔细分析）。如果谱线移出望远镜视场，则转动望远镜以跟踪该谱线。当载物台连同三棱镜转到某一位置，绿色谱线不再移动；如果使载物台继续沿原方

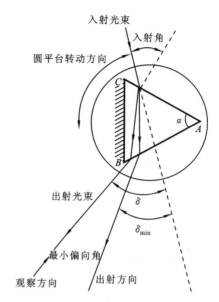

图 5-3-3　测最小偏向角示意图

向转动，则可以看到该谱线反而往相反方向移动，这个谱线移动的转折位置就是最小偏向角的位置。载物台连同三棱镜就转动到这个位置，再转动望远镜，使其叉丝竖线对准绿色谱线的中心，从分光计左右两游标处分别读取刻度值 θ_1 和 θ_1'。

然后取下三棱镜，转动望远镜至平行光管主光轴方向，使其叉丝竖线对准平行光管狭缝像的中心，在左右两游标处读取刻度值 θ_2 和 θ_2'，则最小偏向角为

$$\delta_{\min} = \frac{1}{2}(\mid \theta_2 - \theta_1 \mid + \mid \theta_2' - \theta_1' \mid) \tag{5-3-3}$$

用上述方法分别测出汞灯光谱中其他谱线的最小偏向角，将数据填入表 5-3-2 内。

表 5-3-2　最小偏向角测量数据表

谱线	次　　数	θ_1	θ_1'	θ_2	θ_2'	$\delta_{\min}$
绿	1					
	2					
	3					
蓝	1					
	2					
	3					

【数据处理】

若实验中未测量三棱镜的顶角，则 α 可以取作 $60°$，为方便起见，以下数据处理中最小偏向角 $\delta_{\min}$ 用 δ 替代。以绿色谱线为例，数据处理参考步骤如下：

（1）计算各次测量的最小偏向角，求出其平均值 $\bar{\delta}_{\min}$。

（2）求出三棱镜对绿色谱线折射率的测量值：

$$\bar{n} = \frac{\sin \dfrac{\overline{\delta}_{\min} + \alpha}{2}}{\sin \dfrac{\alpha}{2}}$$

（3）计算测量最小偏向角的 A 类和 B 类不确定度,计算公式为

$$U_{\delta A} = t \cdot \sqrt{\frac{\sum\limits_{i=1}^{n} (\delta_i - \overline{\delta})^2}{n(n-1)}}（查表可知,测量次数 n = 3 时,t = 1.32）$$

$$U_{\delta B} = 0.683\Delta_仪 \quad （\Delta_仪 \text{ 取 } 2')$$

（4）计算测量最小偏向角的不确定度:

$$U_\delta = \sqrt{U_{\delta A}^2 + U_{\delta B}^2}$$

（5）对于顶角 α,有

$$U_\alpha = \sqrt{U_{\alpha A}^2 + U_{\alpha B}^2} = \sqrt{0 + (0.683\Delta_仪)^2}$$

（6）计算测量折射率的总不确定度:根据不确定度的传递与合成公式推导出总不确定度的计算公式为

$$U_{\bar{n}} = \sqrt{\left(\frac{\partial n}{\partial \delta}U_\delta\right)^2 + \left(\frac{\partial n}{\partial \alpha}U_\alpha\right)^2} = \sqrt{\left(\frac{\cos \dfrac{\alpha + \overline{\delta}}{2}}{2\sin \dfrac{\alpha}{2}}U_\delta\right)^2 + \left(\frac{\sin \dfrac{\overline{\delta}}{2}}{2\sin^2 \dfrac{\alpha}{2}}U_\alpha\right)^2}$$

注意:需将总不确定度的计算结果转换为弧度单位$\left(1' = \dfrac{1}{60} \times \dfrac{2\pi}{360}\text{rad}\right)$。

（7）计算相对不确定度: $U_r = \dfrac{U_{\bar{n}}}{\bar{n}} \times 100\%$

（8）最后写出测量结果的表达式:

$$\begin{cases} n = \bar{n} \pm U_{\bar{n}} = \\ U_r = \end{cases} \quad (P = 68\%)$$

【学习总结与拓展】

1. 总结自己教学成果的达成度
参考成果导向教学设计内容。

2. 思考题
（1）实验中测出绿色谱线的最小偏向角后,是否可以固定载物台和三棱镜,直接转动望远镜去测量其他谱线的最小偏向角?

（2）测角装置为什么要设计两个游标?

3. 学习收获与拓展
（1）从学习要点中选一个角度,或从能力培养的角度,谈谈你的收获。

（2）你对本实验有哪些改进意见?

附录:分光计介绍

　　分光计是光学实验中最基本的测角仪器,它精度高、结构复杂,在利用光的反射、折射、衍

射、干涉和偏振原理等各种实验中用于角度测量。分光计外形图如图 5-3-4 所示。

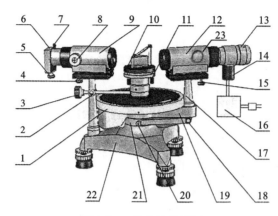

图 5-3-4　分光计外形图

1.刻度盘；2.游标盘微调螺钉；3.游标盘止动螺钉；4.平行光管主轴高低调节螺钉；5.狭缝宽度调节螺钉；

6.狭缝装置；7.狭缝装置锁紧螺钉；8.平行光管调焦旋钮；9.平行光管；10.载物台；11.载物台调平螺钉；12.望远镜；

13.目镜调焦旋钮；14.目镜灯源；15.望远镜主轴高低调节螺钉；16.直流稳压源（目镜灯源用）；17.望远镜支臂；

18.望远镜微调螺钉；19.转座；20.止动螺钉；21.制动架；22.底座；23.望远镜调焦旋钮

1. 分光计的主要结构

1）读数系统

分光计的读数系统由主刻度盘和游标盘组成，主刻度盘上的刻度范围为 0°～360°，分为 720 格，每格刻度值为 0.5°；游标盘上有两个游标尺，每个游标尺均分为 30 格，每格刻度值为 1′。在底座 22 的中央固定有一个中心轴，主刻度盘和游标盘套在中心轴上，可以绕中心轴旋转。在游标盘上对称地设计有两个游标读数装置，读数时分别读出两个游标处的读数，然后进行处理，可以消除可能存在的偏心差。

2）平行光管

平行光管是获取入射平行光的装置，低压汞灯发出的光经过平行光管后成为缝状平行光，才能用于实验。平行光管的光轴可通过调节螺钉 4 来调节，平行光管狭缝装置的狭缝宽度可通过狭缝宽度调节螺钉 5 来调节，调节范围 0～4 mm。旋转平行光管调焦旋钮，可使狭缝装置沿光轴前后移动，使入射光成为平行光。

3）望远镜

分光计中望远镜的结构如图 5-3-5(a)所示。望远镜可通过止动螺钉 20 与主刻度盘固定在一起旋转，望远镜的光轴可通过调节螺钉 15 进行调节，转动目镜调焦旋钮 13 可进行目镜调焦以看清分划板，转动望远镜调焦旋钮 23 可使目镜沿光轴方向前后移动。

望远镜的调焦原理如图 5-3-5(b)所示。望远镜目镜下方有专用灯源，发出的光由方孔进入小棱镜，经反射后通过刻有透光小十字窗的分划板和望远镜物镜，投射到放在载物台上的反射镜上，目镜中观察到的反射像也是一个绿色十字。望远镜光轴和反射镜垂直时，反射像位于分划板叉丝上部的交叉点。

4）载物台

载物台用于放置三棱镜、双面反射镜等器件。载物台的台面与底座是分离的，台面依靠 3 个调平螺钉支撑，通过调节这 3 个调平螺钉可以将载物台台面调至水平且与旋转主轴垂直。

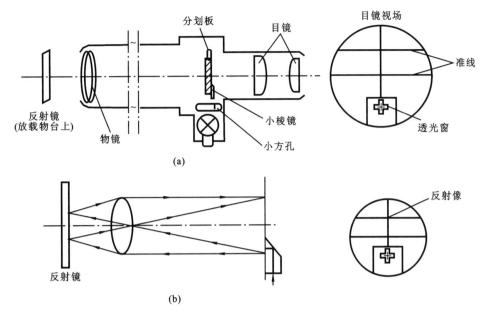

(a)

(b)

图 5-3-5　望远镜结构

2. 分光计的调整

1) 望远镜调焦

首先进行目镜调焦,目的是使眼睛通过目镜能清楚地看到目镜中分划板上的准线(又称分划线或叉丝)。调节方法是旋转目镜调焦旋钮 13,直至看清分划板上的准线,如图 5-3-5(a)所示。

然后将目镜分划板上的准线调整到物镜焦平面上,也就是望远镜对无穷远处调焦。方法如下:

(1) 将目镜灯源插头插上,此时从目镜观察,视野下方会出现亮绿色的矩形区域,说明目镜灯源已发光。

(2) 调节望远镜主轴高低调节螺钉 15,将望远镜主光轴调到大致水平;调节载物台的 3 个调平螺钉,使载物台台面大致水平。

(3) 将双面反射镜放置在载物台台面中央,转动载物台使反射面与望远镜大致垂直。

(4) 从目镜观察,除下方的亮绿色矩形区域外,看是否能找到一亮斑或亮绿色的十字,如果没有,则左右微微转动载物台,应能找到。调节望远镜调焦旋钮 23,使亮斑成为清晰的亮绿色十字。

(5) 调节载物台调节螺钉,使亮绿色十字线与目镜分划板上方的十字线重合。微动观察者眼睛观察的位置,如果二者不重合,则微调目镜调焦旋钮 13 和望远镜调焦旋钮 23,可使亮绿色十字线与分划板上方的十字线无视差地重合。

2) 调节望远镜和载物台

先粗调,用眼睛直接观察,通过调节载物台调平螺钉 11,使载物台台面大致水平;通过调节望远镜主轴高低调节螺钉 15,使望远镜主轴大致水平。(此步骤在上一步望远镜调焦时已完成)

然后进行细调,在载物台的中央放上双面反射镜,放置方法如图 5-3-6 所示。当望远镜垂直于双面反射镜时,从目镜中观察,目镜视场中可以看到亮绿色十字像,将载物台连同反射镜旋转180°观察,应该也能看到亮绿色十字像。如没有见到亮十字像,说明粗调不够好,重复进行粗调,直到反射镜的两个面分别反射回来的亮十字像都能看见为止。

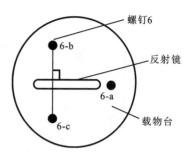

图 5-3-6　反射镜与载物台螺钉的位置关系

　　如果亮十字像不在分划板准线上方的十字线交点处,如图 5-3-7(a)所示,需要采用各半调节逐次逼近的方法(或称"减半逼近法")。假设亮十字像与分划板准线上方的十字线交点相距 h,先调节载物台调平螺钉(6-c)使位移量 h 减少一半,如图 5-3-7(b)所示,再调节望远镜主光轴高低调节螺钉15,使位移量 h 再减少一半,即观察到亮十字像与分划板准线上方的十字线交点重合,如图 5-3-7(c)所示。

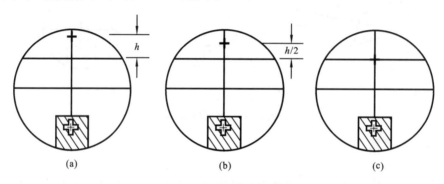

(a)　　　　　　　　　　(b)　　　　　　　　　　(c)

图 5-3-7　各半调节逐次逼近

　　然后将载物台连同反射镜旋转180°,此时观察到的亮十字像与分划板准线上方的十字线交点可能不重合,先调节载物台调平螺钉(6-b)使位移量 h 减少一半,再调节望远镜主光轴高低调节螺钉15,使位移量 h 再减少一半,使二者重合。

　　接着再将载物台连同反射镜旋转180°进行观察,重复以上步骤多次,直至无论如何旋转,二者均重合为止。

　　最后将双面反射镜按图 5-3-8 所示的方法放置,从目镜观察亮十字像与分划板准线上方的十字线是否重合,若不重合,直接调节螺钉(6-a)使二者重合即可。

　　这样望远镜的光轴和载物台台面就调节至水平了,且均垂直于载物台旋转主轴。

　　3) 平行光管的调节

　　目的:①把狭缝像调到物镜的焦平面上,即为平行光管对无穷远调焦;②调平行光管的光轴垂直于旋转主轴。

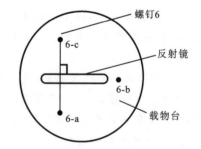

图 5-3-8　载物台调平(只调螺钉 6-a)

　　先用眼睛直接观察,通过调节平行光管主轴高低调节螺钉4,使平行光管大致水平。然后打开低压汞灯,在望远镜中观察狭缝,如狭缝像不清晰,则调节平行光管调焦旋钮8,使狭缝清晰地成像在望远镜的分划板平面上,即完成了平行光管的调焦。如狭缝倾斜,可松开狭缝装置锁紧螺钉7,旋转狭缝装置,使狭缝像与目镜分划板的垂直准线重合,然后拧紧螺钉固定狭缝装置。在望远镜中观察,通过调整平行光管光轴高低调节螺钉4,使狭缝像在视场的中心对称(即位于分划板的中间),即完成了平行光管的主轴垂直于旋转主轴。调节狭缝宽度调节螺钉 5,使狭缝像宽约 1 mm,注意不要随意乱拧,以免伤害狭缝刀口。

3. 分光计的读数

1) 分光计刻度盘的读数

分光计的主刻度盘一共分成 720 格,每格为 0.5°(即 30′)。内圈有两个游标读数装置(又称游标尺),划分成为 30 格。当主刻度盘上零刻度线与游标尺零刻度线对齐时,可以观察到游标尺上第 30 格的刻度线与主刻度盘上第 29 格的刻度线对齐,这与游标卡尺的原理是一样的。因此分光计的读数方法也可以参考游标卡尺,不同的是,一个是直游标,一个是弯游标;一个等分刻度为 50 格,而另一个等分刻度为 30 格。以下为读数的一个实例,如图 5-3-9 所示,读数为230°9′。

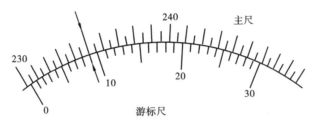

图 5-3-9 分光计刻度盘刻度

2) 消除分光计的偏心差

分光计读数系统的转轴有两根:一根是游标盘的转轴,另一根是主刻度盘的转轴。假如这两根轴不是同轴的,将使读数引入偏心差。在游标盘的某一直径的两端读数取平均值,就可以消除这一系统误差。在图 5-3-10 中 O 点是主刻度盘的中心,O' 是游标盘的中心,O 与 O' 不同心,当游标转动一定角度 ϕ 时,从 AB 上所示的读数或 $A'B'$ 上所示的读数都不能反映 ϕ 角,且$\phi \neq \phi_1 \neq \phi_2$,根据平面几何的圆内角定理得

$$\phi = \frac{1}{2}(\phi_1 + \phi_2) = \frac{1}{2}(AB \text{ 读数} + A'B' \text{ 读数})$$

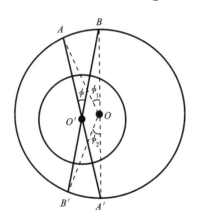

图 5-3-10 双游标消除偏心差

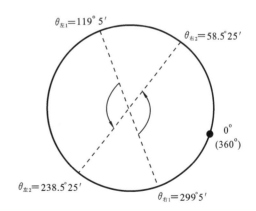

图 5-3-11 过零读数

3) 过零读数处理

在测顶角的实验中,若有这样一组数据:$\theta_{\text{左}1} = 119°5′$、$\theta_{\text{右}1} = 299°5′$、$\theta_{\text{左}2} = 238.5°25′$、$\theta_{\text{右}2} = 58.5°25′$,求出的顶角应该是多少呢?

从图 5-3-11 可以看出右边游标尺从左 1 位置转到左 2 位置时,中间经过 0°(360°)刻度,

$\theta_{\text{右}2}$的数值可以看成为 $360°+58.5°25'=418.5°25'$,那么顶角 α 为

$$\alpha=\frac{1}{4}(|238.5°25'-119°5'|+|418.5°25'-299°5'|)=59°55'$$

因此用分光计测角度时,如游标转过零刻度,求游标始末位置的差值时,需"小数值数加 360°,减去大数值数"即为所求。在计算前要仔细判断所测数据是否存在过零读数的问题。

实验 5-4　光栅的衍射

衍射光栅是一种重要的分光元件,它能产生谱线间距较宽的光谱,可根据其分光作用制成单色仪、光谱仪等。在研究谱线的结构,测定谱线的波长和强度的工作中,已被广泛使用,不仅适用于可见光波段,而且也适用于紫外、红外甚至远红外的所有光波段。

预习本次实验时,请先复习"大学物理学"教程中有关多光束干涉的相关知识。

【成果导向教学设计】

通过本实验的学习,学生能了解以下知识,并培养以下能力。

知识:

(1) 基础知识:相干光;光的干涉和衍射;光栅方程;光栅光谱。

(2) 测量方法:衍射法。

(3) 减小系统误差方法:斜入射修正;半周期间测法。

能力:

(1) 测量仪器的使用:分光计的调节和使用。

(2) 调节技术:调焦、消视差调整;光学系统的水平、垂直、共轴调节。

(3) 实验总结:能建立数据与结果的关联;撰写完整的实验报告。

(4) 能力:安全实验;公民素质(个人能力、团队协作能力)(潜移默化地培养)。

【参考资料】

[1] 倪重文,陈宪锋,沈小明,等.分光计测定光栅常数[J].大学物理实验,2008,22(2):50-52.

[2] 吴百诗.大学物理(下)[M].北京:科学出版社,2003.

[3] 江兴方,谢建生,唐丽.物理实验[M].北京:科学出版社,2005.

[4] 杜义林.物理实验学[M].合肥:中国科技大学出版社,2006.

[5] 赵青生,马书炳.大学物理实验[M].合肥:安徽大学出版社,2004.

[6] 黄建群,胡险峰,雍志华.大学物理实验[M].成都:四川大学出版社,2005.

【实验目的】

(1) 观察光线通过光栅后的衍射现象。

(2) 学会用光栅测光波波长的实验方法。学会测光栅常数的实验方法。

(3) 了解分光计的用途,学会应用减半逼近调节法调节分光计的操作技术。

*(4) 测定光波波长及色散率(选做)。

【实验仪器】

(1) JJY-2 型分光计;(2) 低压汞灯(共用);(3) 光栅。

【实验原理】

衍射光栅是重要的光学元件之一,它具有很高的分辨本领,通常用来测定光波的波长。

　　光栅有两种：一种是用透射光衍射的透射光栅；另一种是用反射光衍射的反射光栅。本实验使用的是透射光栅。

　　透射光栅是一块有许多相互平行的等距离刻痕的玻璃片，它可以看作是由一些等距的狭缝平行排列而成。刻痕处不透明，刻痕之间透明，起狭缝作用。

　　若光栅透明的部分宽为 a，不透明的部分宽为 b，则 $a+b=d$ 称为光栅常数，如图 5-4-1(a) 所示。将光栅 G 放在分光计的载物平台上，平行光管发出波长为 λ 的单色平行光垂直投射到光栅上，在每个宽度为 a 的狭缝上产生衍射，由于光栅有 N 个等宽的单缝，它们的衍射光彼此是相干的，这许多相干光束由分光计的望远镜会聚于物镜的焦平面上，因此，从目镜的视场中能见到由单缝衍射与多光束干涉所产生的总效果，合成光出现明暗相间的条纹。

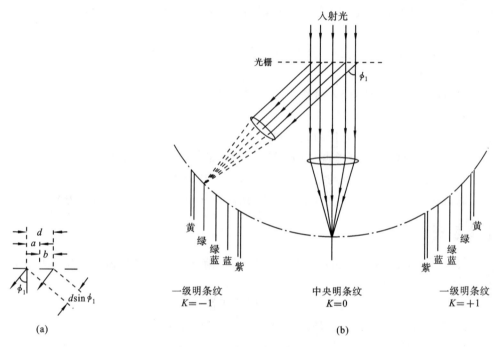

图 5-4-1　光栅衍射光谱示意图

当满足下列关系

$$d\sin\phi_K = K\lambda \quad (K = 0, \pm 1, \pm 2, \cdots) \tag{5-4-1}$$

即从相邻狭缝发出的对应光束之间的光程差为 $K\lambda$ 时，这些光经望远镜会聚后相干形成明纹。式(5-4-1)称光栅方程，式中 K 为明纹的级数，显然 ϕ_K 是合成光强为最大（明纹）的必要条件，这些明纹细而明亮，称为"主极大条纹"，而 ϕ_K 为其他值时，形成暗纹的机会远比形成明纹的机会多，因而这些主极大条纹（明纹）之间充满大量的暗纹。

　　由单缝衍射可知，当 $a \cdot \sin\phi = \pm K'\lambda (K' = 1, 2, 3, \cdots)$ 时，为暗纹条件，因而当 ϕ_K 既满足式(5-4-1)的明纹条件，又同时满足单缝衍射的暗纹条件时，该处就不再出现明纹，而是出现暗纹，这种现象称为光栅"缺级"。

　　如果入射光不是单色光，则由式(5-4-1)可以看出，光的波长不同，其衍射角 ϕ_K 也各不相同，于是白光就分解成单色光，而在中央，$K=0,\phi_K=0$ 处，各色光仍重叠在一起，组成中央明纹，在中央明纹两侧对称地分布着 $K=1,2,\cdots$ 各级光谱，各级光谱线都按波长大小的顺序，依次排列成一组彩色谱线，如图 5-4-1(b) 所示。

　　若已知光栅常数 d,用分光计测出 K 级光谱中某一明纹的衍射角 ϕ_K,则式(5-4-1)可计算出该明纹所对应的单色光的波长 λ。反过来,如果已知 λ,也可以测光栅常数 d。

　　衍射光栅的基本特性由它的分辨本领和角色散率来表征。光栅的角色散率是同一级的两谱线的衍射角之差 $\Delta\phi$ 与它们的波长差 $\Delta\lambda$ 的比值,即

$$D = \frac{\Delta\phi}{\Delta\lambda} \tag{5-4-2}$$

将式(5-4-1)微分,就得出

$$D = \frac{\Delta\phi}{\Delta\lambda} = \frac{K}{d\cos\phi_K} \tag{5-4-3}$$

　　从式(5-4-3)可看出,对于某一级光谱而言,K 和 d 均为常数,D 正比于 $1/\cos\phi_K$,衍射角 ϕ_K 越大,角色散率 D 也越大。对不同的波长 λ_1 和 λ_2,其衍射角 ϕ_1、ϕ_2 也就不同,所以在 λ_1 和 λ_2 处的角色散率也就不一样。但若两波长很邻近,它们的衍射角相差也就很小,则在这两波长范围内的角色散率也可以视为相等,此时可以通过式(5-4-2)测定角色散率。

【实验内容与要求】

1. 调整分光计

　　本实验内容的主要测量仪器是分光计,它在光学实验中是最基本、最常用的仪器之一。它的基本结构和使用方法,在本教材"用分光计测定三棱镜的折射率"实验的附录:"分光计介绍"一节中均有详细说明,望同学们在做此实验前必须认真阅读,学会使用。

2. 测定光栅常数

　　(1) 安置光栅,要求达到:入射光垂直照射光栅表面,平行光管狭缝与光栅刻痕相平行。

　　(2) 将光栅按图 5-4-2 所示,放在载物台上。先目测使光栅平面和平行光管轴线大致垂直,然后以光栅面作为反射面,用自准法调节光栅面与望远镜轴线相垂直(注意:望远镜已调好,不能再动)。可以调节光栅支架或载物台的两个螺丝 a、c,使得从光栅面反射回来的叉丝像与原叉丝相重合,随后固定载物台。

　　(3) 转动望远镜,观察衍射光谱的分布情况,注意中央明条纹两侧的衍射光谱是否在同一水平面内。如果观察到光谱线有高低变化,则说明狭缝与光栅刻痕不平行。此时可调节载物台的螺丝 b(见图 5-4-2),直到中央明条纹两侧的衍射光谱基本上在同一水平面内为止。

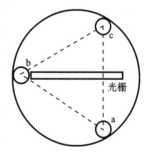

图 5-4-2　光栅在载物台上安放的位置

　　(4) 测量汞灯各光谱线的衍射角。

　　① 由于衍射光谱相对于中央明条纹是对称的,为了提高测量准确度,测量第 K 级光谱时,$+K$ 级和 $-K$ 级光谱线之间的夹角的一半为该级光谱线的衍射角。取 $K = \pm 1$。

　　② 转动望远镜找到右侧第一级绿谱线,微调望远镜位置,使分划板的垂直刻度对准该谱线中心,读取在刻度盘上的左右两个游标位置的数字,如 θ_1 和 θ_1',填入表 5-4-1 内。再转动望远镜找到左侧第一级($K=-1$)绿谱线。微调望远镜位置,使分划板的垂直刻度对准该谱线的中心。读取左右两游标位置的角度 θ_{-1} 和 θ_{-1}',衍射角 ϕ 的计算公式为

$$\phi = \frac{1}{4}(|\theta_1 - \theta_{-1}| + |\theta_1' - \theta_{-1}'|) \tag{5-4-4}$$

　　③ 移动望远镜,依次对准第一级($K=\pm1$)光谱中的蓝光进行测量,读取数据。

* 3.　测定光波波长及色散率(选做)

实验室用的透射光栅有两种,一种是每毫米有 300 条刻痕的,即光栅常数 $d=\dfrac{1}{300}$ mm;另一种是每毫米有 600 条刻痕的,其光栅常数 $d=\dfrac{1}{600}$ mm,可以把它作为已知量。测量 $K=\pm 1$ 级时的两条黄线 λ_1 和 λ_2 的衍射角,代入式(5-4-1),求得波长 λ_1 和 λ_2,算出 $\Delta\lambda$,再由式(5-4-2) 求出光栅的角色散率 D。

【数据记录及处理】

(1) 测量光栅的衍射角:

表 5-4-1　衍射角的测量数据表

角度 谱线	$K=+1$		$K=-1$	
	θ_1	θ'_1	θ_{-1}	θ'_{-1}
蓝				
绿				

(2) 实验室给定值:

① 分光计的精度为 $1'$,由于测量左右两个角度游标,所以取分光计的仪器误差为 $\Delta_仪=2'$。

② 汞灯谱线波长:

$$\lambda_蓝 = (4358\pm 3)\text{Å}, \quad \lambda_绿 = (5460\pm 3)\text{Å} \quad (\text{注:1 Å} = 10^{-10}\text{ m})$$

(3) 根据测量的衍射角 ϕ 和给定的波长 λ,分别用蓝光和绿光的测量数据计算出光栅常数 d。

(4) 要求用不确定度对绿光的测量结果进行数据处理,写出光栅常数的结果表达,并对实验结果进行分析。

【数据处理(提示)】

根据光栅衍射公式 $d\sin\phi = K\lambda(K=\pm 1)$ 求光栅常数,得 $d=\dfrac{K\lambda}{\sin\phi}=\dfrac{\lambda}{\sin\phi}$。则其不确定度为

$$U_d = \sqrt{\left(\frac{\partial d}{\partial\lambda}U_\lambda\right)^2+\left(\frac{\partial d}{\partial\phi}U_\phi\right)^2} = \sqrt{\left(\frac{1}{\sin\phi}U_\lambda\right)^2+\left(\frac{-\lambda\cos\phi}{\sin^2\phi}U_\phi\right)^2} \tag{5-4-5}$$

其中

$$U_\lambda = 3\text{Å}$$

$$U_\phi = \sqrt{U_{\phi A}^2+U_{\phi B}^2} = \sqrt{0+(0.683\Delta_仪)^2}$$

将 U_λ、U_ϕ 和 λ、ϕ 值代入式(5-4-5),计算得出 U_d,求 d 的相对不确定度:

$$U_r = \frac{U_d}{d}\times 100\%$$

给出测量结果表达式:

$$\begin{cases} d = d_测 \pm U_d = \\ U_r = \end{cases} \quad (P=68\%)$$

【结果分析】

实验完后,对该实验进行总结和误差分析。

【注意事项】

(1) 放置或移动光栅时,严禁用手触摸光栅表面,以免损坏。

(2) 眼睛不要长时间直视汞灯。

(3) 分光计各部分的调节螺钉比较多,在不清楚这些调节螺钉的作用和用法前,请不要乱旋硬扳,以免损坏分光计。

【学习总结与拓展】

1. 总结自己教学成果的达成度

参考成果导向教学设计内容。

2. 思考题

(1) 光栅光谱和棱镜光谱有哪些不同之处?

(2) 利用本实验的装置怎样测定光的波长?

(3) 当用钠光(波长 $\lambda = 5890$ Å)垂直入射到一毫米内有 500 条刻痕的平面透射光栅上时,试问最多能看到第几级光谱? 并说明理由。

(4) 当狭缝太宽或太窄时,将会出现什么现象? 为什么?

3. 学习收获与拓展

(1) 从能力的培养、学习要点中选一个角度,谈谈你的收获。

(2) 你对本实验有哪些改进意见? 用本套仪器还能测哪些物理量?

(3) 当入射光斜射光栅时,可用斜入射修正法减小系统误差,请查找相关资料,了解斜入射修正法。

实验 5-5　用旋光仪测溶液的旋光率及浓度

线偏振光通过某些晶体或某些物质的溶液以后,偏振光的振动面将旋转一定的角度,这种现象称为旋光现象,具有旋光现象的物质叫旋光物质。旋光有左旋和右旋之分,是源于旋光物质左旋和右旋两种不同的结构。通过测量溶液的旋光度可确定溶液中所含旋光性物质的浓度。通常可根据测出的旋光度从该物质的旋光曲线上查出对应的浓度。这种方法已被广泛应用于制糖、化学、制药、香料、石油和食品等工业部门。

【成果导向教学设计】

通过本实验的学习,学生能了解以下知识,并对以下能力得到培养。

知识:

(1) 基础知识:光的偏振;振动面旋转。

(2) 测量方法:半荫法。

(3) 实验原理:用旋光仪测溶液的旋光率及浓度的实验原理。

(4) 数据处理方法:列表法;作图法。

能力:

(1) 测量仪器的使用:旋光仪的调节和使用。

(2) 调节技术:调焦、消视差调整;光学系统的水平、垂直、共轴调节;旋光仪的调节和使用。

(3) 实验总结:能建立数据与结果的关联;撰写完整的实验报告。

(4) 能力:安全实验;公民素质(个人能力、团队协作能力)(潜移默化地培养)。

【参考资料】

[1] 谢行恕,康士秀,霍剑青.大学物理实验[M].北京:高等教育出版社,2001.

[2] 葛松华,唐亚明.大学物理实验教程[M].北京:电子工业出版社,2004.

[3] 李学金.大学物理实验教程[M].长沙:湖南大学出版社,2001.

【实验目的】

(1) 观察线偏振光通过旋光物质后的旋光现象。

(2) 学会用旋光仪测定旋光性溶液的旋光率和浓度。

【实验仪器】

(1) WXG-4 型旋光仪;(2) 测试管(6 支);(3) 蔗糖和果糖溶液。

【实验原理】

线偏振光通过某些晶体或某些物质的溶液以后,偏振光的振动面将旋转一定的角度,这种现象称为旋光现象。如图 5-5-1 所示,旋转的角度 ϕ 称为旋光度。它与偏振光通过的溶液的长度 L 和溶液中旋光性物质的浓度 c 成正比,即

$$\phi = \alpha L c \tag{5-5-1}$$

式中,α 称为该物质的旋光率,数值上等于偏振光通过单位长度(1 dm)、单位浓度(1 g/mL)的溶液后引起振动面转过的角度。c 用 g/mL 表示,L 用 dm 表示。那么 α 的单位是(°)·mL/(dm·g)。

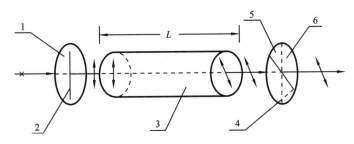

图 5-5-1　观察偏振光的振动面旋转实验原理图
1.起偏器;2.起偏器透射轴;3.旋光物质;4.检偏器透射轴;5.旋转角(旋光度)ϕ;6.检偏器

　　实验表明,同一旋光物质对不同波长的光有不同的旋光率。旋光率与入射光波长 λ 的平方成反比。这个现象称为旋光色散。因此,通常采用钠黄光($\lambda = 5893$ Å)来测定旋光率。旋光率还与旋光物质的温度有关。温度每升高 1 ℃,旋光度约减少 0.3%。因此,对于所测的旋光率,还必须说明测量时的温度。实验过程中温度变化不要超过±2 ℃。

　　若已知待测旋光性溶液的浓度 c 和液柱的长度 L,测出旋光度 ϕ 就可以由式(5-5-1)算出旋光率 α。也可以在液柱长 L 不变的条件下,依次改变浓度 c,测出相应的旋光度,画出 ϕ 与 c 的关系曲线(称为旋光曲线),这是一条直线,其斜率为 $\alpha \cdot L$。由直线的斜率也可以求出旋光率 α。反之,在已知某种溶液的旋光曲线时,只要测量出溶液的旋光度,就可以从旋光曲线上查出对应的浓度。

【仪器介绍】

　　测量物质旋光度的装置称为旋光仪,WXG-4 型旋光仪的结构如图 5-5-2 所示。为了准确地测定旋光度 ϕ,仪器的读数装置采用双游标读数,以消除度盘的偏心差。度盘等分为 360 格,每格为 1°,游标在弧长 19° 上等分为 20 格,等于度盘 19 格,用游标可读到 0.05°。度盘和检偏镜固定连接成一体,利用度盘转动手轮作粗(小轮)、细(大轮)调节。游标窗前装有读数放大镜,供读数用。读数由左右两边读数窗读取数据后再求平均值,如图 5-5-3 所示。

　　因为人的眼睛难以准确地判断视场是否最暗(或最亮),因此仪器在视场中采用了半荫法比较两束光的强度,其原理是在起偏镜后面加一块石英晶体片,石英片和起偏镜的中部在视场中重叠,如图 5-5-4 所示,将视场分为三部分,并在石英片旁边装上一定厚度的玻璃片。以补偿由于石英片的吸收而发生的光强变化,石英片的光轴平行于自身表面并与起偏镜的透射轴夹一小角 θ(仅几度),称影荫角。由光源发出的光经过起偏镜后变成线偏振光,其中一部分再经过石英片,石英是各向异性晶体,光线通过它将发生双折射。可以证明,厚度适当的石英片会使穿过它的线偏振光的振动面转过 2θ 角。这样进入测试管的光是振动面间夹角为 2θ 的两束线偏振光。

　　图 5-5-5 中,OP 表示通过起偏镜后的光矢量,而 OP' 则表示通过起偏镜与石英片的线偏振光的光矢量,OA 表示检偏镜的透射轴,OP 和 OP' 与 OA 的夹角分别为 β 和 β',OP 和 OP' 在 OA 轴上的分量分别为 OP_A 和 OP'_A。转动检偏镜时,OP_A 和 OP'_A 的大小将发生变化,于是从目镜中所看到的三分视场的明暗也将发生变化(见图 5-5-5 的下半部分)。图 5-5-5 中列出

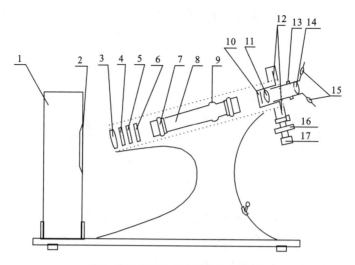

图 5-5-2　WXG-4 型旋光仪结构图

1.钠光灯；2.毛玻璃片；3.会聚透镜；4.滤色片；5.起偏镜；6.石英片；7.测试管端螺帽；

8.测试管；9.测试管凸起部分；10.检偏镜；11.望远镜物镜；12.度盘和游标；13.望远镜调焦手轮；

14.望远镜目镜；15.游标读数放大镜；16.度盘转动细调手轮；17.度盘转动粗调手轮

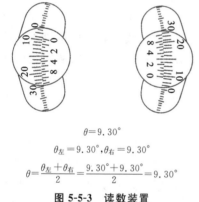

$\theta = 9.30°$

$\theta_左 = 9.30°, \theta_右 = 9.30°$

$\theta = \dfrac{\theta_左 + \theta_右}{2} = \dfrac{9.30° + 9.30°}{2} = 9.30°$

图 5-5-3　读数装置

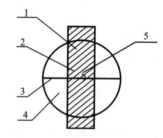

图 5-5-4　石英片的三分视场的安装方式

1.石英片；2.石英片光轴；3.起偏器透射轴；

4.起偏镜；5.起偏镜透射轴与石英片光轴的夹角

了四种明显不同的情形。

（1）$\beta' > \beta, OP_A > OP'_A$。从目镜观察到三分视场中与石英片对应的中部为暗区，与起偏镜直接对应的两侧为亮区，三分视场很清晰。当 $\beta' = \pi/2$ 时，亮区与暗区的反差最大。

（2）$\beta = \beta', OP_A = OP'_A$。三分视场消失，整个视场为较暗的黄色。

（3）$\beta > \beta', OP_A > OP'_A$。视场又分为三部分，与石英片对应的中部为亮区，与起偏镜直接对应的两侧为暗区。当 $\beta = \pi/2$ 时，亮区与暗区的反差最大。

（4）$\beta = \beta', OP_A = OP'_A$。三分视场消失。由于此时 OP 和 OP' 在 OA 轴上的分量比第二种情形时大，因此整个视场为较亮的黄色。

由于在亮度不太强的情况下，人眼辨别亮度微小差别的能力较强，所以常取图 5-5-5 中第二种情形的视场为参考视场（又称零视场），并将此时检偏镜透射轴所在的位置取作刻度盘的零点。

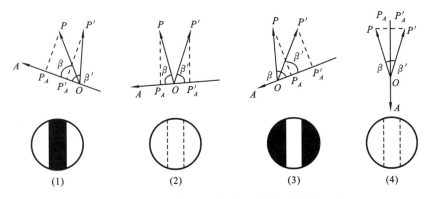

图 5-5-5 转动检偏镜时,目镜中视场的亮暗变化图

实验时,将旋光性溶液注入已知长度为 L 的测试管中,把测试管放入旋光仪的试管筒内,这时 OP 和 OP' 两束线偏振光均通过测试管,它们的振动面却转过相同的角度 ϕ,并保持两振动面间的夹角为 2θ 不变。转动检偏镜使视场再次回到图 5-5-5 第二种情形的状态,则检偏镜所转过的角度就是被测溶液的旋光度 ϕ。迎着射来的光线看去,如果旋光现象使偏振面向右(顺时针方向)转动,这种溶液称为右旋溶液,如蔗糖的水溶液。反之,使偏振面向左(逆时针方向)旋转,这种溶液称左旋溶液,如果糖的水溶液。

【实验内容与要求】

1. 调整旋光仪

(1) 接通旋光仪电源,约 5 min 后待钠光灯发光正常,开始实验。

(2) 校验零点位置。在没有放测试管时,调节望远镜调焦手轮,使三分视场界线清晰。调节度盘转动手轮,当三分视场刚消失并且整个视场变为较暗的黄色时,看度盘和游标是否在零线上,校验零视场(零点)位置,记下刻度盘上相应读数(读数和数据处理方法与分光计类似)。

(3) 将装有蒸馏水的测试管放入旋光仪的试管筒内,调节望远镜的调焦手轮和度盘转动手轮,观察是否有旋光现象。

2. 测定旋光性溶液的旋光率和浓度

(1) 由于旋光率与所用光的波长、温度及溶液浓度均有关系,故要记录测试条件。

(2) 将纯净待测物质(如蔗糖)事先配制成不同百分浓度的溶液,分别注入相同长度的测试管内,不能有气泡。螺帽不要旋得太紧,不漏即可。否则护片玻璃会引起应力,影响实验的准确性。将试管两头残余溶液擦干净,再将试管放入试管筒内,试管的凸起部分朝上,以便存放管内残存的气泡。

(3) 调节望远镜调焦手轮,使三分视场清晰。调节度盘转动手轮,在三分视场刚消失的位置,从度盘的两个游标上读数。反复测 5 次,填入自拟的表格内,算出平均值。

(4) 测出各种不同浓度的旋光度 ϕ,然后作 ϕ-c 曲线(要求光滑)。由图线的斜率求出该物质的旋光率 α。在图线旁边应标明实验时溶液的温度和所用的光波波长。

(5) 将浓度未知的待测溶液装入试管中,测出旋光度 ϕ,再根据旋光曲线(ϕ-c 曲线)确定待测溶液的浓度。

(6) 计算不确定度 U_r,写出结果的表达式。

溶液的旋光率:

$$\begin{cases} \alpha = \bar{\alpha} \pm U \\ U_r = \dfrac{U}{\bar{\alpha}} \times 100\% \end{cases} \quad (P = 68\%)$$

糖的浓度：

$$\begin{cases} c = \bar{c} \pm U \\ U_r = \dfrac{U}{\bar{c}} \times 100\% \end{cases} \quad (P = 68\%)$$

【注意事项】

(1) 溶液应装满试管,不能有气泡。

(2) 注入溶液后,试管和试管两端透光窗均应擦净才可装上旋光仪。

(3) 测试管应轻拿轻放,小心损坏。

(4) 所有镜片,包括测试管两头的护片玻璃都不能用手直接擦试,应用柔软的绒布或镜头纸擦试。

【学习总结与拓展】

1. 总结自己教学成果的达成度

参考成果导向教学设计内容。

2. 思考题

(1) 说明半荫分析法测量的原理。

(2) 为什么在试管空白和装满溶液时要分别调焦?

3. 学习收获与拓展

(1) 从能力的培养、学习要点中选一个角度,谈谈你的收获。

(2) 你对本实验有哪些改进意见?

历史上最出色的十大物理实验

美国的两位学者曾在全美物理学家中做了一份调查,请他们提名有史以来最出色的十大物理实验,结果令人惊奇的是这十大实验中的每个实验几乎都是由一个人独立完成,或最多有一两个助手。实验中没有用到什么大型计算工具比如电脑一类,最多不过是把直尺或者是计算器。

所有这些实验的共同特点是它们都紧紧"抓"住了物理学家眼中"最美丽"的科学之魂:最简单的仪器和设备,建立了最根本、最单纯的科学概念,解开人们长久的困惑,开辟了对自然界的崭新认识。

从十大经典科学实验评选本身,我们也能清楚地看出近 2000 年来科学家们最重大的发现轨迹,就像我们"鸟瞰"历史一样。

历史上最有意思的十大物理实验(用最简单的仪器得出最精确的结论):①伽利略自由落体实验;②牛顿棱镜分解太阳光实验;③改进托马斯·杨双缝演示的电子干涉实验;④托马斯·杨的光干涉实验;⑤伽利略的加速度实验;⑥卡文迪许扭秤实验;⑦傅科单摆实验;⑧卢瑟福发现原子核实验;⑨埃拉托色尼的测量地球周长实验;⑩密立根的油滴实验。

1. 伽利略(Galileo Galilei,1564—1642,**意大利**)**自由落体实验**(16 世纪)

在 16 世纪末人人都认为重量大的物体比重量小的物体下落的快,因为伟大的亚里士多得是这么说的。伽利略从比萨斜塔上同时扔下一轻一重的物体,结果两物同时落地,否定了亚里士多得的错误理论,他向世人展示尊重科学而不畏权威的可贵精神。

2. 牛顿(Newton,1642—1727,**英国**)**棱镜分解太阳光实验**(17 世纪)

17 世纪,人们还认为白光是一种纯的没有其他颜色的光,而有色光是一种不知何故发生变化的光(又是亚里士多得的理论)。牛顿把一面三棱镜放在阳光下,透过三棱镜,光在墙上被分解为不同颜色的光,后来我们称作为光谱。牛顿的结论是:正是这些红、橙、黄、绿、青、蓝、紫基础色有不同的色谱才形成了表面上颜色单一的白色光。牛顿的太阳光分解实验具有重要的意义,它不仅为颜色理论奠定了基础,也为光谱学的发展开辟了道路。

3. 改进托马斯·杨双缝演示的电子干涉实验(20 世纪)

牛顿和托马斯·杨对光的性质研究得出的结论都具有片面性。光既不是简单的由微粒构成,也不是一种单纯的波。光具有波粒二象性。将托马斯·杨的双缝演示改造一下可以很好地说明这一点。科学家们用电子流代替光束来解释这个实验。根据量子力学,电粒子流被分为两股,被分得更小的粒子流产生波的效应,他们相互影响,以至产生像托马斯·杨的双缝演示中出现的加强光和阴影。这说明微粒也有波的效应。

是谁最早做了这个实验已经无法考证。根据刊登在《今日物理》杂志的一篇论文看,人们推测应该是在 1961 年。

4. 托马斯·杨(Thomas Young,1773—1829,**英国**)**的光的干涉实验**(19 世纪)

牛顿也不是永远都对。牛顿曾认为光是由微粒组成的,而不是一种波。1830 年英国医生也是物理学家的托马斯·杨向这个观点挑战。他在百叶窗上开了一个小洞,然后用厚纸片盖住,再在纸片上戳一个很小的洞。让光线透过,并用一面镜子反射透过的光线。然后他用一个厚约 1/30 英寸的纸片把这束光从中间分成两束。结果看到了相交的光线和阴影。这说明两束光线可以像波一样相互干涉。后来,托马斯·杨用狭缝代替小孔,得到了更明显的实验效果。托马斯·杨的光的干涉实验为一个世纪后量子学说的创立起到了至关重要的作用。

5. 伽利略(Galileo Galilei,1564—1642,意大利)的加速度实验(16 世纪)

亚里士多得曾预言滚动球的速度是均匀不变的:铜球滚动两倍的时间就走出两倍的路程。伽利略制作了一个光滑的木板斜槽,让铜球从斜槽顶端沿斜面滑下,测量铜球每次下滑的时间和距离,研究它们之间的关系。结果证明铜球滚动的路程和时间的平方成比例:两倍的时间里,铜球滚动 4 倍的距离。因为存在重力加速度。他再次挑战了权威。

6. 卡文迪许(Henry Cavendish,1731—1810,英国)扭秤实验(18 世纪)

牛顿的最大贡献之一是他发现了万有引力理论:两个物体之间的吸引力与它们质量的平方成正比,与他们距离的平方成反比。但是万有引力到底多大?

18 世纪末,英国科学家亨利·卡文迪许决定要找到一个计算方法。他把两头带有金属球的 6 英尺木棒用金属线悬吊起来。再用两个 350 磅重的皮球放在足够近的地方,以吸引金属球转动,从而使金属线扭动,然后用自制的仪器测量出微小的转动。测量结果惊人的准确,他测出了万有引力的参数恒量——引力常数。

卡文迪许实验的构思、设计与操作都非常巧妙和精致,英国物理学家坡印廷曾对这个实验下过这样的评语:"开创了弱力测量的新时代。"卡文迪许也被人们誉为"第一个称地球的人"。

7. 傅科(Jean-Bernard-Léon,Foucault,1819—1868,法国)单摆实验(19 世纪)

1851 年法国科学家傅科当众做了一个实验,用一根长 220 英尺的钢丝吊着一个 62 磅重的头上带有铁笔的铁球悬挂在屋顶下,观测并记录它的摆动轨迹。周围观众发现钟摆每次摆动都会稍稍偏离原轨迹并发生旋转时,无不惊讶。实际上这是因为房屋在缓缓移动。傅科的演示说明地球是在围绕地轴旋转。在巴黎的纬度上,钟摆的轨迹是顺时针方向,30 小时为一个周期。在南半球,钟摆应是逆时针转动,而在赤道上将不会转动。在南极,转动周期是 24 小时。

8. 卢瑟福(Ernest Rutherford,1871—1937,英国)发现原子核实验(20 世纪)

1911 年卢瑟福还在曼彻斯特大学做放射能实验时,原子在人们的印象中就好像是"葡萄干布丁",大量正电荷聚集的糊状物质,中间包含着电子微粒。但是他和他的助手发现向金箔发射带正电的微粒时有少量被弹回,这使他们非常吃惊。卢瑟福计算出原子并不是一团糊状物质,大部分物质集中在一个中心小核上,现在叫作核子,电子在它周围环绕。卢瑟福发现原子核实验对于建立原子核结构理论具有关键性的意义

9. 埃拉托色尼(Eratoshtenes,公元前 273—前 192)的测量地球周长实验(公元前 3 世纪)

在公元前 3 世纪,埃及的一个名叫阿斯瓦的小镇上,夏至正午的阳光悬在头顶,物体没有影子,太阳直接照入井中。埃拉托色尼意识到这可以帮助他测量地球的圆周。在几年后的同一天的同一时间,他记录了同一地点的物体的影子。发现太阳光线有稍稍偏离,与垂直方向大约成 7 度角。而同时在离该地南面一定距离(约为当时 5000 个希腊运动场的距离)处的另一地点,太阳正好当顶。假设地球是球状,那么两地点对地心就大约成 7 度角,即两地点之间的距离就是 7/360 的圆周。因此,埃拉托色尼推算出地球圆周应该大约是 25 万个希腊运动场的长度。埃拉托色尼用简单的估算,算出了地球的周长!今天我们知道埃拉托色尼的测量误差仅仅在 5% 以内。

10. 密立根(Robert Andrews Millikan,1868—1953,**美国**)**的油滴实验**(19 世纪)

　　很早以前,科学家就在研究电。人们知道这种无形的物质可以从天上的闪电中得到,也可以通过摩擦头发得到。1897 年,英国物理学家托马斯已经得知如何获取负电荷电流。1909 年美国科学家罗伯特·密立根开始测量电流的电荷。

　　他用一个香水瓶的喷头向一个透明的小盒子里喷油滴。小盒子的顶部和底部分别放有一个通正电的电板和一个通负电的电板。当小油滴通过空气时,就带有了一些静电,它们下落的速度可以通过改变电板的电压来控制。经过反复试验,密立根得出结论:电荷的值是某个固定的常量,最小单位就是单个电子的带电量。由于此实验构思巧妙、方法简捷、结果准确,通过宏观的力学模式来研究微观世界的量子特性,无论在实验的构思还是在实验的技巧上都堪称是第一流的,是一个著名的启发性实验。

第6章 综合性及近代物理实验

开设综合性及近代物理实验的目的之一,是希望通过一些有代表性的近代物理实验课题,提高和加深学生对近代物理学中有关概念的理解。本章安排的实验,大多是物理学发展过程中有杰出贡献的著名物理学家所进行的实验的重现。其中,多个实验的原型曾经获得诺贝尔物理学奖。希望同学们从这些著名的实验中,进一步学习物理知识和近代测量技术;学习科学家们的巧妙设计思想和从事科学研究时刻苦钻研、勇于探索的精神,全面地培养自身的实验工作能力。

实验 6-1　用迈克尔逊干涉仪测激光波长

迈克尔逊干涉仪是 1880 年美国物理学家迈克尔逊(A. A. Michelson)为验证以太是否存在而设计制造出来的。1887 年他和美国物理学家莫雷(E. W. Morley)合作,进一步用实验结果否定了"以太"的存在,为爱因斯坦建立狭义相对论开辟了道路。此后迈克尔逊又用它做了两个重要实验,首次系统地研究了光谱的精细结构,以及直接用光谱线的波长标定标准米尺,为近代物理和近代计量技术做出了重要的贡献。由于发明了精密的光学仪器,和借

实验 6-1

助这些仪器所做的基本度量学上的研究,迈克尔逊于 1907 年获得诺贝尔物理学奖。后人利用该干涉仪的原理又研制出各种专用干涉仪,如用于检测棱镜的泰曼干涉仪,研究光谱分布工作的傅里叶干涉分光计等,它们已被广泛应用于生产和科技领域。此外,迈克尔逊干涉仪的调节方法和在实验中可能观察到的各种干涉现象,在物理教学中也颇具典型性。

【成果导向教学设计】

通过本实验的学习,学生能了解以下知识,培养以下能力。

知识:

(1) 基础知识:相干光;如何获得相干光;光程差;光的干涉加强和减弱条件。

(2) 测量方法:等倾干涉法。

(3) 实验原理:用迈克尔逊干涉仪测激光波长的实验原理。

(4) 数据处理方法:逐差法。

能力:

(1) 测量仪器的使用:迈克尔逊干涉仪的调节及读数。

(2) 调节技术:消除空转和读数校准的调节。

(3) 实验总结:能建立数据与结果的关联;撰写完整的实验报告。

(4) 能力:安全实验;公民素质(个人能力、团队协作能力)(潜移默化地培养)。

【参考资料】

［1］熊永红,等.大学物理实验(第二册)[M].北京:科学出版社,2008.

［2］钱锋,等.大学物理实验[M].北京:高等教育出版社,2005.

［3］广西科技大学大学物理课程网站-云课堂-微课.

【实验目的】

(1) 掌握迈克尔逊干涉仪的调节和使用方法。

(2) 用迈克尔逊干涉仪测定氦-氖激光波长。

【实验仪器】

(1) 迈克尔逊干涉仪;(2) 多束光纤激光器;(3) 毛玻璃屏。

【实验原理】

1. 迈克尔逊干涉仪的结构和光路

干涉仪是依据光的干涉原理来测量长度或长度变化的精密光学仪器。迈克尔逊干涉仪是根据分振幅干涉原理制成的精密实验仪器,主要由四个高品质的光学镜片和一套精密的机械传动系统装在底座上组成,其实物如图 6-1-1 所示。

图 6-1-1　迈克尔逊干涉仪

1.导轨;2.底座;3.水平调节螺丝;4.固定螺母;5.粗调手轮;6.读数窗口;

7.微调手轮;8.微调手轮刻度盘;9.移动拖板;10.M_2固定镜架;11.分光片镜架;

12.补偿片镜架;13.M_2角度微调螺丝;14.反射镜微调螺丝;15.M_1固定镜架;16.观察屏

在仪器的底座(2)下面有 3 个水平调节螺丝(3),用以调节仪器的水平度,便于进行测量。螺母(4)为对水平调节螺丝(3)的锁定装置。分光镜 P_1 安装在镜架(11)上,补偿镜 P_2 安装在镜架(12)上。平面反射镜 M_2 安装在固定镜架(10)上,另一反射镜 M_1 安装在移动拖板(9)上面的镜架(15)上。固定镜架(10)与(15)各有 3 只微调螺钉(14),用以调节平面镜的角度。固定镜架(10)的角度微调拉簧螺丝为(13)。当旋动手轮(5)或微调手轮(7)时,拖板(9)可在导轨(1)上作微小移动。光的干涉图样可用观察屏(16)观测。仪器中有三个读数尺。

(1) 导轨(1)侧面的主尺:最小分度为 1 mm,量程为 100 mm。

(2) 读数窗口(6)可看到一个 100 等分的圆盘标尺,其转动 1 小格,相当于拖板(9)移动 0.01 mm;转动一圈,则拖板(9)移动 1 mm。

(3) 手轮上的刻度轮(8):也为 100 分格,其每一小格为圆盘标尺的 1/100,即手轮上的刻度最小分度值为 0.0001 mm。刻度轮(8)转动 1 圈,读数窗口(6)移动 1 小格(0.01 mm)。

因此测量 M_1 镜当前所处位置时,若 S 是主尺读数(mm),L 是粗调手轮(5)对应的读数窗口的读数(整格数),N 是微调手轮(7)读数(含估读位的格数),则 M_1 镜位置读数 d 为

$$d = S + L\frac{1}{100} + N\frac{1}{10000} \text{(mm)}$$

M_1 和 M_2 是在相互垂直的两臂上放置的两个平面反射镜,其背面各有三个调节螺旋,用来调节镜面的倾角;M_2 安装在仪器底座上,位置不能做前后移动;M_1 安装在拖板(1)上,其位置可在拖板的带动下改变。转动粗细调手轮,通过精密丝杆可以带动拖板沿导轨前后移动。M_2 镜面的角度微调,可以转动水平和垂直的拉簧螺丝(13)实现调整。在两臂轴相交处,有一与两臂轴各成 45° 角的平行平面玻璃 P_1,且 P_1 第二平面上涂以半透(半反射)膜,以便将入射光分成振幅近乎相等的反射光 1 和透射光 2,故 P_1 板又称为分光板。P_2 也是一平行平面玻璃板,与 P_1 平行放置,厚度和折射率均与 P_1 相同,它用来补偿光 2 在分光板中少走的光程,使两臂上任何波长的光都有相同的光程差,于是白光也能产生干涉,故 P_2 称为补偿板。

从扩展光源 S 射来的光,到达分光板 P_1 后用分振幅法分成两部分。反射光 1 在 P_1 处反射后向着 M_1 前进;透射光 2 透过 P_1 后向着 M_2 前进。这两列光波分别在 M_1、M_2 上反射后逆着各自的入射方向返回,最后都到达 E 处。既然这两列光波是来自光源上同一点,因而是相干光,在 E 处的观察者能看到干涉图样,其光路图见图 6-1-2。

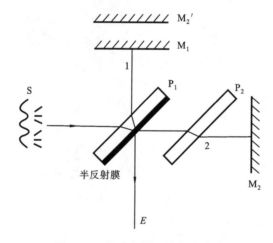

图 6-1-2　迈克尔逊干涉仪光路图

由于光在分光板 P_1 的第二面上反射,使 M_2 在 M_1 附近形成一平行于 M_1 的虚象 M_2',因而光在迈克尔逊干涉仪中来自 M_1 和 M_2 的反射,相当于来自 M_1 和 M_2' 的反射。由此可见,在迈克尔逊干涉仪中所产生的干涉与厚度为 d 的空气膜所产生的干涉是等效的。

当 M_1 和 M_2' 平行时(也就是 M_1 和 M_2 恰好互相垂直),将观察到圆形条纹(等倾条纹);当 M_1 和 M_2' 相交成很小角度时,将观察到直线形的干涉条纹(等厚条纹)。圆形和直线形干涉条纹,在实际中均有应用。图 6-1-3 显示了激光在迈克尔逊干涉仪中产生的圆形干涉图样。

在使用迈克尔逊干涉仪时要特别注意:

（1）干涉仪是非常精密的光学仪器，必须首先弄清楚仪器的使用方法才可动手操作仪器。

（2）干涉仪中的光学玻璃件（分光板、补偿板、反射镜）的光学表面绝对不能沾污，因此不能用手抚摸，也不要自己用擦镜纸擦拭。

（3）干涉仪各调节控制机构均极其精密，其调节范围有一定的限度，调整时应仔细、认真，不可拧得过紧，严防盲目乱调。

（4）微调手轮有很大的反向空程，这会产生"空转误差"（所谓"空转误差"，是指如果沿与原来"调零"时鼓轮的转动方向相反的方向转动鼓轮，则在一段时间内，微调手轮（7）虽然在转动，但拖板并未移动，读数窗口也未计数，因为此时反向后齿轮与螺杆的齿并未啮合靠紧）。为了消除"空转误差"，使用时应始终向一个方向旋转，如果需要反向测量，则需先消除"空转误差"再重新调整零点，方可进行读数。

（5）转动微调手轮时，粗调手轮随之转动，但转动粗调手轮时，微调手轮并不随之转动，因此在调好仪器准备读数之前应先调整零点。调整零点的方法是：将微调手轮沿某一方向（例如顺时针方向）旋转至零，然后以同方向转动粗调手轮直至对齐读数窗口中的某一刻度，以后测量时使用微调手轮仍以同方向移动 M_1 镜，这样才能使读数窗口中的刻度盘与微调手轮的刻度盘相互匹配。

2. 单色光波长测量原理

当 M_1 与 M_2' 相互平行时，所得干涉为等倾

图 6-1-3 激光干涉示意图

干涉，观察者最终看到的干涉条纹的形状取决于具有相同入射角的光的分布情况。

如图 6-1-3 所示，对于点光源 S 经 M_1 和 M_2' 反射后所产生的干涉现象，等效于沿轴向分布的两个虚光源 S_1 和 S_2 所产生的干涉。若空气膜厚度为 d（即 M_1 与 M_2' 之间的距离），则虚光源 S_1 和 S_2 之间的距离为 $2d$。由光的干涉原理，观察屏上任意一点的干涉结果是由 P 点到虚光源 S_1 和 S_2 之间的光程差 Δ 决定。下面我们利用图 6-1-3 推导 Δ 的具体形式。假设虚光源 S_1 与观察屏的垂直距离为 z，观察点 K 与中轴距离为 r，则光程差 Δ 为

$$\Delta = \sqrt{(z+2d)^2 + r^2} - \sqrt{z^2 + r^2} = \sqrt{z^2 + r^2}\left[\left(1 + \frac{4zd + 4d^2}{z^2 + r^2}\right)^{\frac{1}{2}} - 1\right]$$

利用展开式 $\sqrt{1+x} = 1 + \frac{1}{2}x - \frac{1}{8}x^2 + \cdots$，取前两项，可将上式改写成

$$\Delta = \sqrt{z^2 + r^2}\left[\frac{1}{2}\left(\frac{4zd + 4d^2}{z^2 + r^2}\right) - \frac{1}{8}\left(\frac{4zd + 4d^2}{z^2 + r^2}\right)^2\right]$$

$$= \frac{2dz}{\sqrt{z^2 + r^2}} \left[\frac{z^3 + zr^2 + r^2 d - 2d^2 z - d^3}{z(z^2 + r^2)} \right]$$

$$= 2d\cos i \left(1 + \frac{d}{z} \sin^2 i - \frac{2d^2}{z^2} \cos^2 i - \frac{d^3}{z^3} \cos^2 i \right)$$

由于 $d \ll z$，所以得

$$\Delta = 2d\cos i \tag{6-1-1}$$

式中，i 为反射光 1 在平面镜 M_1 上的入射角。对于第 K 级亮条纹（假设光束 1 和光束 2 在分光板镀膜面上反射时均发生了半波损失），则有

$$\Delta = 2d\cos i_K = K\lambda \tag{6-1-2}$$

从上式可看出，角度越小，光程差越大，而圆心处光程差最大。所以，条纹中心处对应的条纹级数最高。

当转动手轮使得 M_1 反射镜移动时，M_1 与 M_2' 之间的距离 d 随之变化。对于任一级干涉条纹，例如第 K 级，由于 K 和 λ 都是常量，所以当 d 增大时，必定以减小其 $\cos i_K$ 的值来满足 $2d\cos i_K = K\lambda$，故该干涉条纹向 i_K 变大（$\cos i_K$ 变小）的方向移动，即向外扩展。这时，观察者将看到条纹好像从中心向外"涌出"，且每当间距 d 增加 $\frac{\lambda}{2}$ 时，就有一个条纹涌出，反之，当间距 d 是由大逐渐变小时，最靠近中心的条纹将一个一个地"陷入"中心，且每陷入一个条纹，间距的改变亦为 $\frac{\lambda}{2}$。

因此，只要能数出涌出或陷入的条纹数，即可得到平面镜 M_1 以波长 λ 为单位而移动的距离。显然，若有 ΔN 个条纹从中心涌出，则表明 M_1 远离 M_2' 的移动距离 Δd 为

$$\Delta d = \Delta N \frac{\lambda}{2} \tag{6-1-3}$$

反之，若有 ΔN 个条纹陷入，则表明 M_1 向 M_2' 移近了同样的距离。如果精确测出 M_1 移动的距离 Δd，则由式（6-1-3）可得入射光波的波长的计算公式为

$$\lambda = \frac{2\Delta d}{\Delta N} \tag{6-1-4}$$

【实验内容与步骤】

1. 调节迈克尔逊干涉仪，测量激光波长

（1）了解仪器的实际结构、使用方法和注意事项。

（2）仪器的调整。

① 准备：检查两个反射镜 M_1、M_2 后的调节螺丝（14），使其松紧适当；反射镜 M_2 的两个微调拉簧螺丝（13）取适中位置，留出一定的双向调节余量。取下观察屏，打开多束光纤激光器电源，并使激光束大致与 M_2 垂直，激光束经分光板 P_1 分束，由 M_1、M_2 反射后，即呈现出两组分立的光斑。

② 调节两路光程至基本相等：转动粗调手轮，使两个反射镜与分光板的距离粗略相等，这样两束相干光的干涉性最强，更易于调出等倾干涉条纹，调节的方法如下。

方法一：调节粗手轮，使主尺刻度位于 45 mm 左右（因 M_2 镜至 P_1 镜的距离大约为 45 mm）（注：有些仪器是 32 mm 或 50 mm 左右）。

方法二：用手上的尺或笔等工具测量并比较，即边测量边调节粗手轮，使从分光板的半透

膜面到两反射镜面的距离基本相等。

方法三：沿垂直于 M_1 镜的方向观察两组分立的光斑，若两组光斑在同一竖直面上，则说明从分光板的半透膜面到两反射镜面的距离已基本相等；若两组光斑分别处于一前一后的两个竖直面上，则说明距离不等，需要调节粗手轮，使两组光斑在同一竖直面上，此时的距离基本相等。

③ 调节两束光重合：通过调节两最亮点重合实现。沿垂直于 M_1 镜的方向观察两组分立的光斑，找出两组分立光斑各自的最亮点，调节 M_1 和 M_2 两镜后的螺丝，以改变 M_1、M_2 镜面的方位，使屏上两组光点的最亮点完全重合。重合度的判断方法有三：一可用遮挡法（用手遮挡 M_1 镜后迅速移开，比较遮挡前后斑点宽度的变化来确定重合度；二可用闪烁法（两最亮点完全重合时会突然发出闪烁光）；三可用观察细纹法（完全重合时，仔细观察最亮点内部甚至其周围有细小明暗条纹产生）。

④ 调节出圆形干涉条纹：在仪器前安放好观察屏，此时屏上应呈现出干涉条纹（如观察不到干涉条纹，说明两最亮点未重合，需要重新调节第③步，直到能在观察屏上观察到干涉条纹为止）。转动粗调手轮，改变干涉条纹的疏密度，并把条纹中心移到视场中，然后微调 M_1 和 M_2 两镜后的螺丝或缓慢细心地调节 M_2 镜下的拉簧螺丝，使条纹基本居中成为如图 6-1-3 所示的圆形条纹。

（3）测量前的准备。

① 消除空转现象：即沿某一确定方向转动粗调手轮几下，然后沿同一方向转动微调手轮，同时观察条纹变化情况，直至能观察到条纹有涌出或陷入现象为止，说明空转现象已消除。

② 校准读数：在测量前需对仪器的手轮进行读数校准。先调节微调手轮（沿消除空转现象时的方向旋转）直到使微调手轮的"0"刻度线对准标志线，然后调节粗调手轮（旋转方向和微调手轮转动方向相同），使之任一分度线与粗调手轮的标志线对齐。此时读数已得到校准，校准计数后方可进行测量。

（4）读数。

① 读数前的准备：转动微调手轮，同时观察条纹的涌出或陷入的快慢，体会出微调手轮转动的快慢。熟悉 M_1 镜位置的读数原理与规律。

② 读数：记下当条纹中心刚冒出（或陷入）黑点时 M_1 镜的读数 d_1，沿原来校准的方向继续转动转盘，观察并数出屏上涌出（或缩进）的条纹数（即黑点数），每隔 50 环记录一次 M_1 镜的位置，连续数 350 环，共读得 M_1 镜 8 次位置读数。仿照后述的数据处理示例表格记录数据。

【数据记录及处理】

（1）自拟表格记录所有测量数据。

（2）用逐差法获得四个波长测量值（参考下面的数据处理示例），然后根据不确定度知识，计算出波长的测量结果。

*（3）数据处理方法——作图法（可选）。

在坐标纸上画出坐标图，横轴和纵轴分别表示涌出的总环数和 M_1 反射镜所处刻度值。把所测各组数据在图上的对应坐标找到，再在图上画一直线，让各点尽可能处于直线上，则该直线斜率可反映出 $\dfrac{\Delta d}{N}$ 的数值。再运用式（6-1-4），即可算出 λ。可以将用作图法算到的结果与用逐差法算得的结果进行比较，并分析两种方法各自的优缺点。

【学习总结与拓展】

1. 总结自己教学成果的达成度

参考成果导向教学设计内容。

2. 思考题

（1）试根据迈克尔逊干涉仪的光路说明各光学元件的作用。

（2）试总结迈克尔逊干涉仪的调整要点。

（3）迈克尔逊干涉仪的主尺、大鼓轮刻度尺和小鼓轮刻度尺的量程和最小分度值分别是多少？

（4）消除空转误差和读数校准两个步骤哪个在前？为什么？

3. 学习收获与拓展

（1）从能力的培养中选一个角度，谈谈你的收获。

（2）体会迈克尔逊干涉仪设计的巧妙之处：一是通过机械累积作用，提高实验测量精度；二是补偿板的作用。

（3）你觉得本实验所使用的仪器有什么地方需要改进？

（4）思考迈克尔逊干涉仪还能用来测量哪些常见物理量？如何用它测量空气的折射率？

附：数据处理示例

（1）将测量激光波长的原始数据填入下表，并计算出激光波长。

干涉环变化数 N_1	M_1 镜读数 d_1/mm	干涉环变化数 N_2	M_1 镜读数 d_2/mm	$\Delta N = N_2 - N_1$	$\Delta d = \lvert d_2 - d_1 \rvert$ /mm	$\lambda = \dfrac{2\Delta d}{\Delta N}$ /($\times 10^{-7}$ mm)	$\bar{\lambda}$/Å
0		200		200			
50		250		200			
100		300		200			
150		350		200			

（注：1 Å $= 10^{-10}$ m $= 10^{-7}$ mm）

（2）不确定度计算：波长测量的 A 类不确定度综合反映了判断变化整数性误差、估读误差以及测量过程中因温度、振动的微小变化造成干涉环漂移的误差等。

$$u_A = t_{0.68} S_{\bar{\lambda}} = 1.20 \times \sqrt{\frac{\sum\limits_{i=1}^{4} (\lambda_i - \bar{\lambda})^2}{4 \times 3}} = \qquad (P = 68\%)$$

（取两位有效数字，用进位法截尾）

波长测量的 B 类不确定度主要考虑仪器误差限的"等价标准误差"，若以仪器最小分度值（0.0001 mm）作为仪器示值误差限，并考虑到每次 Δd 测量中含有 100 个波长，则

$$u_B = \frac{\sigma_仪}{100} = \frac{0.683 \times 1 \times 10^{-4}}{100} \text{ mm} = 6.9 \times 10^{-7} \text{ mm} = 6.9 \text{ Å} \quad (P = 68\%)$$

（取两位有效数字，用"进位法"截尾）

波长的合成不确定度:

$$U_{\bar{\lambda}} = \sqrt{u_A^2 + u_B^2} = \qquad\qquad (P = 68\%)(取一位有效数字,用``进位法''截尾)$$

(3) 求得相对不确定度 U_r:

$$U_r = \frac{U_{\bar{\lambda}}}{\bar{\lambda}} \times 100\% = \qquad\qquad (取两位有效数字,用``进位法''截尾,用百分比表示)$$

(4) 最后写出测量结果的表达式:

$$\begin{cases} \lambda = \bar{\lambda} \pm U_{\bar{\lambda}} = \\ U_r = \end{cases} \qquad (P = 68\%)$$

注意: $\bar{\lambda}$ 的末位应与 $U_{\bar{\lambda}}$ 的末位对齐,并用``四舍六入,逢五配偶''的法则截尾。

实验 6-2　夫兰克-赫兹实验

实验 6-2

　　1913 年,丹麦物理学家玻尔(N. Bohr)根据光谱学的研究和量子理论,在卢瑟福(Rutherford)的原子核模型基础上,提出了一个新的氢原子模型,并指出原子存在能级。该模型在预言氢光谱的观察中取得了显著的成绩。根据玻尔的原子理论,原子光谱中的每根谱线表示原子从某一个较高能态向另一个较低能态跃迁时的辐射。

　　1914 年,德国物理学家夫兰克(J. Franck)和赫兹(G. Hertz)对勒纳用来测量电离电位的实验装置作了改进,他们同样采取慢电子(几个到几十个电子伏特)与单元素气体原子碰撞的办法,但着重观察碰撞后电子发生什么变化(勒纳则观察碰撞后离子流的情况)。通过实验测量,电子和原子碰撞时会交换某一定值的能量,且可以使原子从低能级激发到高能级。直接证明了原子发生跃变时吸收和发射的能量是分立的、不连续的,证明了原子能级的存在,从而证明了玻尔理论的正确。

　　夫兰克-赫兹实验为玻尔原子模型理论提供了有力的证据,至今仍是探索原子结构的重要手段之一,因此获得 1925 年诺贝尔物理学奖。实验中用的"拒斥电压"筛去小能量电子的方法,已成为广泛应用的实验技术。

【成果导向教学设计】

通过本实验的学习,学生能了解以下知识,并对以下能力得到培养。

知识:

(1) 基础知识:玻尔原子模型;基态;激发态;能级跃迁;第一激发电位。

(2) 测量方法:转换法;放大法。

(3) 实验原理:用夫兰克-赫兹实验仪测氩原子第一激发电位实验原理。

(4) 数据处理:列表法;逐差法;作图法。

能力:

(1) 测量仪器的使用:夫兰克-赫兹实验仪的调节和读数。

(2) 调节训练:选择栅极电压的适当范围进行调节和测量。

(3) 实验总结:能建立数据与结果的关联;撰写完整的实验报告。

(4) 能力:安全实验;公民素质(个人能力、团队协作能力)(潜移默化地培养)。

【参考资料】

［1］谢行恕,康士秀,等.大学物理实验(第二册)[M].北京:高等教育出版社,1999.

［2］邬鸿彦,朱明刚.近代物理实验[M].北京:科学出版社,1999.

［3］陆延济,胡德敬,等.物理实验教程[M].上海:同济大学出版社,2000.

［4］朱筱玮,陈永丽,等.充氩夫兰克-赫兹实验研究[J].大学物理,2007,26(7).

［5］万雄,王庆华.夫兰克-赫兹实验中影响曲线形状的因素分析[J].南昌航空工业学院学报(自然科学版),2001,15(1).

［6］广西科技大学大学物理课程网站-云课堂-微课.

【实验目的】

（1）了解夫兰克-赫兹实验的设计思想和基本实验方法。

（2）通过测量氩原子的第一激发电位，证明原子能级的存在，加深对原子结构的理解。

【实验仪器】

DH4507A 夫兰克-赫兹实验仪。

【实验原理】

玻尔的原子理论指出：

（1）原子只能较长久地停留在一些稳定状态（简称为定态）。原子处在这些定态时，既不发射能量也不吸收能量；每个定态有一定的能量，其数值是彼此分立、不连续的，这些能量值称为能级，最低能级所对应的状态称为基态，其他高能级所对应的状态称为激发态。原子的能量不论通过什么方式发生改变，原子只能从一个定态跃迁到另一个定态，同时吸收或发射一定份额的能量。

（2）原子从一个定态跃迁到另一个定态而发射或吸收辐射时，辐射频率是一定的。如果用 E_m 和 E_n 分别代表跃迁前后两定态的能量的话，辐射的频率 ν 决定于如下关系：

$$h\nu = E_m - E_n \tag{6-2-1}$$

式中，普朗克常数 $h = 6.63 \times 10^{-34}$ J・s

在正常的情况下原子所处的定态是低能态，即基态，其能量为 E_0。当原子以某种形式获得能量时，它可由基态跃迁到较高能量的定态，即激发态，激发态能量为 E_1 的称为第一激发态，从基态跃迁到第一激发态所需的能量称为临界能量，数值上等于 $E_1 - E_0$。

为了使原子从低能级跃迁到高能级，可以通过一定频率 ν 的光子来实现，也可以通过具有一定能量的其他粒子与原子碰撞进行能量交换的方式来实现。用电子轰击原子实现能量交换最方便，因为电子的能量 eU，可通过改变加速电势 U 来控制。本实验就是用这种方法证明原子能级的存在。

如果电子的能量 eU 很小时，电子和原子只能发生弹性碰撞，几乎不发生能量交换；设初速度为零的电子在电位差为 U_0 的加速电场作用下，获得能量 eU_0。当具有这种能量的电子与稀薄气体原子（比如十几个乇的氩原子）发生碰撞时，电子与原子发生非弹性碰撞，实现能量交换。如以 E_0 代表氩原子的基态能量，以 E_1 代表氩原子的第一激发态能量，那么当电子传递给氩原子的能量恰好为

$$eU_0 = E_1 - E_0 \tag{6-2-2}$$

时，氩原子就会从基态跃迁到第一激发态。而相应的电位差 U_0 即称为氩原子的第一激发电位（或称为中肯电位）。测定出这个电位差 U_0，就可以根据式（6-2-2）求出氩原子的基态和第一激发态之间的能量差（其他元素的第一激发电位亦可依此法求得）。

夫兰克-赫兹实验的原理图如图 6-2-1 所示。夫兰克-赫兹管是一个充氩的四极电子管。灯丝通电后灯丝开始发热，阴极受热发出电子，电子在加速电场作用下向氩原子运动，并发生碰撞。

在充氩气的夫兰克-赫兹管中，电子由热阴极 K 出发，阴极 K 和第二栅极 G_2 之间的加速电压 V_{G2K} 使电子加速。在板极 A 和第二栅极 G_2 之间加有反向拒斥电压 V_{G2A}。管内空间电位

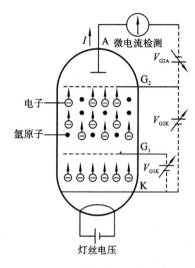

图 6-2-1　夫兰克-赫兹原理图

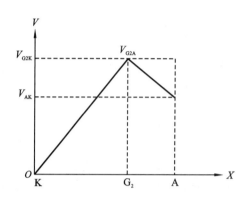

图 6-2-2　夫兰克-赫兹管管内空间电位分布

分布如图 6-2-2 所示。当电子通过 KG_2 空间进入 G_2A 空间时,如果有较大的能量($\geqslant eV_{G2A}$),就能冲过反向拒斥电场到达板极形成板流 I_A,被微电流计检出。如果电子在 KG_2 空间与氩原子碰撞,把自己一部分能量传给氩原子而使后者激发的话,电子本身所剩余的能量就很小,以至通过栅极 G_2 后已无法克服拒斥电场而被折回到栅极 G_2,这时,通过微电流计的电流 I_A 将显著减小。

实验时,使 V_{G2K} 电压逐渐增加并仔细观察电流计的电流指示,如果原子能级确实存在,而且基态和第一激发态之间存在确定的能量差的话,就能观察到如图 6-2-3 所示的 V_{G2K}-I_A 关系曲线。图 6-2-3 所示的曲线反映了氩原子在 KG_2 空间与电子进行能量交换的情况。

实验过程:

(1)当 KG_2 空间电压 V_{G2K} 从 0 V 逐渐增加时,电子在 KG_2 空间被加速而取得越来越大的能量。但起始阶段,由于电压较低,电子的能量较小,达不到激发氩原子的动能,即使在运动过程中它与原子相碰撞也只有微小的能量交换(为弹性碰撞),于是穿过栅极 G_2 到达板极 A,穿过栅极 G_2 的电子所形成的板流 I_A 将随第二栅极电压 V_{G2K} 的增加而增大,如图 6-2-3 中的 Oa 段。

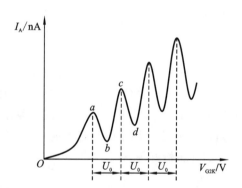

图 6-2-3　夫兰克-赫兹管 V_{G2K}-I_A 曲线

(2)当 KG_2 空间电压 V_{G2K} 达到氩原子的第一激发电位 U_0 时,电子在栅极 G_2 附近与氩原子相碰撞,将自己从加速电场中获得的全部能量 eV_{G2K}(即 eU_0)传递给氩原子,并且使氩原子从基态跃迁到第一激发态。而电子本身由于把全部能量传递给了氩原子,即使穿过栅极 G_2 也不能克服反向拒斥电场而被折回栅极 G_2(被筛选掉),所以板极电流 I_A 将显著减小,如图6-2-3中的 ab 段。

(3)随着 KG_2 空间电压 V_{G2K} 的继续增加,电子的能量也随之增加,当电子的能量 $eV_{G2K}>eU_0$ 时,电子与氩原子发生碰撞,将部分能量(eU_0)传递给氩原子使之激发,电子带着剩余的部分动能继续加速,到达栅极 G_2 时积累下足够的能量而可以克服反向拒斥电场而到达板极 A,

这时板极电流 I_A 又开始上升,如图 6-2-3 中的 bc 段。

(4) 直到 KG_2 空间电压 V_{G2K} 是二倍氩原子的第一激发电位($2U_0$)时,电子在 KG_2 间又会因第二次与氩原子碰撞使自身能量降低到不能克服拒斥电场,因而又会造成第二次板极电流 I_A 的下降,如图 6-2-3 中的 cd 段。

依次类推,显然当

$$V_{G2K} = nU_0(n = 1, 2, \cdots) \tag{6-2-3}$$

时,就有较多的电子与氩原子发生非弹性碰撞,因而板极电流 I_A 都会相应下跌,形成规则起伏变化的 V_{G2K}-I_A 曲线。而相邻两次板极电流 I_A 下降所对应的阴栅极电压差 $U_{n+1}-U_n$ 就是氩原子的第一激发电位 U_0。

本实验就是要通过实际测量来证实原子能级的存在,并测出氩原子的第一激发电位(理论值为 $U_0 = 11.5$ V)。

原子处于激发态是不稳定的,在实验中被慢电子轰击到第一激发态的原子要跳回基态,进行这种反跃迁时,就应该有 eU_0 电子伏特的能量发射出来。反跃迁时,原子是以放出光量子的形式向外辐射能量。这种光辐射的波长满足以下关系:

$$eU_0 = h\nu = h\frac{c}{\lambda} \tag{6-2-4}$$

对于氩原子　　　$\lambda = \dfrac{hc}{eU_0} = \dfrac{6.63 \times 10^{-34} \times 3.00 \times 10^8}{1.6 \times 10^{-19} \times 11.5} = 1081(\text{Å})$

如果夫兰克-赫兹管中充以其他元素,则可以得到它们的第一激发电位(见表 6-2-1)。

表 6-2-1　几种元素的第一激发电位

元　素	钠(Na)	钾(K)	锂(Li)	镁(Mg)	汞(Hg)	氦(He)	氩(Ar)
第一激发电位 U_0/V	2.12	1.63	1.84	3.20	4.90	21.2	11.5
λ/Å	5898	7664	6707.8	4571	2500	584.3	1081

下面对 V_{G2K}-I_A 曲线作简单解释。

(1) 曲线上第一个峰值对应的电压并不是 11.5 V,而是要大一些(15.0～18.0 V),这是由于阴栅极不是同一材料制成的,存在着接触电位差。

(2) 从 V_{G2K}-I_A 曲线可看出,随着 V_{G2K} 的增大,I_A 逐渐增加,这是因为随着 V_{G2K} 的增加,电子获得的能量越大,速度越快,它在原子附近停留的时间很短,来不及进行能量交换,从而降低了电子与氩原子的碰撞几率,因此,穿过栅极的高能电子数增加,I_A 也就增大。

(3) 灯丝电压 V_F 对曲线的影响较大。灯丝电压 V_F 过大,阴极发射的电子数过多,易使微电流放大器饱和,反映不出 I_A 的起伏变化;灯丝电压 V_F 过小,参加碰撞的电子数过小,反映不出非弹性碰撞的能量交换,造成曲线峰谷很弱,甚至得不到峰谷。

(4) 拒斥电压 V_{G2A} 对 V_{G2K}-I_A 曲线也有较大的影响。偏小时,起不到对非弹性碰撞失去能量的电子的筛选作用,峰谷差小;太大时,筛选作用太明显,使本来很多能达到板极的电子筛去,也会导致峰谷差小。

【仪器结构】

(1) DH4507A 夫兰克-赫兹实验仪由夫兰克-赫兹管、测试仪组成,如图 6-2-4 所示。

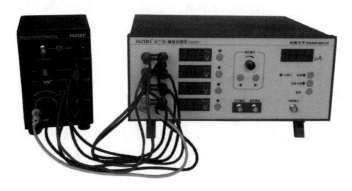

图 6-2-4　夫兰克-赫兹实验仪

(2)测试仪功能说明:测试仪面板功能如图 6-2-5 所示。

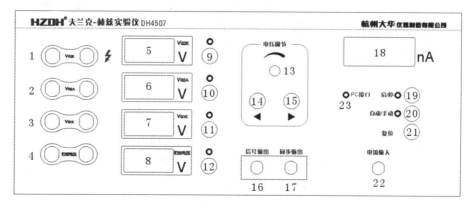

图 6-2-5　测试仪面板功能图

1—V_{G2K} 电压输出,与夫兰克-赫兹管对应插座相连。

2—V_{G2A} 电压输出,与夫兰克-赫兹管对应插座相连。

3—V_{G1K} 电压输出,与夫兰克-赫兹管对应插座相连。

4—灯丝电压输出,与夫兰克-赫兹管对应插座相连。

5—V_{G2K} 电压显示窗。

6—V_{G2A} 电压显示窗。

7—V_{G1K} 电压显示窗。

8—灯丝电压显示窗。

9,10,11,12—四路电压设置切换按钮,仅被选中的电压可以通过电压调节旋钮进行设置。

13—电压调节旋钮,用于调节电压值大小。

14,15—移位键,改变电压调节步进值大小。

16—波形信号输出,与示波器 CH1 或 CH2 相连。

17—同步输出,与示波器触发通道相连。

18—微电流显示窗。

19—启停键,自动模式下控制采集的开始或暂停;开启时,指示灯亮。

20—自动/手动模式选择,按下自动后,功能指示灯亮;自动模式下按 19 键可以开启自动测量,仪器按照固定的最小电压步进(0.2 V)输出 V_{G2K},并采集微电流信号,同时把采集的数据信号输出到示波器上;手动模式下需手动调节 V_{G2K} 开展实验,信号输出接口将同步输出采集的数据波形,增加或减小 V_{G2K},波形输出将同步变化,实时动态显示,便于寻找极点。

21—复位功能,当系统出现意外死机后,按此键复位系统。

22—微电流输入接口,与夫兰克-赫兹管微电流输出接口相连。

23—PC 接口指示,当测试仪与计算机连接通讯成功后,该指示灯亮。

（3）夫兰克-赫兹管测试架:夫兰克-赫兹管测试架如图 6-2-6 所示。

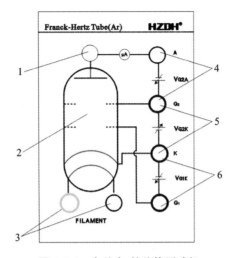

图 6-2-6　夫兰克-赫兹管测试架

1.微电流输出接口;2.夫兰克-赫兹管;3.灯丝电压输入接口;
4.拒斥电压 V_{G2A} 输入接口;5.第二栅压 V_{G2K} 输入接口;6.第一栅压 V_{G1K} 输入接口

【实验内容与步骤】

1. 手动测量氩原子的第一激发电位

（1）将夫兰克-赫兹实验仪前面板上的四组电压输出（第二栅压 V_{G2K},拒斥电压 V_{G2A},第一栅压 V_{G1K},灯丝电压）与电子管测试架上的插座分别对应连接;将电流输入接口与电子管测试架上的微电流输出口相连。注意:仔细检查,避免接错损坏夫兰克-赫兹管。

（2）开启电源,默认工作方式为"手动"模式。

（3）将电压设置切换按钮选择为"灯丝电压"设定,调节"电压调节"旋钮,使与出厂参考值一致（详见夫兰克-赫兹管测试架标示）。

（4）将电压设置切换按钮选择为"第一栅压 V_{G1K}"设定,调节"电压调节"旋钮,使与出厂参考值一致（详见夫兰克-赫兹管测试架标示）。

（5）将电压设置切换按钮选择为"拒斥电压 V_{G2A}"设定,调节"电压调节"旋钮,使与出厂参考值一致（详见夫兰克-赫兹管测试架标示）。

注意:不同的电子管,设置的最佳参数会不一样;参数调整好后,中途不再变动;灯丝电压不要超过出厂参考值 0.5 V,否则会加快灯管老化,连续工作不要超过 2 h。

（6）将电压设置切换按钮选择为"第二栅压 V_{G2K}"设定,调节"电压调节"旋钮使输出为零。

（7）预热仪器 10～15 min,待上述电压都稳定及灯丝温度基本稳定后,即可开始实验。

（8）将电压设置切换按钮选择为"第二栅压 V_{G2K}"设定,调节"电压调节"旋钮,使第二栅压从 0 V 开始按最小步进电压值依次增加,一边调节,一边观察实验仪面板上的电流示值,从

10.0 V 开始记录数据,每隔 1.0 V 读取一组(V_{G2K}, I_A)数据,并记录到表 6-2-2 中,共测出 V_{G2K}-I_A 曲线的四个波峰值和四个波谷值。

实验前,可以通过"电压调节"组合键改变 V_{G2K} 电压调节步进值大小(实验过程中请不要再改变最小步进值,方法是通过 14 或 15 移位键选择需要调节的位数,顺时针旋转编码开关 13)。

表 6-2-2　　V_{G2K}-I_A 曲线数据记录参考表

V_{G2K}/V	10.0	11.0	12.0	13.0	14.0	15.0	16.0	17.0	18.0	...
I_A/nA										

2. 自动方式测量步骤

(1)前几个步骤与手动方式测量步骤(1)～(7)一致。

(2)将夫兰克-赫兹实验仪前面板上"信号输出"接口与示波器 CH1 通道相连,"同步输出"与示波器触发端接口相连。

(3)将电压设置切换按钮选择为"第二栅压 V_{G2K}"设定。

(4)按下测试仪"自动/手动"模式按钮,选择"自动"模式,指示灯亮。

(5)按下测试仪"启/停"按钮,指示灯亮,自动测试开始,测试仪将按默认的最小步进值(0.2 V)输出 V_{G2K},并实时采集微电流值,将采集的数据值动态输出到示波器上;通过调整示波器的电压幅度、扫描时间和触发设置,使其能在屏幕上实时显示波形。

3. 使用微机控制完成夫兰克-赫兹实验

(1)在手动测量实验连线以及设置基础上,用 USB 线将实验仪与计算机 USB 接口连接起来;当计算机和测试仪通信连接成功后,测试仪面板上的 PC 接口指示灯亮。

(2)计算机实验软件操作说明请参见实验软件中的帮助文档。

【数据记录及处理】

(1)对测量到的表 6-2-2 内的氩原子第一激发电位有关数据进行观察,找到四个对应的曲线波峰值 U_1、U_2、U_3、U_4,以及曲线波谷值 U'_1、U'_2、U'_3、U'_4,然后可按照以下公式,采用逐差法对数据进行计算和处理。

对波峰值,有

$$U = \frac{1}{2}\left[\frac{1}{2}(U_3 - U_1) + \frac{1}{2}(U_4 - U_2)\right]$$

对波谷值,有

$$U' = \frac{1}{2}\left[\frac{1}{2}(U'_3 - U'_1) + \frac{1}{2}(U'_4 - U'_2)\right]$$

则氩原子第一激发电位测量值为

$$\overline{U}_0 = \frac{1}{2}(U + U')$$

将测量值 $\overline{U}_0$ 与氩原子第一激发电位理论值 $U_0 = 11.5$ V 比较,计算出绝对误差和相对误差,并写出结果表达式。

(2)在作图纸上,根据实验数据作出实测到的 V_{G2K}-I_A 曲线。

【注意事项】

(1)开启电源前,应先仔细检查夫兰克-赫兹实验仪前面板上的四组电压输出(第二栅压

V_{G2K},拒斥电压 V_{G2A},第一栅压 V_{G1K},灯丝电压)与电子管测试架上的插座分别对应连接；电流输入接口与电子管测试架上的微电流输出口相连。避免接错损坏夫兰克-赫兹管。

（2）灯丝电压不要超过出厂参考值 0.5 V。

（3）避免各组电源间短路。

（4）连续工作不要超过 2 h(休息 15 min)。

【学习总结与拓展】

1. 总结自己教学成果的达成度

参考成果导向教学设计内容。

2. 思考题

（1）夫兰克-赫兹管阴栅极的接触电位差对 V_{G2K}-I_A 曲线有何影响？

（2）试计算氩原子的辐射波长？

（3）测量氩原子第一激发电位时,调好参数后预热 10 min 的目的是什么？

3. 学习收获与拓展

（1）从能力的培养、学习要点中选一个角度,谈谈你的收获。

（2）你觉得本实验所使用的仪器有什么地方需要改进？

（3）谈谈你对夫兰克-赫兹实验设计思想的体会。

实验 6-3　密立根油滴实验

由美国实验物理学家密立根(R. A. Millikan)首先设计并完成的密立根油滴实验,在近代物理学的发展史上是一个十分重要的实验。它证明了任何带电体所带的电荷都是某一最小电荷——基本电荷的整数倍,证明了电荷的不连续性,并精确地测定了基本电荷的数值,为从实验上测定其他一些基本物理量提供了可能性。

由于密立根油滴实验设计巧妙、原理清楚、设备简单、结果准确,所以它历来都是一个著名而有启发性的物理实验。多少年来,在国内外许多院校的理化实验室里,为千千万万大学生(甚至中学生)重复着。通过学习密立根油滴实验的设计思想和实验技巧,能提高学生的实验素质和能力。

【成果导向教学设计】

通过本实验的学习,学生能了解以下知识,培养以下能力。

知识:

(1) 基础知识:摩擦起电;电荷的量子性;基本电荷;电量。

(2) 测量方法:参量转换法(静态平衡测量法、动态测量法以及改变油滴电荷法)。

(3) 实验原理:验证电荷的不连续性并测定基本电荷 e 的原理。

(4) 数据处理方法:列表法;倒推法。

能力:

(1) 测量仪器的使用:密立根油滴实验仪的操作;秒表的读数。

(2) 调节技术:仪器的水平、亮度及焦距调节;消视差调节。

(3) 实验总结:能建立数据与结果的关联;撰写完整的实验报告。

(4) 能力:安全实验;公民素质(个人能力、团队协作能力)(潜移默化地培养)。

【参考书目】

[1] 吴泳华,霍剑青,等.大学物理实验(第一册)[M].北京:高等教育出版社,2001.

[2] 曹尔第.近代物理实验[M].上海:华东师范大学出版社,1990.

【实验目的】

(1) 了解、掌握密立根油滴实验的设计思想、实验方法和实验技巧。

(2) 采用静态平衡测量法验证电荷的不连续性并测定基本电荷 e 的大小。

(3) 通过本实验中对仪器的调整、油滴的选择、跟踪、测量以及数据的处理等,培养学生严肃认真和一丝不苟的科学实验方法和态度。

*(4) 采用动态测量法以及改变油滴电荷法对电荷的不连续性进行验证,并测定基本电荷 e 的大小(选做)。

【实验仪器】

(1) J2438 型密立根油滴仪(1 套,包括油滴仪、电源、内装钟油的喷雾器);(2) 秒表。

【实验原理】

测量油滴电量可以采用多种方法。常用的有静态平衡测量法、动态测量法和改变油滴电荷法。这里主要对动态测量法进行推导分析。

用喷雾器喷出带有一定电量的微小油滴(电量是油滴在从喷雾器喷出过程中因摩擦而产生的),设其质量为 M,带电量为 Q,使其进入两块加有电压的平行极板之间的油滴室。

(1) 当平行极板间不加外电场时,小油滴受到重力作用而降落,当重力与空气的阻力 f_1 平衡时(空气浮力忽略不计),它便匀速下降(见图 6-3-1),它们之间的关系是

$$mg = f_1 \tag{6-3-1}$$

式中,f_1 表示油滴下降速度为 v_g 时受到的空气阻力。根据斯托克斯定律,有

$$f_1 = 6\pi\eta r v_g \tag{6-3-2}$$

而油滴的重力为

$$G = mg = \frac{4}{3}\pi r^3 \rho g \tag{6-3-3}$$

式中,η 为空气的粘滞系数,ρ 为油滴的密度,r 为油滴的半径。

由式(6-3-1)～式(6-3-3)得

$$\frac{4}{3}\pi r^3 \rho g = 6\pi\eta r v_g$$

由此可求出油滴半径为

$$r = 3\sqrt{\frac{\eta v_g}{2\rho g}} \tag{6-3-4}$$

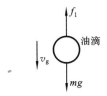

图 6-3-1　无外电场时的油滴受力

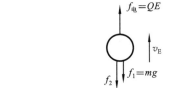

图 6-3-2　加外电场时油滴受力

(2) 当平行极板间加电场时,油滴受到电场力 QE 的作用,适当选择电势差 U 的大小和方向,使油滴受到电场的作用竖直上升,上升速度为 v_E,当它匀速上升时,电场力 QE 与重力 f_1、空气阻力 f_2 平衡(见图 6-3-2):

$$f_2 + f_1 = QE \tag{6-3-5}$$

式中,f_2 表示油滴上升速度为 v_E 时所受到的空气阻力:

$$f_2 = 6\pi\eta r v_E \tag{6-3-6}$$

由式(6-3-2)、式(6-3-5)、式(6-3-6)得

$$Q = \frac{f_1 + f_2}{E} = \frac{6\pi\eta r d}{U}(v_g + v_E) \tag{6-3-7}$$

上式是假设运动物体所在媒质是连续的情况下推导出来的,而实验中油滴的半径 r 小到 10^{-6} m,其线度可与空气分子的平均自由程相比拟,已不能将空气看成连续介质,于是将式(6-3-7)进行修正后为

$$Q = \frac{6\pi\eta rd(v_g + v_E)}{U\left(1 + \frac{8.23 \times 10^{-3}}{p \cdot r}\right)^{\frac{3}{2}}} \tag{6-3-8}$$

式中，U 是两极板间的电压（单位：V）；r 是油滴的半径（单位：m），可通过式(6-3-4)计算；p 是大气压强（单位：Pa）；v_g 是油滴在不加电场时的下降速度（单位：m/s）；v_E 是油滴在加电场时的匀速上升速度（单位：m/s）；d 是两极板间距。

本实验中：$g = 9.79$ m/s² (应取实验所在地之值)；空气的粘滞系数 $\eta = 1.83 \times 10^{-5}$ Pa·s (常温下)；油滴密度 $\rho = 981$ kg·m⁻³。两平行极板间距离 $d = 5.00 \times 10^{-3}$ m。

所以，只要测定出 v_g、v_E、U 三个量，再根据式(6-3-4)计算出 r，即可由式(6-3-8)确定油滴所带的电量 Q。

用上述方法对许多不同的油滴作了测量，结果表明，油滴所带电量总是某一个最小固定值 e 的整数倍，即 $Q = ne$（n 为一整数），这个最小固定值的电荷就是基本电荷 $e = 1.6021892 \times 10^{-19}$ C，所以本实验能证明电荷的量子性，并能测出基本电量 e（即电子的电荷值）的大小。

学生在进行实验数据处理时，可采用"倒过来验证"的方法，即用公认的电子电荷值 $e = 1.6021892 \times 10^{-19}$ C 去除实验测得的电荷值 Q，得到一个接近某一整数的值，这个整数就是油滴所带的电荷数 n，再用这个 n 去除 Q，所得结果为基本电荷值的实验值。

【仪器介绍】

本实验仪由油滴盒、测量显微镜、电源等几部分组成，电源部分安装在机壳内，油滴盒及显微镜均安装在机壳上。

(1) 油滴盒：油滴盒结构图如图 6-3-3 所示。中间是两块相互绝缘的圆形平行板，间距为 d，放在透明塑料防风罩中，上极板中心有一个小孔，用喷雾器把油滴从喷雾孔喷入油滴盒后，一些化成雾状的小油滴便落入上极板的小孔中，进入上下电极板之间的油滴室内，用 2.2 V 聚光灯照明。

(2) 测量显微镜：在油滴盒前装有测量显微镜(8)，照亮了的油滴可从显微镜中观察到目镜(7)中有分划板，其刻度相当于视线场 2.00 mm，用来测量油滴匀速运动的距离 L，以求出油滴运动速度。

(3) 电源部分：2.2 V 电源由变压器直接引出，供油滴照明用。0～450 V 直流电源是通过桥式整流及电容滤波后获得，提供极板电压，可连续调节。

【仪器调节、控制装置的位置、功能及操作说明】

仪器各调节、控制装置的位置如图 6-3-4 所示。

1. 面板控制

(1) 电源开关 S_1。将此开关拨向"开"，指示灯及油滴照明灯亮，仪器即可正常工作。

(2) 换向开关 S_2。扳动此开关可改变上下电极板的电压极性。向上扳时，上电极板为正；向下扳时，下电极板为正；扳向中间位置时，极板间电压为零。

(3) 电压调节旋钮。调节此旋钮可改变极板间电压的大小。顺时针方向旋转，电压增大，反之电压减小。

2. 显微镜调节

(1) 调焦手轮。旋动此手轮，可改变显微镜与油滴室中心的距离，使观察到的油滴最清

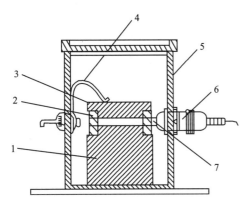

图 6-3-3　油滴盒结构图

1.下极板；2.隔离圈；3.上极板；4.弹簧夹片；
5.防风罩；6.照明灯座；7.导光柱

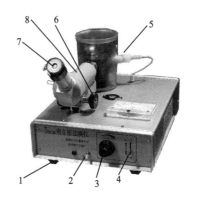

图 6-3-4　油滴仪示意图

1.底脚螺丝；2.电源开关；3.电压调节旋钮；4.换向开关；
5.聚光灯座；6.调焦手轮；7.目镜微调；8.显微镜

晰。

（2）目镜微调。旋动此微调，可使观察到的分划板刻线最清晰，且无重影。

3. 聚光灯调节

旋动聚光灯座，可改变光斑位置，使视场背景光线柔和，观察到的油滴最清晰。

4. 仪器水平调节

旋动仪器底脚螺丝，同时观察仪器上的水准仪，使水准仪气泡位于正中心，这时平行极板处于水平位置，电场与重力相平行。

【实验内容与步骤】

1. 使用动态测量法对电量进行测定

（1）仪器调节。

① 调节底脚螺丝观察水准仪气泡，使平行极板处于水平位置。

② 将电压调节旋钮逆时针旋到底，并把换向开关置于中间档，然后接通电源。

③ 把显微镜分划板的位置放正，同时将目镜插到底，调节目镜微调，使目镜中观察到的分划板条纹清晰，无重影。

④ 打开油滴盒盖将调焦针（如大头针）从上极板的小孔中插入，微微调节照明灯珠座与显微镜调焦手轮，直到从显微镜中观察到调焦针周围光场最明亮、光强均匀为止，若调焦针不在视场中央，可转动上极板，使它置于视场中央，然后拔出调焦针，盖上油滴盒盖。

（2）测量练习。

① 喷油：用喷雾器将油滴从喷雾孔喷入油滴盒内，在显微镜视场中将出现如夜空繁星般的运动油滴。喷雾器喷入的油滴不要过多，只要实际出油 1~2 次即可（喷雾器要按 10 次左右才开始出油）。

② 控制油滴运动：选择适当的极板电压（如 200 V），驱走一些不需要的油滴，直到只剩下几颗缓慢向下运动的油滴。通过拨动换向开关（中间档或向上），使油滴上升或下降，如此反复练习数次，以达到能较自如地掌握油滴在显微镜目镜分划板的上、下端刻线（间距为 2 mm）内运动。需注意的是：由于显微镜成的是倒像，所以从显微镜中看上去的油滴运动方向与实际运动方向相反。

③ 选择油滴:做好实验的关键之一是选择合适油滴。油滴太大,匀速下降过快,必须带电多和加以较高的极板电压才能使它匀速上升,结果不易测准;测量的油滴也不宜过小,太小则受热运动影响,涨落很大,也容易丢失。一般选择油滴适中,上升或下降运动均较缓慢的油滴。可通过测试择之。实验表明,如在极板电压选择 200 V 左右时,在 10～50 s,运动 2.00 mm 的油滴较适合。

④ 测试油滴匀速运动的时间:注意选择几颗运动快慢不同的油滴,用秒表分别测出它们下降或上升一段距离(如 2.00 mm)所需的时间,反复练习几次,使秒表的控制与换向开关的控制能同步。

(3) 正式测量。

① 喷油。

② 换向开关拨向上,平行极板加上 200 V 左右的电压,驱走不需要的油滴,直到剩下几颗缓慢运动的油滴为止,注意其中的一颗,旋动调焦手轮,微调显微镜的前后位置,使油滴更清晰。测量油滴上升(看上去是下降)一段距离(2.00 mm)所需时间 t_E。

③ 将换向开关拨回中间档,测出上述同一油滴下降(看上去是上升)同样距离所需时间 t_g。

④ 对不同的油滴(5～10 个)进行反复测量。实验时,两个实验者可分工合作,如一个观察油滴,并控制换向开关与秒表,另一个可记录电压数值与时间。

*2. 使用静态平衡测量法和改变油滴电量法对基本电荷进行测定(选做)

(1) 静态平衡测量法。

此方法的关键点在于,使所选油滴在均匀电场和重力场的共同作用下静止,或单独在重力场中作匀速运动,其原理和计算表达式请同学们自行分析推导,或查阅参考资料[1]。

静态平衡测量法的具体步骤是:

① 调节电压开关,让已经选好的处于平衡状态的油滴处于选好的分划板横刻线上。

② 将换向开关拨向中间档,同时计时器开始计时。

③ 观察油滴下降(看上去是上升的)过程,当其到达预先选定的某一条横线时,迅速将电压开关打开,让油滴静止,同时停止计时。

④ 记录油滴运动时间 t、平衡电压 U、油滴运动距离 L 的大小。

对同一油滴重复以上过程 5 次以上,自行设计表格对数据进行记录,并进行相应数据处理。注意在采用此方法时,每次测量前都应当对平衡电压进行检查和微调,以避免因油滴挥发而带来的误差。

(2) 改变油滴电量法。

由于本实验的最终目的是为了验证基本电荷的存在,所以也可以用放射线、紫外灯来照射油滴使其电量发生改变,然后再验证电量改变值 $\Delta q = n_i e$(其中 n_i 为整数),从而证明元电荷的存在。具体实验步骤和数据记录处理,请同学们在查阅资料后自行设计。

【数据记录及处理】

(1) 将测量数据记入表 6-3-1 或自拟表格中。

(2) 用式(6-3-8)分别计算出各油滴带电量 Q。

(3) 用"倒过来验证"的方法,求出各个油滴所带的电荷数 n(应接近某一整数),再用各个 n(此时应取整数)去除各个油滴所带电量 Q,得出基本电荷的多个数值,再取其平均值 $\bar{e}$。

表 6-3-1　实验数据记录参考表

油滴	无电场 t_g/s	有　电　场		油滴运动距离 $L/(\times 10^{-3}$ m$)$
		U/V	t_E/s	
1				
2				
3				
4				
5				

（4）把 $\bar{e}$ 与公认值 $e=1.6021892\times10^{-19}$ C 比较，算出相对不确定度，并根据有关数据给出验证（电荷的量子性）结论。

【注意事项】

在使用油滴仪过程中，如闻到焦味，应立刻切断电源，并请指导老师检查。

【学习总结与拓展】

1. 总结自己教学成果的达成度

参考成果导向教学设计内容。

2. 思考题

（1）本实验测量的是油滴带电量，为何能求出电子的电量？

（2）本实验中是如何验证"电荷的量子性"？

3. 学习收获与拓展

（1）从能力的培养、学习要点中选一个角度，谈谈你的收获。

（2）你觉得本实验所使用的仪器有什么地方需要改进？

实验 6-4　光电效应测定普朗克常数

光电效应是物质(金属或半导体)在光的照射下释放电子的现象。所释放的电子称为光电子,故亦称光电子发射。

1887 年赫兹首先发现此现象,1905 年爱因斯坦引入光量子理论,并给出了光电效应方程,它成功地解释了光电效应的全部实验规律。1916 年密立根用光电效应实验验证了爱因斯坦的光电效应方程,并测定了普朗克常数。爱因斯坦和密立根先后因在光电效应方面的杰出贡献,分别获得 1921 年和 1923 年诺贝尔物理学奖。

光电效应实验和光量子理论在物理学的发展中具有深远的意义,利用光电效应制成的光电管等光电器件,由于把光和电联系在一起,使它在科学技术中得到了广泛的应用,如有声电影、自动控制、无线电传真等。另外利用光电效应制成的光电器件如光电管、光电池、光电倍增管等,在生产技术和科学实验中已经成为不可缺少的传感和换能器件。

在使用光电管时,应该知道它的工作特性,利用光电管的特性可以测出普朗克常数、金属或半导体材料的逸出功及材料的红限频率等。本实验则通过普朗克常数的测定,使同学们进一步理解光电效应的基本规律及其有关的测试技术。

【成果导向教学设计】

通过本实验的学习,学生能了解以下知识,培养以下能力。

知识:

(1) 基础知识:截止频率;光电子;光电效应基本规律;爱因斯坦光电效应方程。

(2) 测量方法:参量转换法。

(3) 实验原理:爱因斯坦光电效应方程的验证原理。

(4) 数据处理方法:列表法;作图法。

能力:

(1) 测量仪器的使用:微电流测量放大器和普朗克常数测定仪的调节及读数。

(2) 调节技术:仪器初态调节。

(3) 实验总结:能建立数据与结果的关联;撰写完整的实验报告。

(4) 能力:安全实验;公民素质(个人能力、团队协作能力)(潜移默化地培养)。

【参考资料】

[1] 吴泳华,霍剑青,等.大学物理实验(第一册)[M].北京:高等教育出版社,2001.

[2] 陆延济,胡德敬,等.物理实验教程[M].上海:同济大学出版社,2000.

[3] 李雄,朱琳,等.运用 Matlab 辅助测量普朗克常量[J].物理实验,2008,28(12).

【实验目的】

(1) 了解光电效应的基本规律。

(2) 测绘光电管的弱电流特性,并测出不同频率的截止电压。

(3) 验证爱因斯坦光电效应方程,并由此求出普朗克常数 h。

*(4) 测量光电管的伏安特性曲线和光电特性曲线,并使用 Matlab 对数据进行分析处理

（选做）。

【实验仪器】

（1）微电流放大器；（2）光电管及屏蔽盒；（3）汞灯光源；连接电缆（2 根）；（4）滤色片（1 盒共 5 块）。

【实验原理】

1. 光电效应现象的基本规律

（1）当入射光频率不变时，饱和光电流与入射光的强度成正比，如图 6-4-1(a)、(b)所示。

（2）光电子的初动能随入射光的频率 ν 线性地增加，而与入射光的强度 P 无关，如图6-4-1 (d)所示。

（3）对给定金属，光电效应存在一个截止频率 ν_0，当入射光频率 $\nu < \nu_0$ 时，无论光强多大，均无光电子逸出，如图 6-4-1(c)所示。

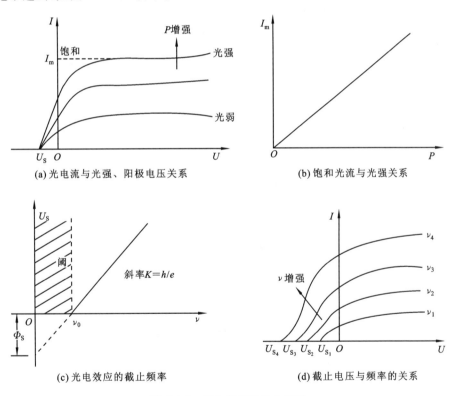

图 6-4-1　光电效应的几个特性

（4）光电效应是瞬时效应，只要入射光频率大于截止频率，一经光照射，立刻产生光电子，停止照射，即无光电子产生。

2. 爱因斯坦对光电效应的物理解释

爱因斯坦认为：光是由光量子（即光子）组成的粒子流，光子的能量为

$$E = h\nu$$

式中，h 为普朗克常数，亦称为基本作用量子。目前国际公认值为

$$h = (6.62619 \pm 0.00004) \times 10^{-34} \, \text{J} \cdot \text{s}$$

ν 为光的频率。光的强弱取决于光子数目的多少,故光电流与入射光的强度成正比。又因每个电子吸收一个光子的能量的几率最大,所以电子获得的能量与光强无关,而只与频率成正比,且光子获得能量不需时间积累,所以光电效应现象是瞬时效应,其数学表达式为

$$h\nu = \frac{1}{2}mv^2 + W_{\text{s}} \tag{6-4-1}$$

式中,m 是电子的质量;v 是电子逸出金属(或半导体)表面时所具有的最大初速度;W_{s} 是受光照射的金属(或半导体)材料的逸出功,即一个电子从金属或半导体内部克服表面势垒,逸出表面所需的能量。式(6-4-1)称为爱因斯坦光电效应方程。

当光子能量 $h\nu < W_{\text{s}}$ 时,电子不能逸出金属或半导体表面,因而没有光电效应现象产生。由式(6-4-1)知,产生光电效应的入射光的最低频率为

$$\nu_0 = W_{\text{s}}/h \tag{6-4-2}$$

ν_0 称为光电效应的截止频率(阈频率)或红限;W_{s} 是金属或半导体材料的固有属性,对给定的材料,W_{s} 是一个定值,不同材料的 W_{s} 不同,因而 ν_0 也不同。

由于光电子具有一定的初动能,所以即使阳极不加电压也会有光电子落入而形成光电流,甚至阳极相对于阴极的电位低时,也会有光电子落到阳极,直到阳极电位低于某一数值时,所有光电子都不能到达阳极,光电流才为零,如图 6-4-1(a)所示。这个相对于阴极为负值的阳极电位 U_{s} 称之为光电效应的截止电位(或称截止电压)。于是

$$eU_{\text{s}} - \frac{1}{2}mv^2 = 0 \tag{6-4-3}$$

由式(6-4-1)、式(6-4-3)得

$$eU_{\text{s}} = h\nu - W_{\text{s}} \tag{6-4-4}$$

由式(6-4-2)、式(6-4-4)得

$$U_{\text{s}} = \frac{h}{e}(\nu - \nu_0) \tag{6-4-5}$$

式(6-4-5)说明:

(1) 截止电位 U_{s} 是入射光频率 ν 的线性函数(见图 6-4-1(d))。

(2) 当入射光的频率 $\nu = \nu_0$ 时,截止电位 $U_{\text{s}} = 0$,没有光电子析出。

(3) 如图 6-4-1(c)所示的 U_{s}-ν 图线斜率 $K = h/e$ 是一个正的常数。于是写成

$$h = eK \tag{6-4-6}$$

改变入射光的频率,可测得相应同一种金属材料的截止电位 U_{s},作出 U_{s}-ν 图线,从图线上求出斜率 K,再由式(6-4-6)即可求出普朗克常数 h。

图 6-4-2 为光电效应测量普朗克常数的实验原理图。频率为 ν,强度为 P 的光照射到光电管阴极上时,光电子从阴极逸出。若加在阴极 K 和阳极 A 之间有反向电压 U_{KA},则 K、A 之间建立起来的这个电场,将对逸出的光电子起减速作用,随着 U_{KA} 的增加,到达阳极的光电子(光电流)将逐渐减少。当 $U_{\text{KA}} = U_{\text{s}}$ 时,光电流等于零。

应当指出,由于光电管结构等各种原因,用光电管在光照射下进行实验时,需考虑以下几个实际问题。

(1) 阳极的光电子发射:当光束入射到阴极上后,必然有部分漫反射到阳极上,致使它也能发射光电子,而外电场对这些光电子却是一个加速场,因此,它们很容易到达阳极,形成阳极反向电流。

(2) 存在暗电流:当光电管不受任何光照射时,在外加电压下光电管仍有微弱电流流过,

我们称之为光电管的暗电流。形成暗电流的主要原因之一是阴极与阳极之间的绝缘电阻（包括管座以及光电管玻璃壳内外表面等的漏电阻），另一原因是阴极在常温下的热电子发射等。从实测情况来看，光电管的暗特性，即无光照射时的伏安特性曲线，基本上接近线性。

由于上述两个因素的影响，使我们实际测得的 U-I 曲线如图 6-4-3 所示，这里的 I 实际上是阴极光电流、阳极反向电流和暗电流三者的代数和。因此，实测曲线光电流为零处对应的电压并不是截止电压，真正的截止电压应该在这条曲线的直线部分与曲线部分相接的 C 点（想一想，为什么？）。

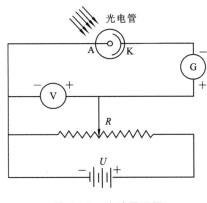

图 6-4-2　实验原理图

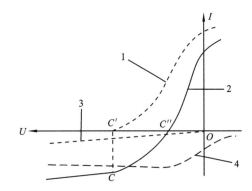

图 6-4-3　光电效应 U-I 曲线

1.理想阴极发射电流；2.实测电流；

3.暗电流；4.阳极发射电流

光电效应法测定普朗克常数，从原理上来讲是一个并不太复杂的实验。但由于存在光电管收集极（阳极）的光电子发射以及弱电流测量上的困难等问题，使得由 U-I 曲线上确定截止电位差值有很大任意性，不够严格，这是造成实验误差较大的主要原因。

【实验装置】

GP-1 型普朗克常数测定仪成套仪器示意图如图 6-4-4，它包括四部分：

（1）普朗克常数测定用光电管（带暗盒）；

（2）光源（汞灯）；

（3）滤色片组（共五片）；

（4）微电流测量放大器（包括光电管工作电源）。

各部分具体性能简介如下：

（1）GDH-1 型光电管：阳极为镍圈，阴极为银-氧-钾（Ag-O-K），光谱范围为 3400～7000 Å，光窗为无铅多硼玻璃，最高灵敏波长是（4100±100）Å，阴极光灵敏度约 1 微安・流明$^{-1}$（μA/m），暗电流约 10^{-12} Å。

为避免杂散光和外界电磁场对微弱电流的干扰，光电管安装在铝质暗盒中，暗盒窗口可安放 $\phi36$ mm 的各种滤色片。

（2）光源采用 GGQ-50W Hg 仪器用高压汞灯。在 3023～8720 Å 的谱线范围内有 3650 Å、4047 Å、4358 Å、5461 Å、5770 Å 等谱线供实验用。

（3）NG 型滤色片，是一组外径为 $\phi36$ mm 的宽带通型滤色片，它具有滤选 3650 Å、4047 Å、4358 Å、5461 Å、5770 Å 等谱线能力，如表 6-4-1 所示。

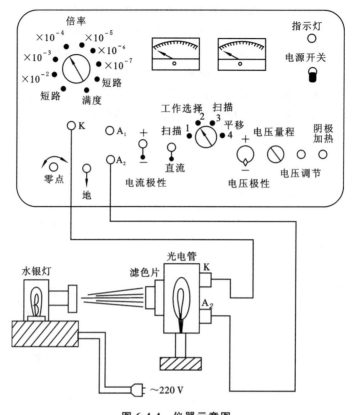

图 6-4-4　仪器示意图

表 6-4-1　各种滤色片透过率

型　号	NG365	NG405	NG436	NG546	NG577
选用波长/Å	3650	4047	4358	5461	5770
透过率/(%)	48	40	20	30	25

(4) GP-1 型微电流测量放大器:电流测量范围在 $10^{-13} \sim 10^{-5}$ A,分六挡十进变换,机后附有配记录仪的输出端子(满足输出 50 mV)。机内附有稳定度≤1%,$-3 \sim +3$ V 精密连续可调的光电管工作电流;电压量程分 $0 \sim \pm 1 \sim \pm 2 \sim \pm 3$ V 六段读数,读数精度 0.02 V;为配合 X-Y 函数记录仪自动描绘出光电管的 I-U 特性曲线,机内设有幅度为 3 V、周期约 50 s 的锯齿波,而且锯齿波可分 $-3 \sim 0$ V、$-2.5 \sim 0.5$ V、$-2.0 \sim 1.0$ V、$-1.5 \sim 1.5$ V 等四段,以适应不同性能的光电管。

【实验内容与步骤】

1. 测试前的准备

(1) 开机前准备。按图 6-4-4 将光源、光电管暗盒和微电流测量放大器放置适当位置,使光源离暗盒距离 30~50 cm,暂不连线。将微电流测量放大器面板上各开关、旋钮置于下列位置:"倍率"旋钮置"短路","电流极性"置"—";"电压量程"置"—3";"电压调节"反时针旋到最小。

(2) 打开微电流测量放大器电源开关,预热 20~30 min。在光窗口罩上遮光盖。打开光源开关,让汞灯预热。

(3) 待微电流测量放大器充分预热后,先调整零点,后校正满度(即把"倍率"旋至"满度"处),如指针不在满度(即 $100\ \mu A$ 处),可旋动机器后输出端子旁的旋钮使指针指到满度;旋动"倍率"旋钮至各挡,指针应处于零位,如不符再略作调零。

2. 测量光电管的暗电流

(1) 按图 6-4-4 连接好光电管暗盒与微电流测量放大器之间屏蔽电缆、地线和阳极电源线。测量放大器"倍率"旋至"10^{-7}"或"10^{-6}"处。

(2) 顺时针旋转"电压调节"旋钮,合适地改变"电压量程"和"电压极性"开关,即可读出相应的电压和电流值。

3. 测量光电管的 U-I 特性

(1) 让光源出射孔对准暗盒窗口,并使暗盒离开光源 $30\sim50$ cm,测量放大器"倍率"置×10^{-7}挡,取去遮光罩,换上滤色片。"电压调节"从 -3 V 或 -2 V 调起,缓慢增加,先观察一遍不同滤色片下的电流变化情况,记下电流明显变化的电压值以便精确测量。

(2) 在粗测的基础上进行精确测量并记录,滤色片从短波长起小心地逐次更换,每换一次滤色片,读出一组相应的 U-I 数值,记入表格(见表 6-4-2)。测量时,应注意在电流变化较大的地方,如 U_S 附近多测几个数据,以便于作图,同时能较准确地测定值 U_S。

(3) 在合适的毫米方格纸上,仔细地作出不同波长(频率)下的 U-I 曲线,从曲线中认真找出电流开始变化的"抬头点",确定 I_{KA} 的截止电压 U_S,并记入表 6-4-3。

(4) 把不同频率下的截止电压 U_S 描绘在方格纸上。如果光电效应遵从爱因斯坦方程,U-ν 曲线应为一直线。求出直线的斜率 $K=\dfrac{\Delta U}{\Delta \nu}$,再由 $h=eK$ 求出普朗克常数 h,并求出测量值与公认值 $h=6.62619\times10^{-34}$ J·s 之间的相对不确定度。

(5) 改变光源与暗盒间的距离 L 或光阑孔 ϕ,重做上述实验。

试分析产生本次实验误差的主要原因。

* 4. 选做内容

(1) 测量光电管在正电压下的伏安特性曲线。

(2) 测量光电管的光电特性曲线,即饱和光电流与入射光强的关系。

表 6-4-2　U-I 数据记录参考表

距离 $L=$ _____ m,　光阑孔 $\phi=$ _____ mm

滤色片波长	3650 Å	U_{KA}/V							
		$I_{KA}/(\times10^{-11}$ A)							
	4047 Å	U_{KA}/V							
		$I_{KA}/(\times10^{-11}$ A)							
	4358 Å	U_{KA}/V							
		$I_{KA}/(\times10^{-11}$ A)							
	5461 Å	U_{KA}/V							
		$I_{KA}/(\times10^{-11}$ A)							
	5770 Å	U_{KA}/V							
		$I_{KA}/(\times10^{-11}$ A)							

表 6-4-3　不同频率下的截止电压值记录参考表

距离 $L=$ _____ cm，　光阑孔 $\phi=$ _____ mm

波长/Å	3650	4047	4358	5461	5770
频率/($\times 10^{14}$ Hz)	8.219	7.413	6.884	6.578	5.199
U_s/V					

（3）尝试使用 Matlab 软件来对实验数据进行分析处理。

实验方案请同学们在查阅相关书籍后自行设计。

【学习总结与拓展】

1. 总结自己教学成果的达成度

参考成果导向教学设计内容。

2. 思考题

（1）影响测量截止电压的因素有哪些？

（2）为什么更换滤色片时应先从短波开始？

3. 学习收获与拓展

（1）从能力的培养、学习要点中选一个角度，谈谈你的收获。

（2）你觉得本实验所使用的仪器有什么地方需要改进？

实验 6-5　霍 尔 效 应

实验 6-5

　　霍尔效应是美国物理学家霍尔在研究金属的导电机理时发现的一种电磁现象。利用这种现象制成的各种霍尔元件,广泛地应用于工业自动化技术、检测技术及信息处理等方面。霍尔效应是研究半导体材料性能的基本方法。通过霍尔效应实验测定的霍尔系数,能够判断半导体材料的导电类型、载流子浓度及载流子迁移率等重要参数。流体中的霍尔效应是研究"磁流体发电"的理论基础。

【成果导向教学设计】

通过本实验的学习,学生能了解以下知识,培养以下能力。

知识:

(1) 基础知识:载流子;磁感应强度;霍尔效应及其产生原因;电场力;洛伦兹力。

(2) 测量方法:参量转换法。

(3) 减小系统误差方法:异号测量法。

(4) 实验原理:通过霍尔效应测量磁感应强度的原理。

(5) 数据处理方法:列表法;作图法。

能力:

(1) 测量仪器的使用:霍尔效应实验仪、电磁铁测试架的调节及读数。

(2) 调节技术:仪器初态调节。

(3) 实验总结:能建立数据与结果的关联;撰写完整的实验报告。

(4) 能力:安全实验;公民素质(个人能力、团队协作能力)(潜移默化地培养)。

【参考资料】

[1] 谢行恕,康士秀,等.大学物理实验(第二册)[M].北京:高等教育出版社,1999.

[2] 陆延济,胡德敬,等.物理实验教程[M].上海:同济大学出版社,2000.

[3] 广西科技大学大学物理课程网站-云课堂-微课.

【实验目的】

(1) 了解产生霍尔效应的基本原理。

(2) 了解实验中可能存在的副效应,并掌握消除副效应的方法。

(3) 通过本次实验,掌握用霍尔效应测量磁场的原理和基本方法。

*(4) 学习用特斯拉计测定未知霍尔元件的灵敏度 K_H 及载流子浓度 n(选做)。

【实验仪器】

(1) FB510 型霍尔效应实验仪;(2) 电磁铁测试架;(3) 导线(若干)。

【实验原理】

1. 霍尔效应原理及公式推导

将一块半导体或导体材料,沿 Z 轴方向加以磁场 B,沿 X 轴方向通以工作电流 I_S,则在 Y 方向产生出电动势 V_H,如图 6-5-1 所示,这种现象称为霍尔效应。V_H 称为霍尔电压。

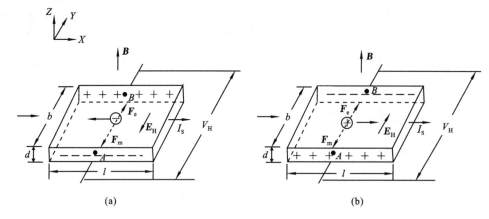

图 6-5-1　霍尔效应原理图

实验表明,在磁场不太强时,电位差 V_H 与电流强度 I_S 和磁感应强度 B 成正比,与板的厚度 d 成反比,即

$$V_H = R_H \frac{I_S B}{d} \tag{6-5-1}$$

或

$$V_H = K_H I_S B \tag{6-5-2}$$

式(6-5-1)中 R_H 称为霍尔系数,式(6-5-2)中 K_H 称为霍尔元件的灵敏度,单位为 mV/(mA·T)。

从微观机理上进行分析,可以知道产生霍尔效应的原因是形成电流的做定向运动的带电粒子即载流子(N 型半导体中的载流子是带负电荷的电子,P 型半导体中的载流子是带正电荷的空穴)在磁场中所受到的洛伦兹力作用,导致载流子运动方向发生偏转而产生的。

如图 6-5-1(a)所示,一快长为 l、宽为 b、厚为 d 的 N 型单晶薄片,置于沿 Z 轴方向的磁场 B 中,在 X 轴方向通以电流 I_S,则其中的载流子——电子所受到的洛伦兹力为

$$F_m = qv \times B = -ev \times B = -evBj \tag{6-5-3}$$

式中,v 为电子的漂移运动速度,其方向沿 X 轴的负方向;e 为电子的电荷量;F_m 指向 Y 轴的负方向。自由电子受力偏转的结果,向 A 侧面积聚,同时在 B 侧面上出现同数量的正电荷,在两侧面间形成一个沿 Y 轴负方向上的横向电场 E_H(即霍尔电场),使运动电子受到一个沿 Y 轴正方向的电场力 F_e,A、B 面之间的电位差为 V_H(即霍尔电压),则

$$F_e = qE_H = -eE_H = eE_H j = e \frac{V_H}{b} j \tag{6-5-4}$$

该电场力将阻碍电荷的积聚,最后达稳定状态时有

$$F_m + F_e = 0$$

$$-evBj + e \frac{V_H}{b} j = 0$$

即

$$evB = e \frac{V_H}{b}$$

得 $$V_H = vBb \qquad (6\text{-}5\text{-}5)$$

此时 B 端电位高于 A 端电位。

若 N 型单晶中的电子浓度为 n，则流过样片横截面的电流

$$I_S = nebdv$$

得 $$v = \frac{I_S}{nebd} \qquad (6\text{-}5\text{-}6)$$

将式(6-5-6)代入式(6-5-5)得

$$V_H = \frac{1}{ned}I_SB = R_H\frac{I_SB}{d} = K_H I_S B \qquad (6\text{-}5\text{-}7)$$

式中，$R_H = \dfrac{1}{ne}$ 称为霍尔系数，它表示材料产生霍尔效应的本领大小；$K_H = \dfrac{1}{ned}$ 称为霍尔元件的灵敏度。一般地说，K_H 愈大愈好，以便获得较大的霍尔电压 V_H。因 K_H 和载流子浓度 n 成反比，而半导体的载流子浓度远比金属的载流子浓度小，所以采用半导体材料作霍尔元件灵敏度较高。又因 K_H 和样品厚度 d 成反比，所以霍尔片都切得很薄，一般 $d \approx 0.2$ mm。

上面讨论的是 N 型半导体样品产生的霍尔效应，B 侧面电位比 A 侧面的高；对于 P 型半导体样品，由于形成电流的载流子是带正电荷的空穴，与 N 型半导体的情况相反，A 侧面积累正电荷，B 侧面积累负电荷，如图 6-5-1(b)所示，此时，A 侧面电位比 B 侧面的高。由此可知，根据 A、B 两端电位的高低，就可以判断半导体材料的导电类型是 P 型还是 N 型。

由式(6-5-7)可知，如果霍尔元件的灵敏度 K_H 已知，测得了工作电流 I_S 和产生的霍尔电压 V_H，则可测定霍尔元件所在处的磁感应强度为 $B = \dfrac{V_H}{I_S K_H}$。

2. 霍尔效应的应用

高斯计就是利用霍尔效应来测定磁感应强度 B 值的仪器。它是选定霍尔元件，即 K_H 已确定，保持工作电流 I_S 不变，则霍尔电压 V_H 与被测磁感应强度 B 成正比。如按照霍尔电压的大小，预先在仪器面板上标定出高斯刻度，则使用时由指针示值就可直接读出磁感应强度 B 值。

由式(6-5-7)知

$$R_H = \frac{V_H d}{I_S B}$$

因此将待测的厚度为 d 的半导体样品，放在均匀磁场中，通以工作电流 I_S，测出霍尔电压 V_H，再用高斯计测出磁感应强度 B 值，就可测定样品的霍尔系数 R_H。又因 $R_H = \dfrac{1}{ne}\left(或\dfrac{1}{pe}\right)$，故可以通过测定霍尔系数来确定半导体材料的载流子浓度 n（或 p），n 和 p 分别为电子浓度和空穴浓度。

严格地说，在半导体中载流子的漂移运动速度并不完全相同，考虑到载流子速度的统计分布，并认为多数载流子的浓度与迁移率之积远大于少数载流子的浓度与迁移率之积，可得半导体霍尔系数的公式中还应引入一个霍尔因子 r_H，即

$$R_H = \frac{r_H}{ne}\left(或\frac{r_H}{pe}\right)$$

普通物理实验中常用 N 型 Si、N 型 Ge、InSb 和 InAs 等半导体材料的霍尔元件在室温下测量，霍尔因子 $r_H = \dfrac{3}{8}\pi \approx 1.18$，所以

$$R_{\mathrm{H}} = \frac{3\pi}{8}\,\frac{1}{ne}$$

式中,$e = 1.602 \times 10^{-19}$ C。

3. 霍尔效应实验中存在的副效应

上述推导是从理想情况出发的,实际情况要复杂得多,在产生霍尔电压 V_{H} 的同时,还伴有四种副效应,副效应产生的电压叠加在霍尔电压上,造成系统误差。为便于说明,画一简图如图 6-5-2 所示。

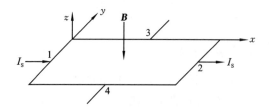

图 6-5-2 在磁场中的霍尔元件

(1) 厄廷豪森(Etinghausen)效应引起的电势差 V_{E}。由于电子实际上并非以同一速度 v 沿 X 轴负向运动,速度大的电子回转半径大,能较快地到达接点 3 的侧面,从而导致 3 侧面较 4 侧面集中较多能量高的电子,结果 3、4 侧面出现温差,产生温差电动势 V_{E}。可以证明 $V_{\mathrm{E}} \propto I_{\mathrm{S}}B$。容易理解 V_{E} 的正负与 I_{S} 和 B 的方向有关。

(2) 能斯特(Nernst)效应引起的电势差 V_{N}。焊点 1、2 间接触电阻可能不同,通电发热程度不同,故 1、2 两点间温度可能不同,于是引起热扩散电流。与霍尔效应类似,该热流也会在 3、4 点间形成电势差 V_{N}。若只考虑接触电阻的差异,则 V_{N} 的方向仅与 B 的方向有关。

(3) 里纪-勒杜克(Righi-Leduc)效应产生的电势差 V_{R}。在能斯特效应的热扩散电流的载流子由于速度不同,一样具有厄廷豪森效应,又会在 3、4 点间形成温差电动势 V_{R}。V_{R} 的正负仅与 B 的方向有关,而与 I_{S} 的方向无关。

(4) 不等电势效应引起的电势差 V_0。由于制造上的困难及材料的不均匀性,3、4 两点实际上不可能在同一条等势线上。因此,即使未加磁场,当 I_{S} 流过时,3、4 两点也会出现电势差 V_0。V_0 的正负只与 I_{S} 电流方向有关,而与 B 的方向无关。

4. 副效应引起的系统误差的消除

综上所述,在确定的磁场 B 和电流 I_{S} 下,实际测出的电压是 V_{H}、V_{E}、V_{N}、V_{R} 和 V_0 这 5 种电压的代数和。应根据副效应的性质,改变实验条件,尽量消减它们的影响。

上述 5 种电势差与 B 和 I_{S} 方向的关系见表 6-5-1。

表 6-5-1 电势差与 B 和 I_{S} 方向的关系

V_{H}		V_{E}		V_{N}		V_{R}		V_0	
I_{S}	B	I_{S}	B	I_{S}	B	I_{S}	B	I_{S}	B
有关	有关	有关	有关	无关	有关	无关	有关	有关	无关

根据以上分析,这些副效应引起的附加电压的正负与电流或磁场的方向有关,我们可以通过改变电流和磁场的方向,来消除 V_{N}、V_{R}、V_0,具体做法如下:

（1）给样品加（＋B、＋I_S）时，测得 3、4 两端横向电压为

$$V_1 = V_H + V_E + V_N + V_R + V_0$$

（2）给样品加（＋B、－I_S）时，测得 3、4 两端横向电压为

$$V_2 = -V_H - V_E + V_N + V_R - V_0$$

（3）给样品加（－B、－I_S）时，测得 3、4 两端横向电压为

$$V_3 = V_H + V_E - V_N - V_R - V_0$$

（4）给样品加（－B、＋I_S）时，测得 3、4 两端横向电压为

$$V_4 = -V_H - V_E - V_N - V_R + V_0$$

由以上四式可得

$$V_1 - V_2 + V_3 - V_4 = 4V_H + 4V_E$$

$$V_H = \frac{1}{4}(V_1 - V_2 + V_3 - V_4) - V_E$$

通常 V_E 比 V_H 小得多，可以略去不计，因此霍尔电压为

$$V_H = \frac{1}{4}(V_1 - V_2 + V_3 - V_4)$$

若要消除 V_E 的影响，可将霍尔片置于恒温槽中，也可将工作电流改为交流电。因为 V_E 的建立需要一定的时间，而交变电流来回换向，使 V_E 始终来不及建立。

【仪器介绍】

1. 电磁铁测试架

（1）仪器结构。

① 霍尔元件：霍尔元件是由 GaAs 经过平面工艺制成的磁电转换元件，元件尺寸为 4 mm×2 mm×0.2 mm，元件胶合在白色绝缘衬板上，有 4 条引出导线，其中 2 条导线为工作电流极（1、2），2 条导线为霍尔电压输出极（3、4），同时将这 4 条引线焊接在玻璃丝布板上，然后引到仪器换向开关上，并以 1、2、3、4 表示，能方便进行实验。

工作电流需用稳定电源供电，适当减小工作电流，以减少热磁效应引起的误差，最大电流为 5.00 mA。

霍尔元件的灵敏度已在仪器标签上给出。温度变化时，其灵敏度也略有变化，这主要是由于不同温度下半导体的载流子浓度不同造成的。

② 调节装置：螺杆调节霍尔元件左右移动，标尺标明霍尔元件在水平方向 x 轴方向上的位置。

③ 电磁铁：根据电源变压器使用具有体积小和电磁性能高的特点的带状铁芯，采用冷轧电工钢带制成，线圈用高强度漆包线多层密绕，层间绝缘，导线绕向即磁化电流的方向已标明在线圈上，可确定磁场方向。

线圈的两端引线已连接到仪器的换向开关上，便于实验操作。

④ 换向开关：仪器上装有两个继电器开关，可以很方便地改变 I_S、$\boldsymbol{B}$ 的方向。

（2）原理图及工作电路。

仪器原理见图 6-5-3。霍尔效应实验仪的工作电路可分为以下三部分：

① 产生磁路部分：仪器上安装有小型电磁铁 T，结合直流稳压电源提供励磁电流，产生磁场。通过换向开关 K_2 来改变励磁电流方向，从而改变磁场 $\boldsymbol{B}$ 的方向。

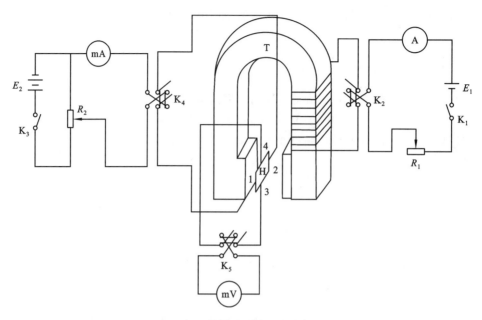

图 6-5-3　霍尔效应的仪器原理图

② 供给工作电流部分:提供霍尔元件工作电流,通过换向开关 I_S 改变工作电流方向。

③ 测量霍尔电压部分:mV 表测量 3、4 点间的电位差,即霍尔电压。

(3) 注意事项。

① 霍尔片工作电流 I_S 的最大值为 5.00 mA。

② 电磁铁励磁电流 I_M 的最大值为直流 1000 mA。

2. FB510 型霍尔效应实验仪

(1) 仪器组成。

由励磁恒流源 I_M、样品工作恒流源 I_S、数字电流表、数字电压表等单元组成。

(2) 仪器面板如图 6-5-4 所示。

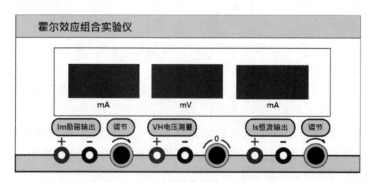

图 6-5-4　QS 型霍尔效应测试仪面板图

① I_M 恒流源:在面板的左侧,接线柱红、黑分别为该电源的正极和负极。"I_M 调节"采用 16 周多圈电位器,对应的数显窗显示 I_M 电流值。

② I_S 恒流源:在面板的右侧,接线柱红、黑分别为该电源的正极和负极。"I_S 调节"也采用 16 周多圈电位器,对应的数显窗显示 I_S 电流值。

③ V_H 输入:在面板中间,为霍尔电压 V_H 输入测量端,红、黑分别为正极和负极,中间的数

显窗显示出电压的测量结果。"调零"旋钮用于在实验开始前,对电压表读数进行归零。

（3）仪器的使用。

① "I_M"输出、"I_S"输出和"V_H"输入三对接线柱分别与实验台的三对相应接线端相连。注意:千万不能将 I_M 和 I_S 接错,否则 I_M 电流将烧坏霍尔样品。

② 仪器开机前,先将"I_M 调节"、"I_S 调节"旋钮逆时针旋到底,使 I_M、I_S 输出为最小值。

③ 打开电源,预热数分钟后即可进行实验。

④ "I_S 调节"和"I_M 调节"两旋钮分别用来控制样品工作电流和励磁电流大小,其电流值随旋钮顺时针方向转动而增加,调节精度分别为 10 μA 和 1 mA。

⑤ 关机前,将"I_M 调节"、"I_S 调节"旋钮逆时针旋到底,此时,相应数显窗显示为"000",方可切断电源。

* 3. CT3 型特斯拉计（选做）

特斯拉计是磁测量仪器中结构最简单、操作最快又能直接读数的测磁感应强度仪器,它是根据霍尔效应的原理制成的,如图 6-5-5 所示。它的工作电流采用频率为几千赫兹的交流电,由此消除了厄廷豪森、能斯特、里纪-勒杜克效应等副效应。仪器内有不等位电压的补偿网络,通过仪器的调零,消除不等位效应,从而实现对交直流磁场 B 的准确测量。

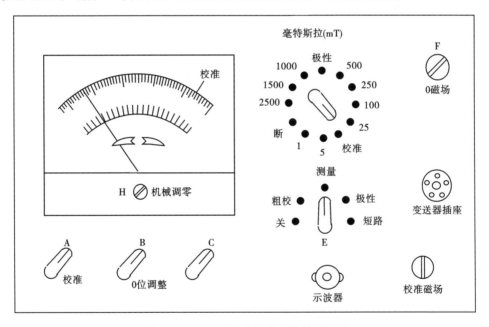

图 6-5-5　CT3 型交直流特斯拉计面板图

CT3 型特斯拉计的使用方法如下。

（1）准备。

① 检查霍尔变送器编号是否与仪器标度盘上规定的编号符合。

② 将旋钮 E 置于"关"的位置,调 H 机械调零钮,使指针对准零刻度线。

③ 将仪器左侧面的电源转换开关指示"220 V"后接通电源。

（2）粗校。

将变送器插入变送器插座中,旋钮 E 置于"粗校"。3 min 后,调校准旋钮 A,使指针对准"校准刻线"。

（3）零位调节。

由调相位和调幅度两只旋钮 B 和 C 来完成。将旋钮 D 置于"25 mT"，旋钮 E 置于"测量"位置，先调任一调零旋钮，使指针指示最小值，再调另一旋钮使指针指到更小值，如此反复逐一调节，并将旋钮 D 逐步减小到 5 mT、1 mT，使指针在 1 mT 黑色零位线之内，愈接近零愈好。（测量大于 50 mT 的磁场时，调零要求可放宽些）

（4）校准。

将旋钮 D 指示"校准"，旋钮 E 指示"测量"，将变送器插到"校准磁场"孔底，并稍微转动，使指针指示最大值，然后抽出变送器，旋转 180° 后插入孔底，稍微转动再取最大值，最后调校准旋钮 A，使指针指示在两次最大读数的平均值位置。

（5）测量。

根据欲测磁场范围，将 D 旋至适当量程，旋钮 E 指示"测量"位置。测直流磁场时，将变送器放入待测磁场，并缓慢转动，使指针指示最大值，记下读数，取出变送器，旋转 180°，再重新放入磁场并缓慢转动，取最大值读数，两次读数的平均值即为磁场的大小。测交变磁场时，就不需进行第二次测量。

【实验内容与步骤】

1. 测量蹄形电磁铁的磁感应强度

（1）根据实验图，将霍尔效应实验仪的三对接线柱分别与测试平台的三对相应接线端连。

（2）将霍尔片移至蹄形电磁铁间隙中心附近。

（3）将测试仪"I_M调节"、"I_S调节"旋钮逆时针调至最小，打开电源，预热数分钟。

（4）调节"I_M调节"旋钮，使励磁电流输出为 600 mA。

（5）调节测试仪将"I_S调节"旋钮，依次取工作电流 I_S 为 1.00 mA、1.50 mA、2.00 mA、2.50 mA、3.00 mA、3.50 mA，然后通过调节实验仪内的各换向开关，在 $(+B, +I_S)$、$(+B, -I_S)$、$(-B, -I_S)$、$(-B, +I_S)$ 四种测量条件下，分别测出 V_1、V_2、V_3、V_4 值，计算出 V_H 值，利用式 $B = \dfrac{V_H}{I_S K_H}$ 计算出各 B 值，求其平均值。数据填入表 6-5-2（霍尔片灵敏度 K_H 值由实验室给出）。

表 6-5-2　实验内容 1 实验数据记录参考表

次　　数		1	2	3	4	5	6
$I_M = 600$ mA	工作电流 I_S/mA						
霍尔电压 /mV	$V_1(+B, +I_S)$						
	$V_2(+B, -I_S)$						
	$V_3(-B, -I_S)$						
	$V_4(-B, +I_S)$						
	$V_H = (V_1 - V_2 + V_3 - V_4)/4$						
$K_H =$	B/T						

2. 测量蹄形电磁铁间隙处在 x 轴方向上的磁感应强度分布

（1）为霍尔元件选择好测量起始坐标。

（2）调节旋钮，使得工作电流 $I_S = 3.00$ mA，励磁电流 $I_M = 500$ mA。

（3）在 x 轴方向上移动霍尔元件并进行测量。要求测量连续的 $6 \sim 10$ 个点，每相邻两点的水平间隔为 3 mm。在每个点都要仿照实验内容 1 测出相应的 V_1、V_2、V_3 和 V_4，并记录到表 6-5-3 中。

（4）测量完毕后，将 I_S 和 I_M 逆时针旋转调回最小，并关闭仪器电源。

表 6-5-3　实验内容 2 实验数据记录参考表

$I_M = 500$ mA $I_S = 3.00$ mA	次　　　数	1	2	3	4	5	6
	水平坐标值 x						
霍尔电压 /mV	$V_1(+B, +I_S)$						
	$V_2(+B, -I_S)$						
	$V_3(-B, -I_S)$						
	$V_4(-B, +I_S)$						
	$V_H = (V_1 - V_2 + V_3 - V_4)/4$						
$K_H =$	B/T						

* 3. 测定霍尔元件的灵敏度 K_H 及载流子浓度 n（选做）

（1）接好仪器，将霍尔片位置移动到电磁铁夹缝中心附近。

（2）调节测试仪，使励磁电流 I_M 输入为 500 mA，工作电流 I_S 输入为 3.00 mA。

（3）通过调节实验仪各换向开关，在 $(+B, +I_S)$、$(+B, -I_S)$、$(-B, -I_S)$、$(-B, +I_S)$ 四种测量条件下，分别测出 V_1、V_2、V_3、V_4，求出霍尔电压 V_H。

（4）用特斯拉计测出磁感应强度 B。

（5）计算灵敏度 K_H 及载流子浓度 $n(d = 0.2$ mm$)$。

【数据处理】

1. 实验内容 1 的数据处理

根据实验数据，首先算出所测位置磁感应强度的均值 $\bar{B} = \dfrac{1}{6} \sum\limits_{i=1}^{6} B_i$。

本实验中的不确定度计算：根据多次直接测量的不确定度评定公式，可以知道随机误差的不确定度为

$$U_A = t \sqrt{\frac{\sum\limits_{i=1}^{n} (B_i - \bar{B})^2}{n(n-1)}} \quad (P = 68\%) \tag{6-5-8}$$

式（6-5-8）中 n 为测量次数，取值为 $n = 6$；查表得 $P = 68\%$，$n = 6$ 时，$t = 1.11$。

对 U_B，本实验采用单次测量的值对其进行估算。对单次测量，其不确定度的 B 类分量为

$$U_B = B_1 \cdot U_{B(r)} = B_1 \sqrt{\left(\frac{\Delta_{V_{仪}}}{V_H}\right)^2 + \left(\frac{\Delta_{I_{仪}}}{I_S}\right)^2} \quad (P = 68\%) \tag{6-5-9}$$

式（6-5-9）中的 $\Delta_{V_{仪}} = 0.10$ mV，$\Delta_{I_{仪}} = 0.10$ mA，而 I_S、V_H 和 B_1 则取实验内容 1 中工作电流为 1.00 mA 时的对应数值。

用式（6-5-8）和式（6-5-9）计算出 U_A 和 U_B 后，则总不确定度为

$$U = \sqrt{U_A^2 + U_B^2} \quad (P = 68\%)$$

结果表示为
$$\begin{cases} B = \bar{B} \pm U & \text{(T)} \\ U_r = \dfrac{U}{\bar{B}} \end{cases} \quad (P = 68\%)$$

2. 实验内容 2 的数据处理

使用作图法描绘出 $B\text{-}x$ 分布图。

【学习总结与拓展】

1. 总结自己教学成果的达成度

参考成果导向教学设计内容。

2. 思考题

(1) 如果磁场 B 恰好不垂直于霍尔片,对测量结果有何影响?

(2) 试分析温度的变化对实验结果的影响。

3. 学习收获与拓展

(1) 从能力的培养、学习要点中选一个角度,谈谈你的收获。

(2) 你觉得本实验所使用的仪器有什么地方需要改进?

(3) 体会异号测量法在消除或减小系统误差方面的应用。

五个物理实验的巧妙设计

1. 卡文迪许实验(通过一面小镜子放大引力)

牛顿发现万有引力 $F = G\dfrac{m_1 m_2}{r^2}$ 时,没有给出万有引力恒量 G 的数值,所以人们一直很关心万有引力到底有多大? 因为一般物体间的引力非常小,很难精确测定,所以很长时间以来人们都没能通过实验测定 G 的数值。直到 1798 年,牛顿发现万有引力定律 100 多年以后,英国的物理学家、化学家亨利・卡文迪许(Henry Cavendish,1731—1810)巧妙地利用扭秤装置,第一次比较精确地测量出了引力恒量 G 的数值。实验装置如插图所示,卡文迪许扭秤的主要部分是一个轻而坚固的 T 形架,倒挂在一根石英丝的下端。T 形架水平杆的两端,各装有一个质量为 m 的小球,再用两个质量为 m' 的大球放在离小球足够近的地方,以吸引小球转动,从而使石英丝扭动。但是由于石英丝扭动太小,无法准确测量。卡文迪许做了一个巧妙的设计:他把一面小镜子固定在石英丝上,并用一束光线去照射它。光线被小镜子反射过来,照射在一根刻度尺上。这样,只要石英丝有一点极小的扭动,反射光就会在刻度尺上明显地表示出来。扭秤装置把微小力转变成力矩来反映(一次放大),扭转角度通过光标的移动来反映(二次放大),从而精确地测出一般物体间微小的万有引力。设小球在大球的引力作用下发生扭转时,引力产生的力矩为 FL,同时,石英丝发生扭转而产生一个相反的力矩 $k\theta$,当这两个力的力矩相等时,T 形架处于力矩平衡状态。此时,石英丝扭转的角度 θ 可根据小镜子上反射光在刻度尺上移动的距离求出。

由平衡方程 $k\theta = FL$ 和 $F = G\dfrac{mm'}{r^2}$ 得

$$G = \frac{k\theta r^2}{mm'L}$$

式中,L 为两小球之间的距离,r 为大球与小球之间的距离,k 为石英丝的扭转系数。

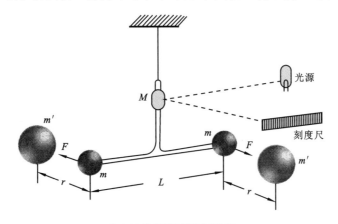

卡文迪许扭秤实验示意图

卡文迪许通过一面小镜子使扭力被放大了! 实验的灵敏度大大提高了,这就是著名的"扭秤"实验法。他测出的万有引力恒量为 $G=6.754\times10^{-11}\ \mathrm{N\cdot m^2/kg^2}$,与现代公认的 $G=6.67256\times10^{-11}\ \mathrm{N\cdot m^2/kg^2}$ 已很接近,结果是惊人的准确!

在卡文迪许实验前,天体的质量是不能精确地测定的。一旦 G 的值已知,就可以计算出地球、太阳等天体的质量。

卡文迪许实验的构思、设计与操作都非常巧妙和精致,英国物理学家坡印廷曾对这个实验下过这样的评语:"开创了弱力测量的新时代。"卡文迪许也被人们誉为"第一个称地球的人"。卡文迪许扭秤实验被评为"最美的物理实验"之一。

2. 光速的测定实验(利用旋转齿轮法、旋转镜法、旋转棱镜法等巧妙地提高时间的测量精度)

由于光速很大,传播不够远的距离所用的时间很短,难以进行测量。通过测量光在有限的距离内所用的时间的方法来测量光速,其关键的问题就是解决对微小时间间隔的测量精度问题。因此,早期的光速测量包括伽利略在两个山峰之间做的光速测量都失败了。后来,菲索、傅科、迈克尔逊等人先后通过巧妙的设计,都做过出色的测定光速测量实验。

由于光速极大,因此测量必须用到很长的距离或者很短的时间。对地面观测者来说,精确测定很短的时间间隔是问题的关键。地面上构思巧妙的光速测定实验都是围绕这个主题来设计的。在这方面作出开拓性工作的人是法国科学家菲索和傅科。

1849 年法国物理学家菲索发明了"旋转齿轮法"测光速。通过齿轮旋转把光束切割成许多短脉冲,能够较为精确地计算出每个脉冲往返所需的时间。他测得的光速为 $c=(315300\pm500)\ \mathrm{km/s}$。

法国的傅科于 1850 年设计了旋转镜法。他的装置是一个纯光学系统,让一面镜子以一定的速度转动,使它在光线发出并且从另一面静止的镜子反射回来的这段时间里,刚好旋转一圈。这样,能够准确地测得光线来回所用的时间,就可以算出光的速度。1862 年他发表的结果是 $c=(298000\pm500)\ \mathrm{km/s}$。他测量了水中的光速,为光的波动说提供了重要的依据。

在傅科旋转镜法的基础上,美国物理学家迈克尔逊进行了改进,从 1879 年开始用旋转棱镜法对光速进行了持续 50 年的测定工作。他在实验装备和技术上都作了很大的改进,创立了多面旋镜法,延长了光路,提高了精度。1926 年他发表的测量结果为 $c=(299766\pm4)\ \mathrm{km/s}$,其精度比傅科的结果提到了 100 倍以上。

下面介绍迈克尔逊的多面旋镜法。

利用公式 $v=\Delta s/\Delta t$ 来测量光速的关键是测量时间间隔。在地面上进行实验时光传播的距离有限,时间间隔很短,而人的反应时间相对就很大。迈克尔逊创造性地设计了一个利用可转动的八面棱镜来替代"开灯"、"关灯"以及记录时间的装置,从而避免了人的测量操作带来的误差。

具体的方法是用平面镜做成一个可转动的正八面棱镜,该镜的转速可调,并且可以测定。测出两山峰间的距离,在第一山峰上安装一个强光源 S 和一个八面棱镜 A,在另一山峰上安装一反射凹面镜 B 和小平面镜 M。如插图所示,光源 S 发出的光,射到八面镜 A 的面 1 上,反射后射到另一个山峰的凹面镜 B 上,经小平面镜 M 反射后,再由凹面镜反射回到第一个山峰的八面镜的一个面上。如果八面镜静止不动,反射回来的光经八面棱镜的面 3 反

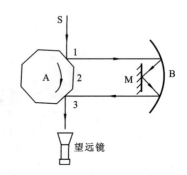

迈克尔逊旋转棱镜法测光速示意图

射后,通过望远镜进入观察者眼中。如果八面棱镜以某一速度转动,当光经凹面镜 B 反射回来时,八面棱镜的面 3 偏离了原来的方向,反射光不再进入望远镜中,观察者就看不到了。实验时,用电动机带动八面棱镜转动,逐渐加快转速。如果反射光回到八面棱镜时,八面棱镜恰好转过 1/8 转,这时棱镜的面 2 转到静止时面 3 的位置,在望远镜中又可看到光源射来的光了。根据转速可算出八面棱镜转过 1/8 转的时间,这就是光在两山峰间往返一次的时间。已知两山峰间的距离,即可测出光在空气中的传播速度。

3. 夫兰克-赫兹实验(通过电流的变化反映能量的量子化)

玻尔发表原子模型理论的第二年,夫兰克(J. Franck)-赫兹(G. Hertz)用慢电子与稀薄气体原子碰撞的方法,使原子从低能级激发到高能级。他们对电子与原子碰撞时能量交换的研究,通过能量交换时体现出来的电流的变化,简单而巧妙地直接证明了原子内部能量的量子化。因此,夫兰克-赫兹实验就成为玻尔理论的一个重要的实验依据。由于他们的工作对原子物理学的发展起了决定性的作用,曾共同获得了 1925 年的诺贝尔物理学奖。

4. 密立根油滴实验(通过宏观的力学模式来研究微观世界的量子特性)

电子是非常小的微观粒子,它所携带的电荷极其微小,因此,要测量电子的电荷是很困难的。美国实验物理学家密立根(R. A. Millikan,1868—1953)从 1909—1917 年用近十年时间,在前人测定原子电荷的基础上,第一次测出了单独带电微粒所带电量。他对成百上千颗小油滴进行测量,发现它们所带电量存在一个最大公约数,就是基本电荷量,即一个电子电量 $e=1.602\times10^{-19}$ C,从而证明了电荷量是不连续的。这一证明的"油滴实验"曾轰动整个科学界,密立根由于测量电子电荷和后来又研究光电效应的杰出成就,荣获 1923 年诺贝尔物理学奖。由于密立根油滴实验技术精湛、结果准确,且通过宏观的力学模式来研究微观世界的量子特性,无论在实验的构思还是在实验的技巧上都堪称是一流的,一直被公认为是一个著名而有启发性的物理实验,是实验物理学的光辉典范。

5. 迈克尔逊干涉实验(补偿板的光程补偿设计,读数尺的机械放大设计)

迈克尔逊干涉仪是 1880 年美国物理学家迈克尔逊(A. A. Michelson)为研究"以太"漂移速度实验而设计制造的世界上第一台用于精密测量的仪器,它在科学发展史上起了很大的作用。1887 年,迈克尔逊和美国物理学家莫雷(E. W. Monley)合作进一步用实验否定了"以太"的存在,发现了真空中的光速为恒定值,为爱因斯坦的相对论奠定了基础;迈克尔逊用镉红光波长作为干涉仪光源来测量标准米尺的长度,建立了以光波长为基准的绝对长度标准;迈克尔逊还用该干涉仪测量出太阳系以外星球的大小。

因创造精密的光学仪器,和用以进行光谱学和度量学的研究,并精密测出光速,迈克尔逊于 1907 年获得了诺贝尔物理学奖。迈克尔逊是一位出色的实验物理学家,他所完成的实验都以设计精巧、精确度高而闻名,爱因斯坦曾赞誉他为"科学中的艺术家"。

迈克尔逊干涉实验光路如下面插图所示。

来自光源 S 的光束射到分光板 P_1 上,P_1 的后面镀有半透膜,光束在半透膜上发生反射和透射,被分成光强几乎相等并相互垂直的两束相干光。这两束光分别射向两平面镜 M_1 和 M_2,经它们反射后又汇聚于分光板,再射到光屏 E 处,从而得到清晰的干涉条纹。当光线 1 和光线 2 的光程差发生改变后,干涉条纹也将发生相应变化。通过观察干涉条纹的变化,即可在已知波长或距离改变量这两者其中之一的数值时,求出另一个的大小。

该实验设计巧妙之处有二:

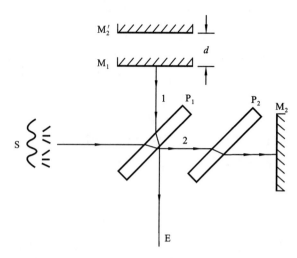

迈克尔逊干涉实验光路图

(1) 增设补偿板 P_2 的巧妙。

补偿板 P_2 的加入,有效地对光线 1、2 之间的光程差进行了弥补。补偿板 P_2 的材料、厚度均与分光板 P_1 相同,也平行于 P_1,起着补偿光线 2 光程的作用。如果没有 P_2,则光线 1 会三次经过玻璃板,而光线 2 只一次经过分光板 P_1。P_2 的存在使得光线 1、2 由于经过分光板而导致的光程相等,从而使光线 1、2 的光程差只由其他几何路程决定。本实验采用相干性很好的激光作为光源时,补偿板并不显得重要,但如果使用的是单色性不好,相干性较差的光,如钠光灯或汞灯,甚至白炽灯,那就十分必要了。这是因为波长不同的光对分光板折射率不同,由分光板的厚度所导致的光程就会各不一样,补偿板能同时满足这些不同波长的光所需的不同光程补偿。

(2) 读数尺设计的巧妙。

为了能够精确地读出反射镜 M_1 的位置或移动距离,迈克尔逊干涉仪采用了多重手轮复合进行读数的方法,从而保证了最终结果的准确性。迈克尔逊干涉仪的读数尺是由主尺、粗手轮刻度尺、微调手轮刻度尺三部分组成的,每部分的最小分度实际上都是 1 mm,但由于三部分的巧妙组合,相当于通过多次螺旋放大的组合,使读数分度值达到 0.0001 mm,实现了精密的测量。

以上介绍的是几个巧妙设计的物理实验,其实历史上设计巧妙的实验数不胜数。希望通过领会这些巧妙的设计方法,启发我们对实验技巧的构思和对实验方法的设计。通过上面的介绍同学们可以看到,实验采用的装置并不复杂,但通过巧妙的设计做出了非常出色的成果。同学们可以自己想一想如何利用身边的器材、物品或者学校实验室的设备,自己动手设计一些实验,即使这些实验所测量的物理量已经有更为精确的结果也没有关系。可以通过这样的锻炼,培养自己的创新思维、动手操作、组织协调等各方面的能力。

附　　录

附录A　中华人民共和国法定计量单位

我国的法定计量单位包括：

(1) 国际单位制的基本单位(见表 A-1)；

(2) 国际单位制的辅助单位(见表 A-2)；

(3) 国际单位制中具有专门名称的导出单位(见表 A-3)；

(4) 国家选定的非国际单位制单位(见表 A-4)；

(5) 由以上形式构成的组合形式的单位；

(6) 由词头和以上单位所构成的十进倍数和分数单位(见表 A-5)。

表 A-1　国际单位制的基本单位

量 的 名 称	单 位 名 称	单 位 符 号
长度	米	m
质量	千克(公斤)	kg
时间	秒	s
热力学温度	开[尔文]	K
电流	安[培]	A
物质的量	摩[尔]	mol
发光强度	坎[德拉]	cd

表 A-2　国际单位制的辅助单位

量 的 名 称	单 位 名 称	单 位 符 号
平面角	弧度	rad
立体角	球面度	sr

表 A-3　国际单位制中具有专门名称的导出单位

量 的 名 称	单 位 名 称	单 位 符 号	其他表示方式示例	备　注
频率	赫[兹]	Hz	s^{-1}	
力；重力	牛[顿]	N	$kg \cdot m \cdot s^{-2}$	1 达因 = 10^{-5} N
压力；压强；应力	帕[斯卡]	Pa	$N \cdot m^{-2}$	
能[量]；功；热	焦[耳]	J	$N \cdot m$	1 尔格 = 10^{-7} J

续表

量 的 名 称	单 位 名 称	单 位 符 号	其他表示方式示例	备　　注
功率;辐射通量	瓦[特]	W	$J \cdot s^{-1}$	1 尔格/秒$=10^{-7}$ W
电荷量	库[仑]	C	$A \cdot s$	1 静库仑$=\dfrac{10^{-9}}{2.998}$ C
电位;电压;电动热	伏[特]	V	$W \cdot A^{-1}$	1 静伏特$=2.993 \times 10^{2}$ V
电容	法[拉]	F	$C \cdot V^{-1}$	
电阻	欧[姆]	Ω	$V \cdot A^{-1}$	
电导	西[门子]	S	$A \cdot V^{-1}$	
磁通量	韦[伯]	Wb	$V \cdot s$	
磁通量密度;磁感应强度	特[斯拉]	T	$Wb \cdot m^{-2}$	1 高斯$=10^{-4}$ T
电感	亨[利]	H	$Wb \cdot A^{-1}$	
摄氏温度	摄氏度	℃		
光通量	流[明]	lm	$cd \cdot sr$	
光照度	勒[克斯]	lx	$lm \cdot m^{-2}$	
放射性活度	贝可[勒尔]	Bq	s^{-1}	
吸收剂量	戈[瑞]	Gy	$J \cdot kg^{-1}$	
剂量当量	希[沃特]	Sv	$J \cdot kg^{-1}$	

表 A-4　国家选定的非国际单位制单位

量 的 名 称	单 位 名 称	单 位 符 号	换算关系和说明
时间	分	min	1 min$=60$ s
	[小]时	h	1 h$=60$ min$=3600$ s
	天[日]	d	1 d$=24$ h$=86400$ s
平面角	[角]秒	(″)	$1''=(\pi/648000)$rad　(π 为圆周率)
	[角]分	(′)	$1'=60''=(\pi/10800)$rad
	度	(°)	$1°=60'=(\pi/180)$rad
旋转速度	转每分	$r \cdot min^{-1}$	1 $r \cdot min^{-1}=(1/60)$ s^{-1}
长度	海里	n mile	1 n mile$=1852$ m(只用于航程)
速度	节	kn	1 kn$=1$ n mile$\cdot h^{-1}=(1852/3600)$ m$\cdot s^{-1}$ （只用于航行）
质量	吨	t	1 t$=10^{3}$ kg
	原子质量单位	u	1 u$\approx 1.660565 \times 10^{-27}$ kg
体积	升	L,(l)	1 L$=1$ $dm^{3}=10^{-3}$ m^{3}
能	电子伏	eV	1 eV$\approx 1.6021892 \times 10^{-19}$ J
级差	分贝	dB	
线密度	特[克斯]	tex	1 tex$=1$ g$\cdot km^{-1}$

表 A-5　用于构成十进倍数和分数单位的词冠

所表示因素	词冠名称	词冠符号
10^{18}	艾［可萨］	E
10^{15}	拍［它］	P
10^{12}	太［拉］	T
10^{9}	吉［伽］	G
10^{6}	兆	M
10^{3}	千	k
10^{2}	百	h
10^{1}	十	da
10^{-1}	分	d
10^{-2}	厘	c
10^{-3}	毫	m
10^{-6}	微	μ
10^{-9}	纳［诺］	n
10^{-12}	皮［可］	p
10^{-15}	飞［母托］	f
10^{-18}	阿［托］	a

注：① 周、月、年(年的符号为 a)为一般常用时间单位。

② ［　］内的字,是在不混淆的情况下,可以省略的字。

③ (　)内的文字为前者的同义语。

④ 角度单位、分、秒的符号不位于数字后时,用括号。

⑤ 升的符号中,小写字母 l 为备用符号。

⑥ r 为转的符号。

⑦ 日常生活和贸易中,质量习惯称为重量。

⑧ 公里为千米的俗称,符号为 km。

⑨ 10^4 称为万,10^8 称为亿,10^{12} 称为万亿,这类数字的使用不受词冠名称的影响,但不应与词冠混淆。

附录 B　一些常用的物理数据表

表 B-1　基本物理常数 1986 年国际推荐值

物　理　量	符　号	数　　值	单　　位	不确定度(10^{-6})
真空中光速	c	2.99792458	10^8 m $\cdot$ s^{-1}	(精确)
真空磁导率	μ_0	$4\pi \times 10^{-7}$	N $\cdot$ A^{-2}	(精确)
真空电容率	ε_0	8.854187817$\cdots$	10^{-12} F $\cdot$ m^{-1}	(精确)
牛顿引力常数	G	6.67259(85)	10^{-11} m^3 $\cdot$ kg^{-1} $\cdot$ s^{-2}	128
普朗克常数	h	6.62607755(40)	10^{-34} J $\cdot$ s	0.60
基本电荷	e	1.60217733(49)	10^{-19} C	0.30
精细结构常数	α	7.29735308(33)	10^{-3}	0.045
里德堡常数	R_∞	10973731.534(13)	m^{-1}	0.0012
玻尔半径	a_0	0.529177249(24)	10^{-10} m	0.045
电子质量	m_e	0.91093897(54)	10^{-30} kg	0.59
电子荷质比	$-e/m_e$	$-1.75881962(53)$	10^{11} C $\cdot$ kg^{-1}	0.30
质子质量	m_p	1.6726231(10)	10^{-27} kg	0.59
质子荷质比	e/m_p	95788309(29)	C $\cdot$ kg^{-1}	0.30
中子质量	m_n	1.6749286(10)	10^{-27} kg	0.59
阿伏伽德罗常数	N_A	6.0221367(36)	10^{23} mol^{-1}	0.59
法拉第常数	F	96485.309(29)	C $\cdot$ mol^{-1}	0.30
摩尔气体常数	R	8.314510(70)	J $\cdot$ mol^{-1} $\cdot$ K^{-1}	8.4
玻尔兹曼常数	k	1.380658(12)	10^{-23} J $\cdot$ K^{-1}	8.5

注:括号内的数字是不确定度值,与主值的末位取齐。

转换因子

1 电子伏特 = 1.602 $\times 10^{-15}$ 焦耳

1 埃 = 10^{-10} 米

1 原子质量单位 = 1.661 $\times 10^{-27}$ 千克 $\leftrightarrow$ 931.5 兆电子伏特

表 B-2　在 20 ℃ 时常用固体和液体的密度

物　　　质	密度 ρ /(kg · m^{-3})	物　　　质	密度 ρ /(kg · m^{-3})
铝	2698.9	水晶玻璃	2900~3000
铜	8960	窗玻璃	2400~2700
铁	7874	冰(0 ℃)	880~920
银	10500	甲醇	792
金	19320	乙醇	789.4
钨	19300	乙醚	714
铂	21450	汽车用汽油	710~720
铅	11350	弗利昂-12	1329
锡	7298	(氟氯烷-12)	
水银	13546.2	变压器油	840~890
钢	7600~7900	甘油	1260
石英	2500~2800	蜂蜜	1435

表 B-3　在标准大气压下不同温度的水的密度

温度 t/℃	密度 ρ /(kg · m^{-3})	温度 t/℃	密度 ρ /(kg · m^{-3})	温度 t/℃	密度 ρ /(kg · m^{-3})
0	999.841	17	998.774	34	994.371
1	999.900	18	998.595	35	994.031
2	999.941	19	998.405	36	993.68
3	999.965	20	998.203	37	993.33
4	999.973	21	997.992	38	992.96
5	999.965	22	997.770	39	992.59
6	999.941	23	997.538	40	992.21
7	999.902	24	997.296	41	991.83
8	999.849	25	997.044	42	991.44
9	999.781	26	996.783	50	988.04
10	999.700	27	996.512	60	983.21
11	999.605	28	996.232	70	977.78
12	999.498	29	995.944	80	971.80
13	999.377	30	995.646	90	965.31
14	999.244	31	995.340	100	958.35
15	999.099	32	995.025		
16	998.943	33	994.702		

表 B-4　在海平面上不同纬度处的重力加速度

纬度 ψ/(°)	g/(m·s^{-2})	纬度 ψ/(°)	g/(m·s^{-2})	纬度 ψ/(°)	g/(m·s^{-2})
0	9.78049	35	9.79746	65	9.82294
5	9.78088	40	9.80180	70	9.82614
10	9.78204	45	9.80629	75	9.82873
15	9.78394	50	9.81079	80	9.83065
20	9.78652	55	9.81515	85	9.83182
25	9.78969	60	9.81924	90	9.83221
30	9.79338				

注:表中所列数值是根据公式 $g = 9.78049(1 + 0.005288 \sin^2\psi - 0.000006 \sin^2\psi)$ 算出的,其中 ψ 为纬度。

表 B-5　固体的线胀系数

物　　质	温度或温度范围/℃	α_l/($\times 10^{-6}$℃$^{-1}$)
铝	0～100	23.8
铜	0～100	17.1
铁	0～100	12.2
金	0～100	14.3
银	0～100	19.5
钢(碳 0.05%)	0～100	12.0
康铜	0～100	15.2
铅	0～100	29.2
锌	0～100	32
铂	0～100	9.1
钨	0～100	4.5
石英玻璃	20～200	0.56
窗玻璃	20～200	9.5
花岗岩	20	6～9
瓷器	20～700	3.4～4.1

表 B-6　在 20 ℃时某些金属的弹性模量(杨氏弹性模量[①])

金　　属	杨氏弹性模量	
	吉帕(GPa)	牛顿·米$^{-2}$/(N·m^{-2})
铝	70.00～71.00	(7.000～7.100)$\times 10^{10}$
钨	415.0	4.150$\times 10^{11}$
铁	190.0～210.0	(1.900～2.100)$\times 10^{11}$
铜	105.0～130.0	(1.050～1.300)$\times 10^{11}$
金	79.00	7.900$\times 10^{10}$
银	70.00～82.00	(7.000～8.200)$\times 10^{10}$

续表

金　属	杨氏弹性模量	
	吉帕(GPa)	牛顿·米$^{-2}$/(N·m^{-2})
锌	800.0	8.000×10^{10}
镍	205.0	2.050×10^{11}
铬	240.0～250.0	$(2.400～2.500) \times 10^{11}$
钼	320.0	3.200×10^{11}
合金钢	210.0～220.0	$(2.100～2.200) \times 10^{11}$
碳钢	200.0～210.0	$(2.000～2.100) \times 10^{11}$
康钢	163.0	1.630×10^{11}

注：①杨氏弹性模量的值与材料的结构、化学成分及加工制造方法有关，因此在某些情况下，E 的值可能与表中所列的平均值不同。

表 B-7　固体的比热容

物　质	温度/℃	比　热　容	
		kcal/(kg·K)	kJ/(kg·K)
铝	20	0.214	0.895
黄铜	20	0.0917	0.380
铜	20	0.092	0.385
铂	20	0.032	0.134
生铁	0～100	0.13	0.54
铁	20	0.115	0.481
铅	20	0.0306	0.130
镍	20	0.115	0.481
银	20	0.056	0.234
钢	20	0.107	0.447
锌	20	0.093	0.389
玻璃		0.14～0.22	0.585～0.920
冰	－40～0	0.43	1.797
水		0.999	4.176

表 B-8　液体的比热容

物　质	温度/℃	比　热　容	
		kJ/(kg·K)	kcal/(kg·K)
乙醇	0	2.30	0.55
	20	2.47	0.59
甲醇	0	2.43	0.58
	20	2.47	0.59

续表

物　　质	温度/℃	比　热　容	
		kJ/(kg · K)	kcal/(kg · K)
乙醚	20	2.34	0.56
水	0	4.220	1.009
	20	4.182	0.999
弗利昂-12	20	0.84	0.20
变压器油	0~100	1.88	0.45
汽油	10	1.42	0.34
	50	2.09	0.50
水银	0	0.1465	0.0350
	20	0.1390	0.0332
甘油	18		0.58

表 B-9　某些金属和合金的电阻率及其温度系数[①]

金属 或合金	电阻率 /(μΩ · m)	温度系数 /(℃$^{-1}$)	金属 或合金	电阻率 /(μΩ · m)	温度系数 /(℃$^{-1}$)
铝	0.028	42×10^{-4}	锌	0.059	42×10^{-4}
铜	0.0172	43×10^{-4}	锡	0.12	44×10^{-4}
银	0.016	40×10^{-4}	水银	0.958	10×10^{-4}
金	0.024	40×10^{-4}	武德合金	0.52	37×10^{-4}
铁	0.098	60×10^{-4}	钢(0.10%~0.15%碳)	0.10~0.14	6×10^{-3}
铅	0.205	37×10^{-4}	康铜	0.47~0.51	$(-0.04~+0.01)\times10^{-3}$
铂	0.105	39×10^{-4}	铜锰镍合金	0.34~1.00	$(-0.03~+0.02)\times10^{-3}$
钨	0.055	48×10^{-4}	镍铬合金	0.98~1.10	$(0.03~0.4)\times10^{-3}$

注:①电阻率跟金属中的杂质有关,因此表中列出的只是 20 ℃时电阻率的平均值。

表 B-10　不同温度时干燥空气中的声速

温度/℃	0	1	2	3	4	5	6	7	8	9
60	366.05	366.60	367.14	367.69	368.24	368.78	369.33	369.87	370.42	370.96
50	360.51	361.07	361.62	362.18	362.74	363.29	363.84	364.39	364.95	365.50
40	354.89	355.46	356.02	356.58	357.15	357.71	358.27	358.83	359.39	359.95
30	349.18	349.75	350.33	350.90	351.47	352.04	352.62	353.19	353.75	354.32
20	343.37	343.95	344.54	345.12	345.70	346.29	346.87	347.44	348.02	348.60
10	337.46	338.06	338.65	339.25	339.91	340.43	341.02	341.61	342.20	342.78

续表

温度/℃	0	1	2	3	4	5	6	7	8	9
0	331.45	332.06	332.66	333.27	333.87	334.47	335.07	335.67	336.27	336.87
−10	325.33	324.71	324.09	323.47	322.84	322.22	321.60	320.97	320.34	319.72
−20	319.09	318.45	317.82	317.19	316.55	315.92	315.28	314.64	314.00	313.36
−30	312.72	312.08	311.43	310.78	310.14	309.49	308.84	308.19	307.53	306.88
−40	306.22	305.56	304.91	304.25	303.58	302.92	302.26	301.59	300.92	300.25
−50	299.58	298.91	293.24	297.56	296.89	296.21	295.53	294.85	294.16	293.48
−60	292.79	292.11	291.42	290.73	290.03	289.34	288.64	287.95	287.25	286.55
−70	285.84	285.14	284.43	283.73	283.02	282.30	281.59	280.88	280.16	279.44
−80	278.72	278.00	277.27	276.55	275.82	275.09	274.36	273.62	272.89	272.15
−90	271.41	270.67	269.92	269.18	268.42	267.68	266.93	266.17	265.42	264.66

表 B-11　在常温下某些物质相对于空气的光的折射率

波长　　　　物质	H_α线 (656.3 nm)	D 线 (589.3 nm)	H_β线 (486.1 nm)
水(18 ℃)	1.3314	1.3332	1.3373
乙醇(18 ℃)	1.3609	1.3625	1.3665
二硫化碳(18 ℃)	1.6199	1.6291	1.6541
冕玻璃(轻)	1.5127	1.5153	1.5214
冕玻璃(重)	1.6126	1.6152	1.6213
燧石玻璃(轻)	1.6038	1.6085	1.6200
燧石玻璃(重)	1.7434	1.7515	1.7723
方解石(寻常光)	1.6545	1.6585	1.6679
方解石(非常光)	1.4846	1.4864	1.4908
水晶(寻常光)	1.5418	1.5442	1.5496
水晶(非常光)	1.5509	1.5533	1.5589

表 B-12　常用光源的谱线波长表　　　　　　　　　　　　　　（单位:nm）

一、H(氢)	501.57 绿	626.65 橙	579.07 黄
656.28 红	492.19 绿蓝	621.73 橙	576.96 黄
486.13 绿蓝	471.31 蓝	614.31 橙	546.07 绿
434.05 蓝	447.15 蓝	588.19 黄	491.60 绿蓝
410.17 蓝紫	402.62 紫蓝	585.25 黄	435.83 蓝
397.01 蓝紫	388.87 蓝紫	四、Na(钠)	407.73 蓝紫
二、He(氦)	三、Ne(氖)	589.592(D_1)黄	404.66 蓝紫
706.52 红	650.65 红	588.995(D_2)黄	六、He-Ne 激光
667.82 红	640.23 橙	五、Hg(汞)	632.8 橙
587.56(D_3)黄	638.30 橙	623.44 橙	

表 B-13　蓖麻油的粘滞系数 $\eta(\mathrm{Pa \cdot s})$ 与温度 $T(\mathrm{℃})$ 的关系

$T/\mathrm{℃}$	$\eta/(\mathrm{Pa \cdot s})$	$T/\mathrm{℃}$	$\eta/(\mathrm{Pa \cdot s})$	$T/\mathrm{℃}$	$\eta/(\mathrm{Pa \cdot s})$	$T/\mathrm{℃}$	$\eta/(\mathrm{Pa \cdot s})$	$T/\mathrm{℃}$	$\eta/(\mathrm{Pa \cdot s})$
1.50	4.00	13.0	1.87	18.0	1.17	23.0	0.75	30.0	0.45
6.00	3.46	13.5	1.79	18.5	1.13	23.5	0.71	31.0	0.42
7.50	3.03	14.0	1.71	19.0	1.08	24.0	0.67	32.0	0.40
9.50	2.53	14.5	1.63	19.5	1.04	24.5	0.64	33.5	0.35
10.0	2.41	15.0	1.56	20.0	0.99	25.0	0.60	35.5	0.30
10.5	2.32	15.5	1.19	20.5	0.94	25.5	0.58	39.0	0.25
11.0	2.23	16.0	1.40	21.0	0.90	26.0	0.57	42.0	0.20
11.5	2.14	16.5	1.34	21.5	0.86	27.0	0.53	45.0	0.15
12.0	2.05	17.0	1.27	22.0	0.83	28.0	0.49	48.0	0.10
12.5	1.97	17.5	1.23	22.5	0.79	29.0	0.47	50.0	0.06

表 B-14　我国某些城市的重力加速度　　　　　　　(单位:$\mathrm{m/s^2}$)

地名	纬度(北)	重力加速度	地名	纬度(北)	重力加速度
北京	39°56′	9.80122	宜昌	30°42′	9.79312
张家口	40°48′	9.79985	武汉	30°33′	9.79359
烟台	40°04′	9.80112	安庆	30°31′	9.79357
天津	39°09′	9.80094	黄山	30°18′	9.79348
太原	37°47′	9.79684	杭州	30°16′	9.79300
济南	36°41′	9.79858	重庆	29°34′	9.79152
郑州	34°45′	9.79665	南昌	28°40′	9.79208
徐州	34°18′	9.79664	长沙	28°12′	9.79163
南京	32°04′	9.79442	福州	26°06′	9.79144
合肥	31°52′	9.79473	厦门	24°27′	9.79917
上海	31°12′	9.79436	广州	23°06′	9.78831